Hauptgru

	I	II	III	IV	V			
								He Helium 2
			10,8 B Bor 5	12,0 C Kohlenstoff 6	14,0 N Stickstoff 7	16,0 O Sauerstoff 8	19,0 F Fluor 9	20,2 Ne Neon 10
			27,0 Al Aluminium 13	28,1 Si Silicium 14	31,0 P Phosphor 15	32,1 S Schwefel 16	35,5 Cl Chlor 17	39,9 Ar Argon 18
7 Ni Nickel	63,5 Cu Kupfer 29	65,4 Zn Zink 30	69,7 Ga Gallium 31	72,6 Ge Germanium 32	74,9 As Arsen 33	79,0 Se Selen 34	79,9 Br Brom 35	83,8 Kr Krypton 36
,4 Pd alladium	107,9 Ag Silber 47	112,4 Cd Cadmium 48	114,8 In Indium 49	118,7 Sn Zinn 50	121,8 Sb Antimon 51	127,6 Te Tellur 52	~~129,9~~ 126,9 I Iod 53	131,3 Xe Xenon 54
,1 Pt Platin	197,0 Au Gold 79	200,6 Hg Quecksilber 80	204,4 Tl Thallium 81	207,2 Pb Blei 82	209,0 Bi Bismut 83	[209] Po* Polonium 84	[210] At* Astat 85	[222] Rn* Radon 86
1] Ds* mstadtium)	[272] Rg* Roentgenium 111	[272] Cn* Copernicium 112	[284] Nh* Nihonium 113	[289] Fl* Flerovium 114	[288] Mc* Moscovium 115	[293] Lv* Livermorium 116	[293] Ts* Tennessine 117	[294] Og* Oganesson 118

,0 Eu uropium	157,3 Gd Gadolinium 64	158,9 Tb Terbium 65	162,5 Dy Dysprosium 66	165,0 Ho Holmium 67	167,3 Er Erbium 68	168,9 Tm Thulium 69	173,0 Yb Ytterbium 70	175,0 Lu Lutetium 71
3] Am* mericium	[247] Cm* Curium 96	[247] Bk* Berkelium 97	[251] Cf* Californium 98	[2527] Es* Einsteinium 99	[257] Fm* Fermium 100	[258] Md* Mendelevium 101	[259] No* Nobelium 102	[262] Lr* Lawrencium 103

ÜBERSICHT: LABORGERÄTE

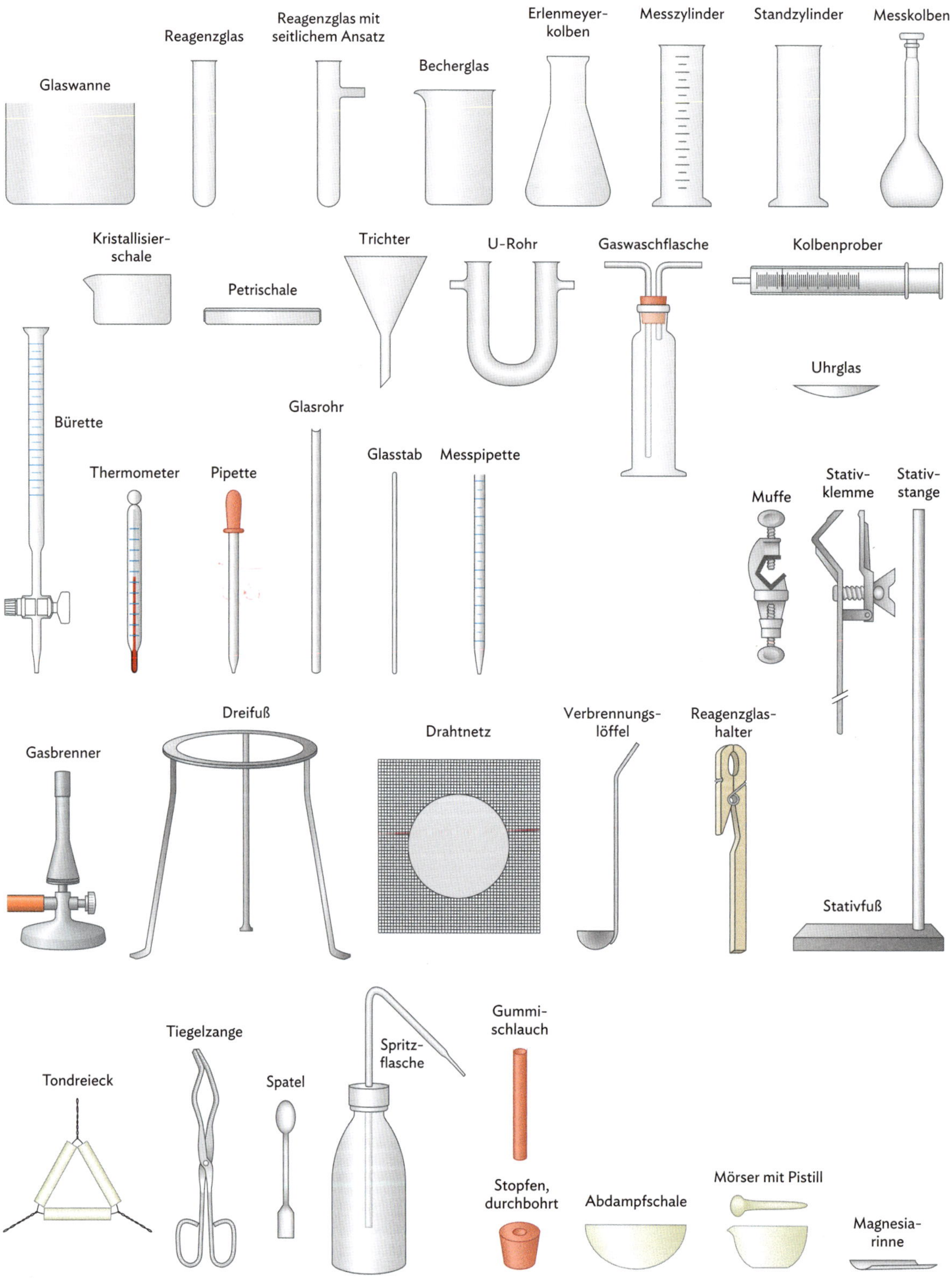

Chemie 1

Baden-Württemberg

C.C.Buchner

Chemie
Baden-Württemberg
Herausgegeben von Claudia Bohrmann-Linde, Jochen Krüger und Klaus Schneiderhan

Chemie 1 – Baden-Württemberg
Bearbeitet von Claudia Bohrmann-Linde, Frank Colberg, Thomas Degner, Hans-Jürgen Jäger, Thomas Kohn, Jochen Krüger, Eberhard Matt, Wolfgang Schmitz und Klaus Schneiderhan und unter Beratung von Antje Hoffmann

Zu diesem Lehrwerk sind folgende Zusatzmaterialien erhältlich
· click & teach 1 box (BN 05014).

Dieser Titel ist auch als digitale Ausgabe (BN 050111) unter www.ccbuchner.de erhältlich.

1. Auflage, 1. Druck 2017
Alle Drucke dieser Auflage sind, weil unverändert, nebeneinander benutzbar.

Dieses Werk folgt der reformierten Rechtschreibung und Zeichensetzung. Ausnahmen bilden Texte, bei denen künstlerische, philologische oder lizenzrechtliche Gründe einer Änderung entgegenstehen.

An keiner Stelle im Schülerbuch dürfen Eintragungen vorgenommen werden.

Redaktion: Carolin Ratzka
Layout und Umschlag: Petra Michel, Essen
Satz: HOCHVIER GmbH & Co. KG, Bamberg
Illustrationen: Helmut Holtermann, Dannenberg,
Stelzner Illustration & Grafikdesign, Frankfurt
Druck und Bindung: creo Druck & Medienservice GmbH, Bamberg

www.ccbuchner.de

ISBN 978-3-661-**05011**-9

Liebe Schülerin, lieber Schüler,

mit diesem Buch wirst du im kommenden Schuljahr in die Welt eines neuen Unterrichtsfaches eintauchen: die Chemie.

Womit beschäftigt man sich eigentlich in der Chemie?
In deinem Alltag hast du vielleicht schon einmal Sprüche wie diese gehört:

- „Alles Chemie!“
- „Garantiert ohne chemische Zusätze“,
- „Chemie ist, wenn es stinkt und kracht“ oder
- „In meinen Garten kommt keine Chemie!“

Tatsächlich läuft ohne Chemie gar nichts, tatsächlich stinkt und knallt es nur manchmal und tatsächlich ist Chemie um uns und in uns.

Dein Körper ist ein großes Wunderwerk, das aus chemischen Verbindungen zusammengesetzt ist. Auch das Essen, das wir zu uns nehmen, die Kleidung, die uns warmt oder schmückt, die Kunststoffe, aus denen viele Alltagsprodukte bestehen, sind aus chemischen Verbindungen zusammengesetzt. Wenn wir wachsen, essen oder Gefühle empfinden, laufen im Körper chemische Reaktionen ab. Denn Stoffveränderungen wie die Bildung von Zellen, das Heilen von Wunden oder das Verdauen von Essen sind immer chemische Reaktionen. Wenn wir kochen oder eine Kerze entzünden, führen wir chemische Reaktionen durch, meist ohne genauer darüber nachzudenken.

Da Chemie eine experimentelle Wissenschaft ist, wirst du – wie auch die Wissenschaftler früher und in der aktuellen Forschung – neues Wissen aus naturwissenschaftlichen Experimenten gewinnen.

Dafür wirst du im Chemieunterricht viele chemische Experimente durchführen und dabei lernen, verantwortungsvoll mit Chemikalien umzugehen und die Experimente sicher durchzuführen. Durch genaues Beobachten und Auswerten wirst du neues Wissen über die Welt der Chemie, die Teil deines Alltags ist, gewinnen. An verschiedenen Stellen in diesem Buch findest du **Mediencodes**, die zu Arbeitsblättern, Animationen u. a. führen. **Die Mediencodes kannst du in das Suchfeld auf www.ccbuchner.de/medien** eingeben. Durch Nachlesen und das Lösen vieler Aufgaben kannst du chemische Fachinhalte verstehen und dich selbst testen. Deine Lehrkraft und auch dieses Buch helfen dir dabei.

Viel Spaß und Erfolg!
Die Herausgeber

So kann man mit diesem Buch arbeiten ...

Dein neues Chemiebuch enthält vier Kapitel. Jedes Kapitel ist in mehrere Untereinheiten unterteilt und enthält eine Reihe verschiedener Seitentypen. Hier erfährst du, wie du mit diesen Seitentypen arbeiten kannst.

Gut eingerahmt: Startklar? und Ziel erreicht?

Diese beiden Seitentypen bilden den Rahmen für jedes Kapitel. Um festzustellen, ob du fit für ein neues Kapitel bist, kannst du dich auf den Seiten Startklar? zunächst selbst einschätzen und danach deine Einschätzung auch selbst überprüfen. Dazu löst du mehrere Aufgaben auf Arbeitsblättern, die du unter dem entsprechenden **Mediencode** findest. Ein Vergleich deiner Antworten mit den Lösungen hinten im Buch zeigt dir, ob du für das neue Kapitel bereit bist oder ob du auf Seiten, die rechts unten im Auswertungskasten angegeben sind, noch einmal nachlesen musst.

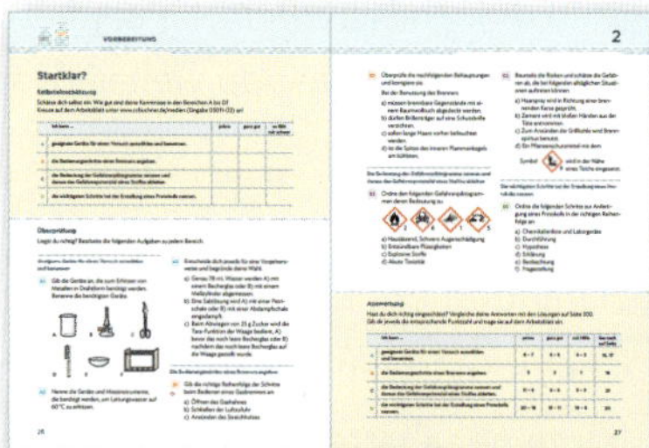

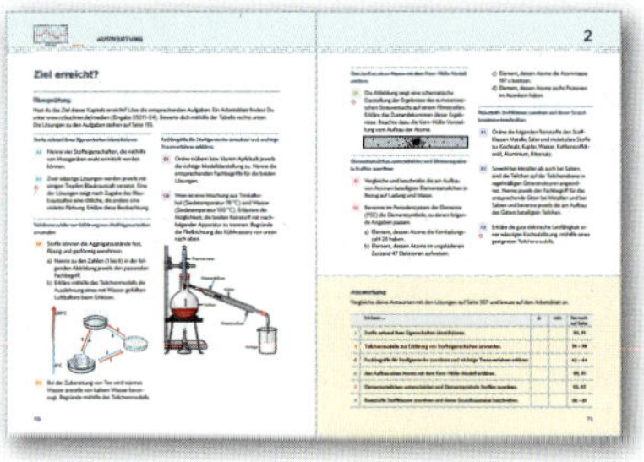

Die Seiten Ziel erreicht? helfen dir festzustellen, ob du die neuen Inhalte des Kapitels verstanden hast. Auch hier gibt es zu jedem Kompetenzbereich mehrere Aufgaben, die du lösen und mit den bereitgestellten Lösungen abgleichen kannst. Schneidest du in einem Bereich nicht so gut ab, bekommst du im Auswertungskasten Informationen, wo du noch einmal nachlesen solltest.

Jetzt geht es los: Versuche und Material

Diese Seiten sind der Ausgangspunkt für den Erkenntnisgewinn. Sie enthalten Problemfragen, Versuchsvorschriften, Materialien und eine Reihe von Auswertungsfragen. Diese helfen dir, die Versuche auszuwerten und neue Erkenntnisse aus den Beobachtungen abzuleiten. Gefahrenpiktogramme (vgl. S. 168) und ihre Kodierung sowie Entsorgungshinweise (vgl. S. 171) unterstützen dich und deine Lehrkraft bei der sicheren Durchführung der Experimente. Die Schülerversuche sind mit V gekennzeichnet. Wenn Chemikalien gebraucht werden, die gefährlich sind, muss deine Lehrkraft den Versuch vorführen. Solche Lehrerversuche sind mit LV gekennzeichnet. Wenn für einen Versuch eine bestimmte experimentelle Fachmethode nötig ist, wird diese in einem Extra-Kasten FM auf der Seite vorgestellt und erklärt. Außer Versuchen enthalten die Seiten auch alternative Arbeitsmaterialien M.

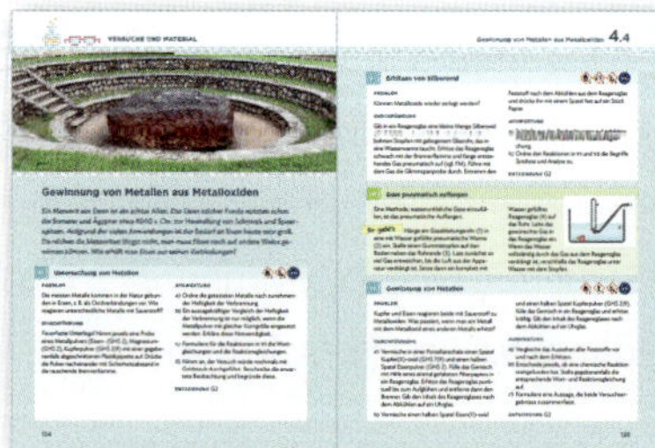

So ist das: Erarbeitung

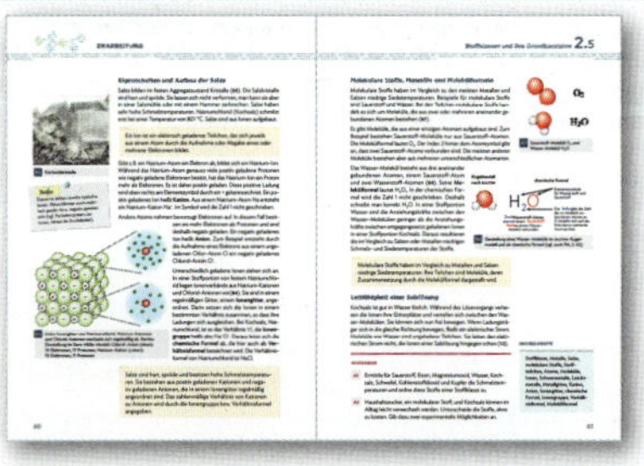

Auf diesen Seiten werden neue Inhalte zu jeder Untereinheit eines Kapitels ausgehend von experimentellen Befunden aufgearbeitet und erklärt. Damit du das Wichtigste gut lernst, gibt es auf jeder Doppelseite einen Kasten mit einem Merksatz. Bilder und Tabellen veranschaulichen die Inhalte und liefern Daten, kleine Info-Kästen am Rand bieten Zusatzinformationen zum Text. Zum Anwenden des neu gewonnenen Wissens gibt es auf jeder Doppelseite einen Aufgabenblock. Am Ende einer Untereinheit findest du die neuen Fachbegriffe in einem Kasten rechts unten zusammengestellt.

So geht das: Fachmethode

Fachmethoden der Chemie sind Werkzeuge, deren Handhabung erst gelernt sein will. Auf den Seiten Fachmethode wird schrittweise erklärt, wofür eine Methode gut ist und wie man sie anwendet. Das kannst du dann auch mit dazu passenden Aufgaben üben.

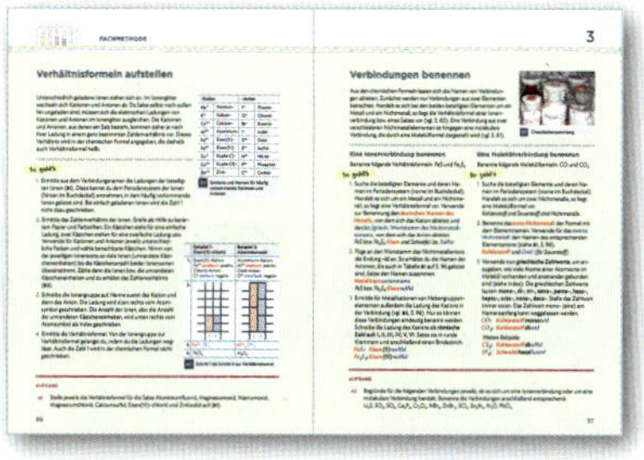

Schon gewusst? Exkurse

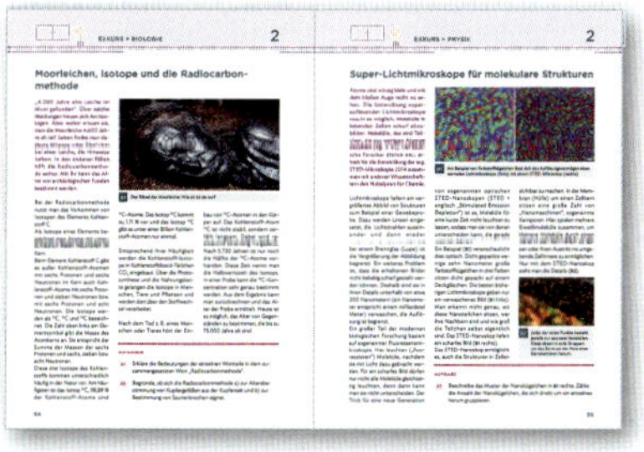

Keine Wissenschaft kommt heute mehr ohne andere Wissenschaften aus. Auf den Seiten Exkurs werden fächerübergreifende Inhalte in allgemeinverständlicher Sprache vorgestellt. Dabei sind z. B. Bezüge zu Biologie, Physik, Technik oder Geografie möglich.

Alles klar? Zum Üben und Weiterdenken

Eine große Zahl kürzerer Aufgaben verschiedener Formate und Schwierigkeitsstufen sowie einige materialbasierte umfangreichere Aufgaben warten darauf, gelöst zu werden. Die unterstrichenen Aufgaben A4 sind etwas anspruchsvoller, die mit ✧ gekennzeichneten helfen dir, die Fachsprache zu üben. Auch Aufgaben zur Medienbildung sind enthalten.

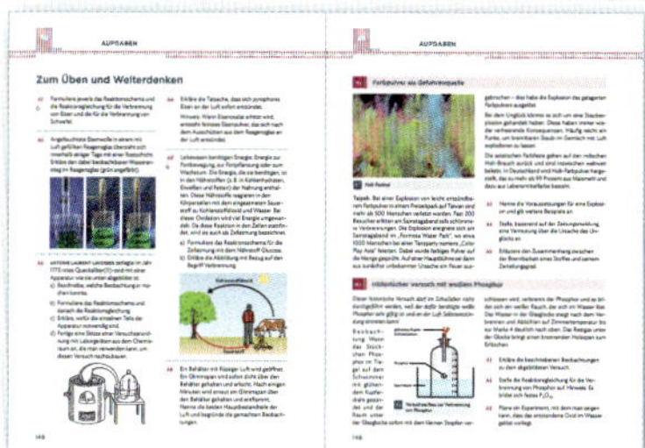

Kurz und knapp: Basiswissen

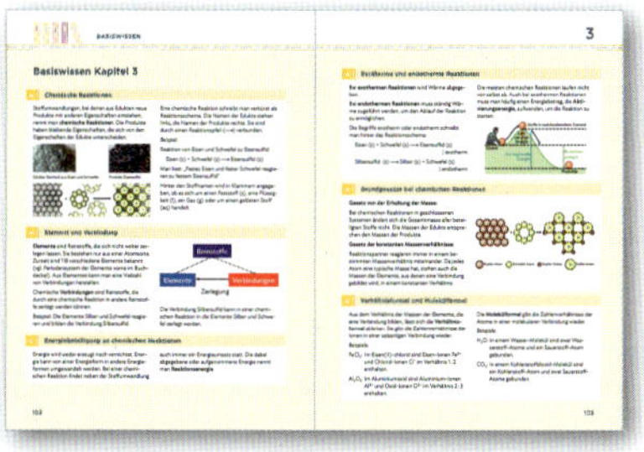

Die wichtigsten Inhalte aus jedem Kapitel werden im Basiswissen kompakt zusammengefasst. Damit kannst du dich gut auf eine Klassenarbeit vorbereiten.

INHALT

Anhang

1 Chemie – eine Naturwissenschaft

LABORGERÄTE

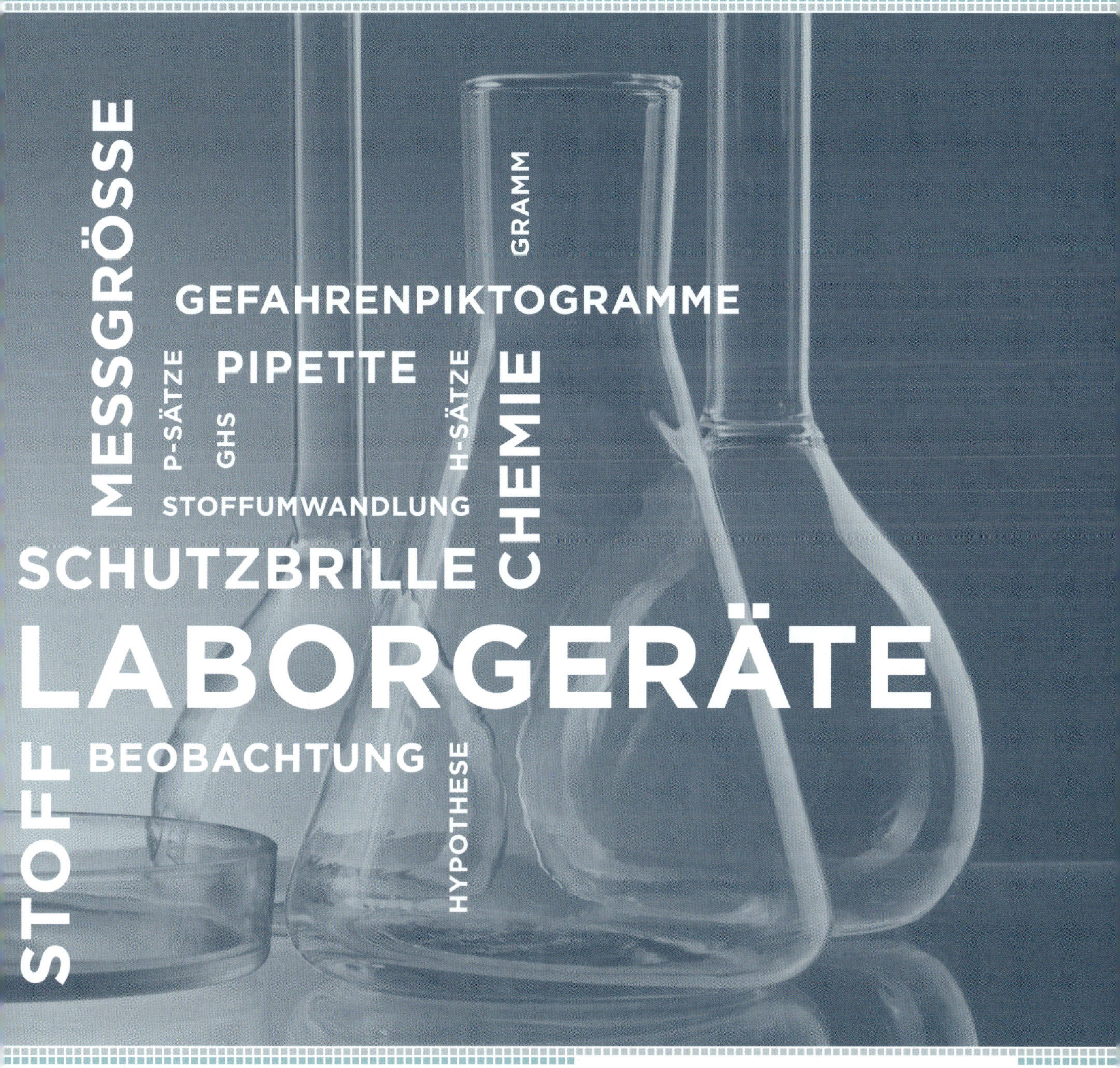

Sicher experimentieren im Chemieunterricht

Meldungen über Unfälle im Chemieunterricht gibt es zum Glück nur selten. Das ist bemerkenswert, denn in keinem anderen Schulfach werden so gefährliche Substanzen benutzt wie im Chemieunterricht. Der Grund für diese funktionierende Sicherheit sind die **Sicherheitsvorkehrungen**, die für den Chemieunterricht gelten, um Unfälle zu vermeiden.
Werden diese grundsätzlichen Regeln eingehalten, kann nicht nur erfolgreich und sicher, sondern auch mit Spaß experimentiert werden!

B1 Schulklasse beim sicheren Experimentieren

So geht's

Die 10 „goldenen Regeln" für die Sicherheit im Chemieunterricht

1. Chemielehrerinnen und -lehrer erkennen viele Gefahren, die von Gegenständen oder Stoffen im Chemieraum ausgehen. Darum: **Betritt Chemieräume nur nach der Lehrkraft!**

2. Einer Verunreinigung im Chemieraum kannst du nicht ansehen, ob sie gesundheitsschädlich oder gar giftig ist. Damit sie nicht mit Nahrung in Kontakt kommen kann, lass Getränke und Pausenbrot in der Tasche: **Iss und trink nicht im Chemieraum!** Um einen Kontakt mit den Verunreinigungen auch nach der Chemiestunde zu verhindern: **Wasch dir nach dem Experimentieren die Hände!**

3. Besonders gefährdet beim Umgang mit Chemikalien sind die Augen. Du musst sie gut vor Spritzern, Stichflammen und spitzen Gegenständen schützen: **Trage beim Experimentieren immer eine Schutzbrille!** Augenverletzungen können bereits beim Holen der Chemikalien und auch beim Aufräumen entstehen, darum setze die Schutzbrille als erstes auf und als letztes ab!

4. Um Augenverletzungen oder Verbrennungen möglichst zu vermeiden: **Richte Reagenzglasöffnungen niemals auf Personen!** Sollte trotzdem einmal etwas ins Auge gehen, spüle das Auge sofort gründlich mit der Augendusche. So kannst du größere Augenschäden vermeiden.

5. Manche Stoffe können menschliches Gewebe verätzen oder durch Schleimhäute in den Körper gelangen, daher:
Berühre niemals Chemikalien mit den Händen!

6. Viele Materialien, etwa Papier, Haare und Textilien, können leicht brennen. Um ein Feuerfangen zu vermeiden:
Lass nichts Unnötiges auf dem Tisch liegen, wenn du mit Feuer (offenen Flammen) umgehst!
Binde lange Haare zu einem Zopf zusammen!
Zieh Kleidung an, die aus Baumwolle besteht und nicht zu weit ist!

7. In der Chemie hängt das Verhalten von Stoffen davon ab, in welchen Verhältnissen sie zusammengegeben und wie sie gehandhabt werden:
Halte dich genau an die Versuchsvorschriften!
Wenn einmal etwas unklar ist, frage nach.

8. Chemikalien dürfen nicht verunreinigt werden:
Entnimm Chemikalien immer nur in kleinen Mengen mit einem sauberen Spatel oder einer Pipette!
Hast du einmal zu viel entnommen: gib den Rest nicht zurück in die Vorratsflasche!

9. Fehler passieren allen – trotz größter Sicherheitsvorkehrungen:
Informiere die Chemielehrkraft, wenn du etwas verschüttet hast oder wenn du dich verletzt hast!
Sie entscheidet, wie die Verunreinigung beseitigt oder die Verletzung weiter behandelt wird.

10. Personen und die Umwelt dürfen auch nach dem Experimentieren nicht gefährdet werden:
Reinige die Arbeitsflächen und entsorge die Chemikalien vorschriftsmäßig (vgl. Entsorgungshinweise auf S. 171)!

AUFGABEN

A1 Beschreibe mindestens zehn Punkte, die die „Amateure beim Experimentieren“ falsch machen.

A2 Erläutere, wie sie es richtig machen können, und begründe die Maßnahmen.

Amateure beim Experimentieren

Erhitzen mit dem Gasbrenner

Der Gasbrenner

Der Gasbrenner ist ein wichtiges Arbeitsmittel im Labor. Egal welcher Brennertyp benutzt wird, er hat immer eine Gas- und eine Luftregulierung (B2). Damit kann je nach Bedarf eine **leuchtende**, eine **nicht leuchtende** oder eine **rauschende** Flamme eingestellt werden (B1). Die Flammentypen unterscheiden sich in den Temperaturen, die sie erreichen. Die leuchtende Flamme rußt sehr stark und die rauschende Flamme ist unter Umständen zu heiß. Daher wird meist eine nicht leuchtende, nicht rauschende Flamme durch Regulierung der Luftzufuhr eingestellt.

Beim direkten Erhitzen wird das Gefäß mit den zu erwärmenden Stoffen direkt mit der Brennerflamme in Berührung gebracht. Das ist die einfachste und schnellste Art, Stoffe zu erhitzen. Nur Gefäße mit Rundungen (Reagenzgläser, Rundkolben, Porzellanschalen) dürfen direkt erhitzt werden. Andere Gefäße können durch die ungleichmäßige Wärmeverteilung zerspringen. Brennbare und leicht entzündliche Flüssigkeiten dürfen nie direkt erhitzt werden. Um solche Stoffe nur langsam und/oder nur mäßig zu erhitzen, wird z. B. ein Drahtnetz, ein Gefäß mit Sand oder eine andere Flüssigkeit zwischen den zu erhitzenden Stoff und die Flamme gebracht.

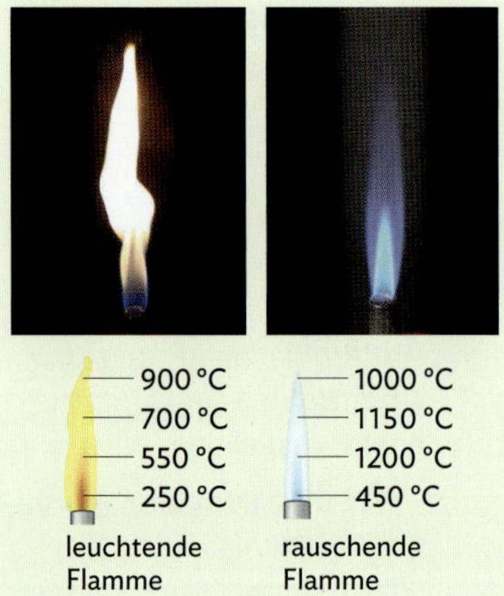

B1 Leuchtende Brennerflamme (links); rauschende Brennerflamme (rechts) und Flammentemperaturen

Entzünden des Gasbrenners

So geht's

Setze die Schutzbrille auf, entferne alle brennbaren Gegenstände vom Tisch und binde lange Haare am Hinterkopf zusammen. Prüfe vor dem Entzünden des Brenners zunächst, ob die Luft- und Gaszufuhr am Brenner geschlossen sind (B2) und öffne dann den Gashahn am Experimentiertisch. Halte ein brennendes Feuerzeug oder Streichholz bereit, bevor du schließlich die Gaszufuhr am Brenner öffnest. Entzünde sofort das ausströmende Gas mit der Feuerzeug- bzw. Streichholzflamme und reguliere die Flammengröße. Öffne bei Bedarf die Luftzufuhr. Blicke niemals von oben in den entzündeten Gasbrenner.

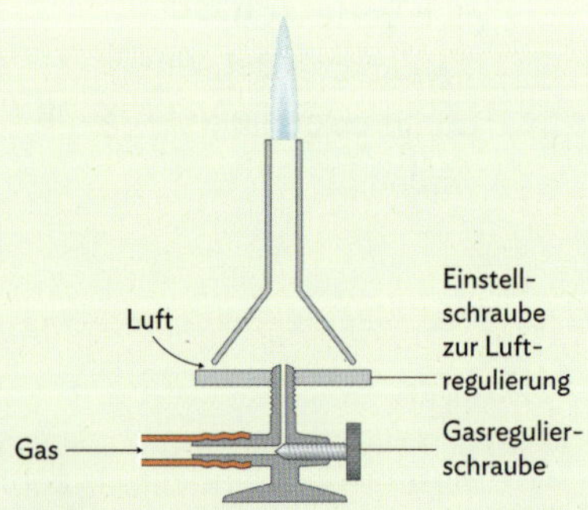

B2 Bestandteile eines Teclu-Brenners

Erhitzen von Feststoffen direkt in der Flamme

So geht's

Lege eine feuerfeste Unterlage auf den Labortisch. Nun halte den Stoff z. B. mit einer Tiegelzange direkt in die Flamme. Spanne den Gasbrenner schräg in ein Stativ, damit keine abfallenden Partikel in das Brennerrohr fallen (B3).

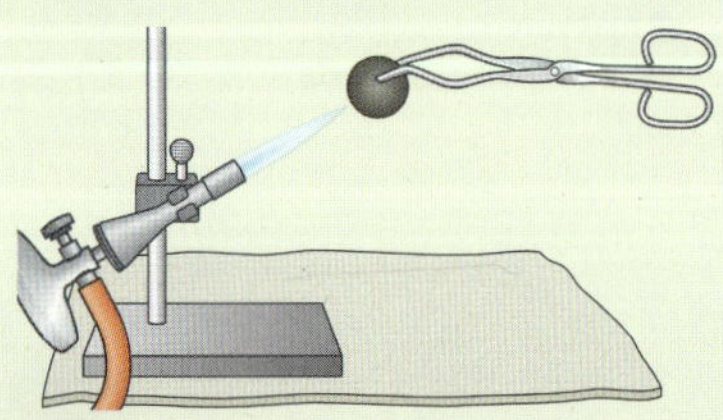

B3 Erhitzen von Feststoffen

Erhitzen von kleineren Flüssigkeitsmengen im Reagenzglas

So geht's Fülle das Reagenzglas zu höchstens einem Drittel. Klemme die Reagenzglasklammer so weit wie möglich oben an das Reagenzglas (**B4**). Stelle eine nicht leuchtende, nicht rauschende Flamme ein und beginne mit dem Erhitzen oben an der Flüssigkeit. Bewege dann das Reagenzglas in der Flamme langsam nach unten. Schüttle das Reagenzglas dabei immer leicht, um die Wärme besser zu verteilen. Zur Regulierung der Temperatur halte das Reagenzglas in unterschiedlicher Höhe über die Brennerflamme.
Damit die Flüssigkeit nicht plötzlich herausspritzt, gib ein paar Siedesteinchen zu (vgl. Info).

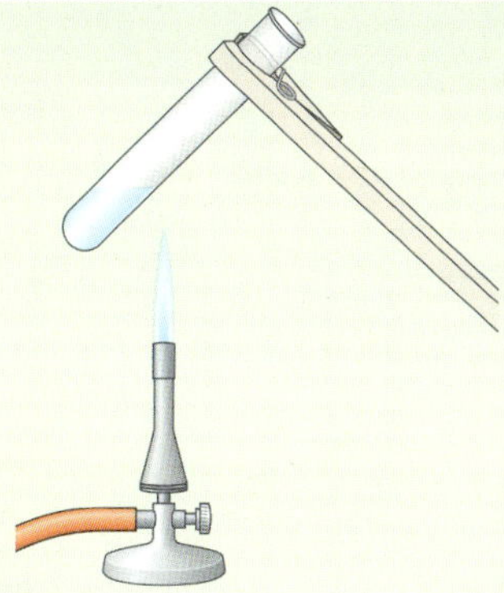

B4 Erhitzen im Reagenzglas

Eindampfen von Flüssigkeiten

So geht's Nimm einen Dreifuß, ein Drahtnetz und eine Abdampfschale. Baue die Apparatur wie in **B5** auf. Achte auf einen ausreichenden Abstand des Gasbrenners zur Abdampfschale. Wähle die Flamme so, dass die einzudampfende Flüssigkeit nur leicht köchelt. Kurz bevor die Flüssigkeit völlig verdampft ist, entferne den Brenner. Die noch vorhandene Hitze in der Abdampfschale reicht oft aus, damit der Rest der Flüssigkeit verdunstet. Zurück bleibt der vorher gelöste Feststoff.

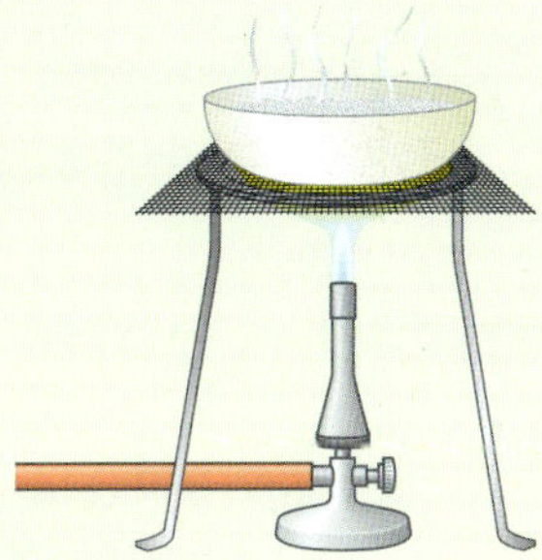

B5 Eindampfen

Erhitzen von größeren Flüssigkeitsmengen im Becherglas

So geht's Baue den Brenner, das Becherglas, einen Dreifuß und ein Drahtnetz wie in **B6** auf. Zur Vermeidung von Siedeverzügen gib einige Siedesteine in die Flüssigkeit.

Info
Durch Zugabe von Siedesteinchen kann man einen Siedeverzug verhindern. Das ist ein plötzlich einsetzendes Sieden der Flüssigkeit, bei dem die heiße Flüssigkeit aus dem Gefäß spritzen kann.

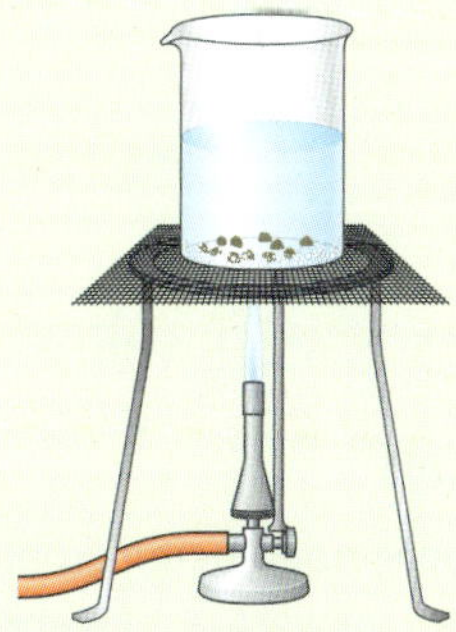

B6 Erhitzen im Becherglas

AUFGABEN

A1 Du sollst a) einen Eisennagel und b) eine Salzlösung erhitzen. Gib jeweils die Flamme an, die du am Gasbrenner einstellen musst, und begründe deine Wahl.

A2 Schlage eine Methode vor, mit der du im Chemieunterricht 200 mL Wasser auf 60 °C erhitzen kannst. Nenne alle notwendigen Arbeitsschritte.

A3 Beurteile die folgenden Aussagen und schlage gegebenenfalls sichere Alternativen vor.
a) „Die Siedesteine sind weg ... Egal, dann rühre ich die Flüssigkeit beim Erhitzen im Becherglas vorsichtig mit einem Glasstab."
b) „Lass uns den Spiritus schnell erhitzen. Dreh mal die Gas- und die Luftzufuhr am Brenner ganz auf und erhitze das Reagenzglas kräftig von unten."
c) „Ich habe meinen Haargummi vergessen. Dann klemme ich die Haare eben hinter die Ohren."

Chemie – eine Naturwissenschaft

Was ist Chemie und wie arbeiten die Chemikerinnen und Chemiker? Im Labor werden Versuche durchgeführt. Wenn man dabei systematisch vorgeht und genau beobachtet, können aus den Beobachtungen neue Erkenntnisse gewonnen werden. Im Labor tragen alle Personen eine Schutzbrille und auf manchen Vorratsgefäßen ist ein Gefahrenpiktogramm aufgedruckt. Was bedeutet es?

V1 Genaues Beobachten und Beschreiben von Vorgängen

PROBLEM

Im Labor finden beim Experimentieren Vorgänge statt, die teilweise von wahrnehmbaren Veränderungen begleitet sind. Damit man diese erkennen und später erklären kann, ist es erst notwendig, genau zu beobachten und zu beschreiben.

DURCHFÜHRUNG

a) Löse einen Spatellöffel Kochsalz in einer Abdampfschale, die zu einem Viertel mit Wasser gefüllt ist. Erhitze anschließend die Abdampfschale bis alles Wasser verdampft ist (vgl. **FM** Erhitzen mit dem Gasbrenner, S. 14).

b) Nimm ein 100 mL Becherglas und fülle ca. 50 mL Wasser hinein. Gib einen Spatellöffel Backpulver hinzu. Rühre mit einem Glasstab, bis sich das Backpulver gelöst hat.

AUSWERTUNG

a) Beschreibe das Aussehen von Kochsalz und Backpulver vor ihrer Zugabe ins Wasser und während des gesamten Lösevorgangs.

b) „Das Kochsalz verschwindet, wenn es ins Wasser kommt". Bewerte diese Aussage mithilfe deiner Beobachtung aus Versuch **V1a**.

c) Vergleiche das jeweilige Verhalten von Kochsalz und Backpulver in Wasser.

d) Dampft man die Lösung aus **V1b** ein, erhält man einen weißen Feststoff, der anders aussieht als das ursprünglich eingesetzte Backpulver. Begründe anhand einer weiteren Beobachtung, dass neue Stoffe entstanden sein müssen.

ENTSORGUNG A, R

V2 Systematisch experimentieren

PROBLEM

Einige Teetrinker verfeinern ihren schwarzen Tee gerne mit etwas Zitronensaft, andere lieber mit Milch. Aber es gibt wohl kaum jemanden, der beides, Zitronensaft und Milch, in seinen schwarzen Tee gibt. Warum eigentlich?

DURCHFÜHRUNG

Nimm einen Reagenzglasständer mit sechs leeren Reagenzgläsern. Fülle je ein Reagenzglas zu einem Drittel mit schwarzem Tee (RG 1), mit Milch (RG 2) und mit Zitronensaft (RG 3). Fülle die drei leeren Reagenzgläser mit einer Pipette wie folgt:

RG 4: 2 mL Tee mit 1 mL Milch

RG 5: 2 mL Tee mit 1 mL Zitronensaft

RG 6: 1 mL Zitronensaft mit 1 mL Milch

AUSWERTUNG

a) Halte die Beobachtungen in einer Tabelle mit dem Tabellenkopf „RG Nr.“, „Inhalt“ und „Aussehen“ fest. Notiere bei „Aussehen“ die Farben und, ob der Inhalt klar, trüb oder anders beschaffen ist.

b) Vergleiche das Aussehen der Inhalte in RG 4 – 6 mit den ursprünglich eingesetzten Flüssigkeiten in RG 1 – 3 sowie das Aussehen der Inhalte in RG 4 – 6 untereinander.

c) Begründe, dass in einem Reagenzglas ein neuer Stoff entstanden sein muss.

d) Begründe, dass man durch das Vorgehen in **V2** ermitteln kann, warum sich niemand zugleich Milch und Zitronensaft in den Tee gibt.

LV3 Sicheres Arbeiten mit Gefahrstoffen

PROBLEM

Reinigungsmittel sind Chemikalien, mit denen wir im Alltag umgehen. Auf den Verpackungen entdeckt man Hinweise in Form von Gefahrenpiktogrammen (**B1**). Was bedeuten sie?

DURCHFÜHRUNG

a) Ein Teelöffel Rohrreiniger (GHS 5) wird in ein Reagenzglas gegeben und so viel Wasser hinzugefügt, dass der Feststoff bedeckt ist. Das Reagenzglas wird mit einem Stopfen verschlossen und geschüttelt. Die Temperatur des Reagenzglasbodens wird vorsichtig mit der Hand gefühlt.

b) Das Reagenzglas mit dem Teelöffel Rohrreiniger (GHS 5) wird zur Hälfte mit Wasser gefüllt und es werden einige Haare hinzugegeben. Außerdem werden ein paar Siedesteinchen hinzugefügt, um einen Siedeverzug zu vermeiden (vgl. **FM**, S. 15). Das Reagenzglas mit der Mischung wird vorsichtig für ca. 10 min in Intervallen erhitzt.

AUSWERTUNG

a) Liste die Maßnahmen auf, die ergriffen werden, um **LV3** sicher durchzuführen.

b) Notiere die Beobachtungen aus **LV3** und ordne den Versuchsteilen begründet die Begriffe „Lösevorgang“ und „Stoffumwandlung“ zu.

c) Leite aus deinen Beobachtungen zu **LV3** Sicherheitsmaßnahmen zum Umgang mit Rohrreiniger im Alltag ab.

d) Suche weitere Gefahrenpiktogramme auf den Verpackungen verschiedener Haushaltsprodukte und recherchiere deren Bedeutung.

ENTSORGUNG A, R

B1 Rohrreiniger mit Gefahrenpiktogramm

B1 Salzgewinnung durch Verdunstung von Meerwasser

Was beobachtet man in chemischen Experimenten?

Im Chemielabor führt man Versuche durch und beobachtet diese genau. Aus den Beobachtungen lassen sich dann neue Erkenntnisse ableiten. Bei den Versuchen beobachtet man **Stoffe** und deren Verhalten unter bestimmten Bedingungen. Die Stoffe sind in diesem Fall keine Textilien, wie man vermuten könnte. In der Chemie verwendet man das Wort Stoff anders als in der Alltagssprache. Alle Gegenstände bestehen aus Stoffen. Aus einem Stoff können verschiedene Gegenstände hergestellt werden. So gibt es aus dem Stoff Kupfer Münzen, Kabel oder Dächer. Lebensmittel bestehen aus einem Stoff wie z. B. Zucker oder aus einem Gemisch aus mehreren Stoffen wie z. B. Brausepulver. Um einen Kuchen zu backen, braucht man vielerlei Zutaten: Mehl, Zucker, Salz, Eier und Mehl. Jede Zutat für sich ist ein Stoff oder wiederum ein Stoffgemisch.

Veränderungen von Stoffen

Der Stoff Kochsalz verhält sich im Labor genauso wie in der Küche. Wenn man es in Wasser gibt, ist das Salz nach einiger Zeit nicht mehr zu sehen, da es sich gelöst hat. Es liegt eine Salzlösung vor. Wenn man sie verdunsten lässt oder eindampft (**V1a**), erhält man wieder das ursprünglich eingesetzte Salz. Das nutzt man auch bei der Gewinnung von Salz aus Meerwasser (**B1**). Das Lösen des Salzes und die Rückgewinnung sind physikalische Prozesse.
Beim Backen verwendet man Backpulver, damit der Teig schön locker wird. Wenn man ein Päckchen Backpulver in Wasser gibt und rührt, löst sich der weiße Feststoff im Wasser (**V1b**). Dabei entwickeln sich kleine, farblose Gasbläschen, die an die Oberfläche steigen. Die Gasblasen zerplatzen und das Gas entweicht. Das Gas muss aus dem Backpulver und dem Wasser entstanden sein. In diesem Fall hat eine **Stoffumwandlung** stattgefunden, denn ein neuer Stoff hat sich aus den Ausgangsstoffen gebildet. So eine Stoffumwandlung nennt man **chemische Reaktion**. Die Änderungen von Stoffeigenschaften bei chemischen Reaktionen sind nicht nur vorübergehend, sondern bleibend.
Schwarztee wird oft mit Milch oder Zitronensaft verfeinert. Eine unerwartete optische Veränderung ist dabei nicht zu beobachten. Anders ist es, wenn Milch und Zitronensaft zusammen kommen. Es bilden sich weiße Flocken. Die Milch gerinnt und „wird sauer“ (**B2**). Auch hier findet eine bleibende Stoffumwandlung statt. Es hat sich ein neuer Feststoff gebildet.

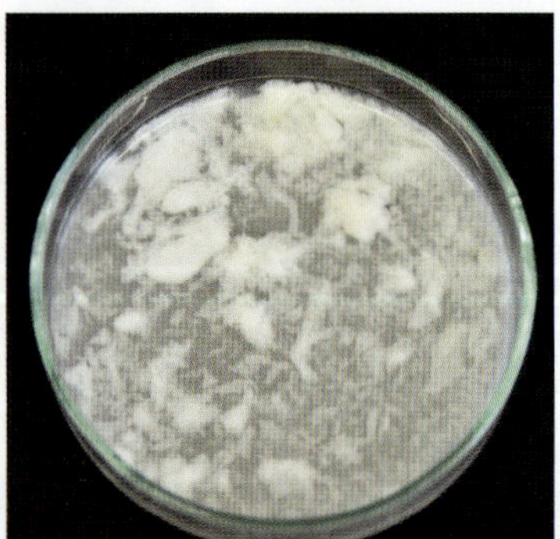

B2 geronnene Milch

> Die Chemie ist eine Naturwissenschaft, die sich mit dem Aufbau, den Eigenschaften und der Umwandlung von Stoffen beschäftigt. Stoffumwandlungen nennt man chemische Reaktionen.

Bevor wir uns mit weiteren Stoffumwandlungen beschäftigen, betrachten wir im Kapitel 2 zunächst Eigenschaften verschiedener Stoffe.

Umgang mit Gefahrstoffen

Nicht jeder Stoff, mit dem wir im Alltag oder im Labor zu tun haben, ist harmlos. Daher muss man sich vorher über den Umgang mit diesem Stoff informieren. Hinweise für die möglichen Gefahren liefern **Gefahrenpiktogramme** (**B4**), die auf den Verpackungen (**B3**) abgebildet sind.

B3 Handelsübliche Produkte mit Gefahrenpiktogrammen

Gibt man handelsüblichen Rohrreiniger in Wasser, so kann sich das Gemisch bis ca. 90 °C erwärmen. Es besteht Verbrennungsgefahr. Man sollte das Gefäß also nur mit großer Vorsicht berühren (**LV3**). Es entsteht eine ätzende Flüssigkeit (vgl. **B4**, GHS 5), die Haut und Augen schädigen kann. Die Flüssigkeit sollte also keinesfalls in Berührung mit der Haut oder den Augen kommen.

Das international gültige System zur Einstufung und Kennzeichnung von Gefahrstoffen GHS (Globally Harmonised System of Classification and Labelling of Chemicals) mit einheitlichen Gefahrenpiktogrammen (**B4**) und Texten soll helfen, die Gefahren für die menschliche Gesundheit und die Umwelt bei Herstellung, Transport und Verwendung von Gefahrstoffen zu minimieren. Besondere Gefahren werden durch H-Sätze (engl. *hazard*: Gefahr), Sicherheitsratschläge durch P-Sätze (engl. *precaution*: Sicherheit) angegeben. Auf S. 168–170 sind alle Gefahrenpiktogramme, H- und P-Sätze nochmals zusammengestellt. Hinweise zur Entsorgung von Gefahrstoffabfällen finden sich auf S. 171.

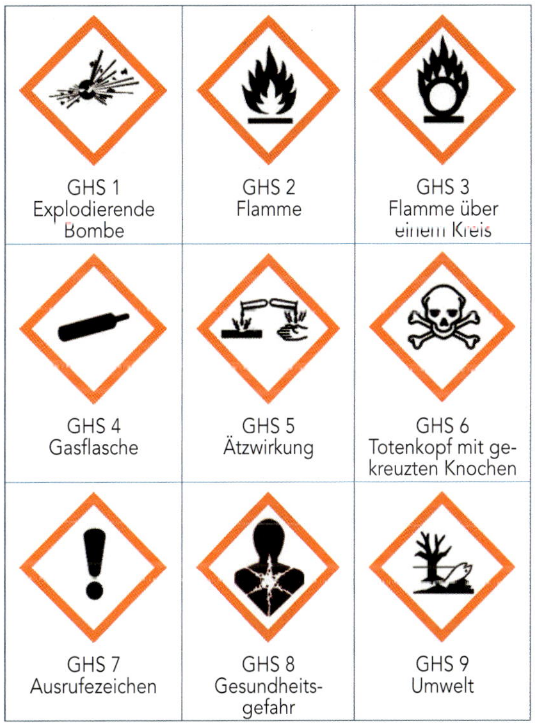

B4 Gefahrenpiktogramme und deren Bezeichnung nach GHS

AUFGABEN

A1 Stelle alle benutzen Laborgeräte aus **V1** in einer Tabelle zusammen und beschreibe den Zweck, für den du sie gebraucht hast.

A2 Recherchiere im Chemiebuch auf S. 168 die genaue Bedeutung der Gefahrenpiktogramme und auf S. 171 die Bedeutung der Kürzel zur Entsorgung von Gefahrstoffabfällen.

A3 Blättere im Chemiebuch und suche weitere Glasgeräte. Notiere dir die Namen dieser Glasgeräte.

A4 Recherchiere im Internet Berufe, die sich mit dem Thema Chemie beschäftigen.

FACHBEGRIFFE

Stoff, Stoffumwandlung, chemische Reaktion, Gefahrenpiktogramm

Mit Laborgeräten richtig umgehen

Im Laufe der Zeit haben Chemiker viele Geräte entwickelt, die beim Experimentieren hilfreich sind. Damit sie sinnvoll eingesetzt werden, muss man ihre Namen und Funktionen kennen. Eine Übersicht zu wichtigen Laborgeräten befindet sich ganz vorne im Buch.

Laborgeräte und deren Verwendung kennen

In Kochrezepten liest man oft die Formulierung „eine Prise Salz“. Wie viel das dann genau ist, ist nicht so wichtig. Für solche Mengen verwendet man in der Chemie die Bezeichnung „eine Spatelspitze“. Die Spitze des Spatels ist dann zu etwa einem Zentimeter bedeckt (**B1**).

B1 Eine Spatelspitze

Zwei Geräte, die ähnlich aussehen aber nicht verwechselt werden sollten, sind die Abdampfschale und der Mörser. Die Abdampfschale wird zum Abdampfen von Flüssigkeiten verwendet. Sie darf mit dem Brenner vorsichtig erhitzt werden. Die Abdampfschale hat immer eine glatte Oberfläche. Der Mörser ist viel dicker und dient dem Zerkleinern von festen Stoffen wie z. B. Salz, Schwefel oder Pflanzenteilen. Er verfügt im Gegensatz zur Abdampfschale über eine gerade Standfläche.

Flüssigkeiten müssen oft umgerührt werden, z. B. wenn sie mit dem Brenner erhitzt oder mit Eis gekühlt werden. Zum Umrühren muss ein Glasstab verwendet werden. Ein Thermometer ist dafür ungeeignet. Es hat nur eine dünne Glaswand und die Bruchgefahr ist zu groß. Ein Thermometer ist ausschließlich zum Bestimmen der Temperatur gedacht!

Die Masse mit einer Laborwaage bestimmen

Die Tara-Funktion einer Laborwaage kann genutzt werden, um die Masse einer Stoffportion zu bestimmen, ohne deren Verpackung bzw. das Aufbewahrungsgefäß mit zu wiegen.

So geht's Schalte die Waage ein. Es wird eine Masse von Null Gramm angezeigt. Stelle nun zunächst ein leeres Gefäß zum Abwiegen auf den Wägeteller (z. B. ein Becherglas, eine Wägeschale bzw. Wägeschiffchen oder ein Filterpapier). Drücke dann den Knopf Tara (T) auf der Waage. Auf der Anzeige liest du nun wieder Null Gramm ab (**B2**), da das Gerät jetzt die Masse des Behältnisses mit einrechnet. Gib dann den Stoff, dessen Masse du ermitteln möchtest, in das Gefäß auf der Waage bzw. wiege die gewünschte Menge an Stoff ab. Durch die Tara-Funktion kannst du dich auf die zu wiegende Stoffportion konzentrieren und ihre Masse direkt ablesen.

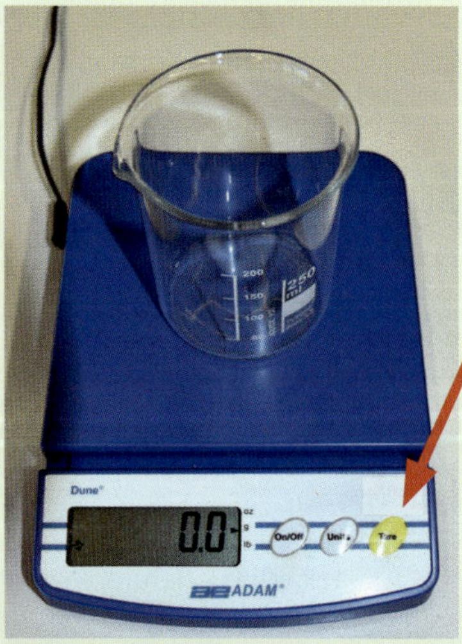

B2 Tara-Funktion einer Waage

Das Volumen einer Flüssigkeit messen

Bechergläser haben zwar eine Skala, kleinere Volumina wie 100 mL kann man mit ihnen aber nur sehr ungenau ablesen. Wenn das Volumen einer Flüssigkeit genauer bestimmet werden soll, kann ein Messzylinder verwendet werden. Für kleinere Flüssigkeitsmengen eignet sich eine Pipette (Messpipette oder Vollpipette).

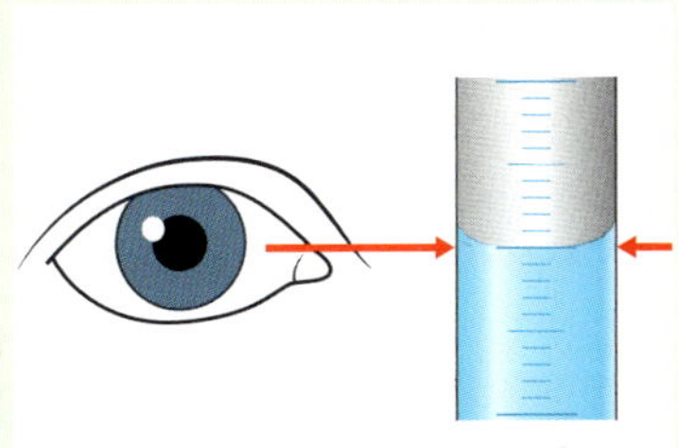

B3 Ablesen der Füllmenge

Ablesen einer Füllmenge

So geht's Betrachte den Flüssigkeitsstand im Messzylinder auf Augenhöhe. Die Oberfläche der Flüssigkeit im Messzylinder ist außen leicht nach oben gewölbt. Visiere den unteren Rand dieser Wölbung (Meniskus) in Augenhöhe an und lies die Füllmenge an diesem Punkt ab (**B3**).

Pipettieren einer Flüssigkeit

So geht's Mit Hilfe eines Peleusballs (**B4**) kannst du die Flüssigkeit in einer Pipette ansaugen. Stecke dazu den Ball auf die Pipette und drücke ihn zusammen, während du die Stelle A (Auslass) mit den Fingern zusammenpresst. Drücke nun die Stelle S (Saugen) zusammen, um die Flüssigkeit anzusaugen. Durch Zusammenpressen der Stelle E (Entleeren) kannst du sie wieder ablaufen lassen. Halte dabei die Pipette mit der Spitze schräg an den Rand des Gefäßes. Die Flüssigkeit läuft aus und ein kleiner Tropfen bleibt in der Pipettenspitze zurück. Dieser Tropfen ist bereits mit eingerechnet und muss in der Pipette verbleiben! Es läuft genau die Menge aus, die du zuvor abgemessen hast.

B4 Peleusball

Die elektrische Leitfähigkeit prüfen

Ob ein Stoff elektrisch leitfähig ist oder nicht, kann mit einem Leitfähigkeitsprüfer getestet werden. Eine einfache Variante besteht aus einem 9-Volt-Block als Stromquelle, an dem eine Leuchtdiode und ein Widerstand befestigt sind (**B5**). Eine Bauanleitung findest du unter www.ccbuchner.de/medien (Eingabe 05011-01).

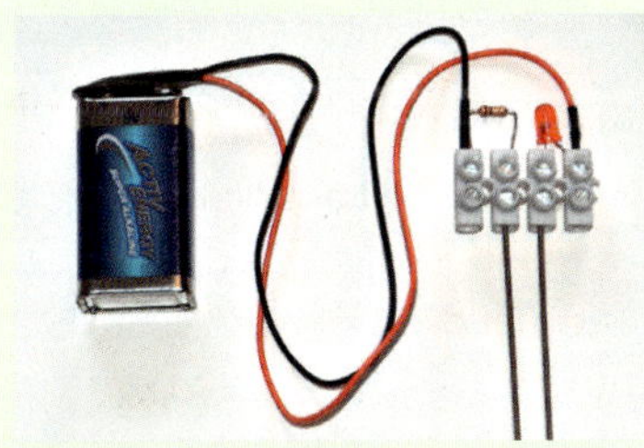

B5 Leitfähigkeitsprüfer

So geht's Halte die beiden Metallstäbe an den zu untersuchenden Feststoff oder in die zu untersuchende Flüssigkeit. Ist der Stoff elektrisch leitfähig, so leuchtet die Leuchtdiode.

AUFGABEN

A1 Fülle eine beliebige Menge Wasser in ein Becherglas und versuche das Volumen abzulesen. Bestimme das genaue Volumen mit einem Messzylinder und fülle das Wasser wieder zurück in das Becherglas. Gib das Becherglas an die nächste Gruppe weiter, die wieder das Volumen bestimmt. Vergleicht eure Ergebnisse und diskutiert mögliche Ursachen für unterschiedliche Messergebnisse.

A2 Gib 1,5 g Kochsalz in 20 mL Wasser. Prüfe die Leitfähigkeit der Lösung und dampfe sie wieder ein. Wiege das erhaltene Salz. Vergleiche die Massen des Salzes zu Anfang und am Ende.

Ein Protokoll zu einem Versuch erstellen

In der Chemie gelangt man durch Experimente zu neuen Erkenntnissen. Ein Protokoll zu einem Versuch ist notwendig, um den Versuch auswerten, wiederholen, die Ergebnisse überprüfen, oder aber auch, den Versuch abwandeln zu können. Im **Versuchsprotokoll** werden alle wichtigen Versuchsschritte festgehalten:

- Datum, Überschrift, Aufgabe bzw. Fragestellung
- Vermutung bzw. Hypothese
- Material und Versuchsdurchführung
- Beobachtungen
- Auswertung und Erklärung

Bei der Herstellung von Trinkbrause aus Brausepulver (**B1**) beobachtet man ein Sprudeln. Mit einem Versuch soll herausgefunden werden, welche der Bestandteile des Brausepulvers das Sprudeln in Wasser hervorrufen. Die Hauptbestandteile von Brausepulver sind Zucker, Citronensäure und Natron (Natriumhydrogencarbonat).

B1 Brausepulvertütchen, Brausepulver und fertige Trinkbrause

So geht's

1. Notiere das Datum und die Überschrift des Versuchs und / oder die **Aufgabe bzw. Fragestellung**, die der Versuch beantworten soll.

2. Stelle Vermutungen zur Antwort auf die Fragestellung auf bzw. formuliere eine **Hypothese** (vgl. Info).

3. Notiere alle **Laborgeräte** und **Chemikalien** (und gegebenenfalls deren GHS-Nummer(n) und Entsorgungen), die du für den Versuch verwendest. Zeichne eine Skizze des Versuchsaufbaus und beschrifte sie vollständig. Wird der Versuch in mehreren Schritten durchgeführt, solltest du entsprechend auch mehrere Zeichnungen anfertigen. Protokolliere die **Durchführung des Versuchs** in der richtigen Reihenfolge, inklusive z. B. Mengen- und Zeitangaben, in der du ihn durchgeführt hast.

4. Notiere die **Beobachtungen**, die du bei der Durchführung des Versuchs machen kannst, inhaltlich richtig, in der korrekten Reihenfolge, vollständig und präzise ohne Ausschmückung. Die Beobachtungen kannst du in einem Text oder in Tabellen festhalten.

5. **Werte** die Beobachtungen mit Blick auf die Aufgabe bzw. Fragestellung **aus** und beantworte die Aufgabe bzw. Frage. Erkläre die Beobachtungen. Interpretiere mögliche Diagramme aus Messwerten und achte auf Abweichungen oder Unstimmigkeiten. Später können die Vorgänge in Formeln und Gleichungen ausgedrückt werden.

Info
Eine Hypothese ist eine Aussage, die mit geeigneten Versuchen überprüfbar sein sollte und durch das Versuchsergebnis bestätigt oder widerlegt wird.

Untersuchung von Brausepulver

Alltagsbeobachtung

Brausepulver sprudelt, wenn man es in Wasser gibt.

27.02.2018

1. Fragestellung

Welche Bestandteile (Stoffe) des Brausepulvers bewirken das Sprudeln von Brausepulver in Wasser?

Überlegung

Natriumhydrogencarbonat ist auch in Backpulver enthalten, das einen Kuchenteig aufgehen lässt.

2. Hypothese

Das Natriumhydrogencarbonat bewirkt das Sprudeln.

3. Durchführung

Material: sechs Reagenzgläser, Reagenzglasständer, Spatel, Zucker, Citronensäure (GHS 7), Natriumhydrogencarbonat (kurz: Natron)

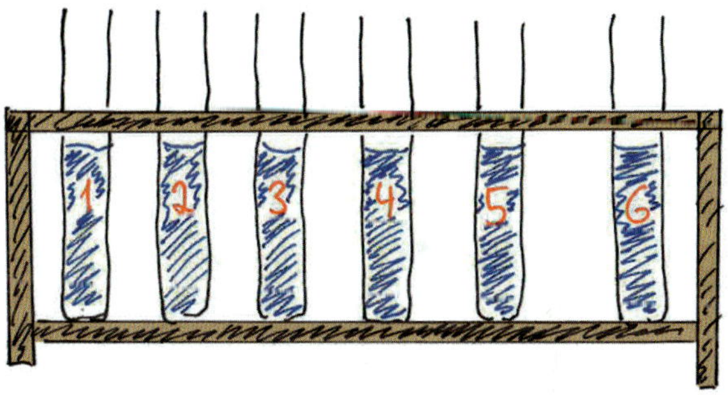

Man füllt sechs Reagenzgläser etwa halbvoll mit Wasser und beschriftet sie mit den Ziffern 1 bis 6. Dann gibt man in die Reagenzgläser 1 bis 3 je eine Spatelspitze Zucker, Citronensäure bzw. Natron. In die Reagenzgläser 4 bis 6 füllt man je eine Spatelspitze von zwei Stoffen: in Glas 4 Zucker und Citronensäure, in Glas 5 Zucker und Natron, in Glas 6 Citronensäure und Natron.

Entsorgung: In den Ausguss geben.

4. Beobachtungen

1 Wasser + Zucker	2 Wasser + Citronensäure	3 Wasser + Natron	4 Wasser + Zucker + Citronensäure	5 Wasser + Zucker + Natron	6 Wasser + Citronensäure + Natron
keine Gasentwicklung	keine Gasentwicklung	keine Gasentwicklung	keine Gasentwicklung	keine Gasentwicklung	Gasentwicklung

5. Erklärung

Die aufgestellte Hypothese wurde widerlegt. Nur wenn man die beiden Bestandteile Citronensäure und Natron zusammen in Wasser gibt, kommt es zur Gasentwicklung.

B2 Protokoll zur Untersuchung von Brausepulver

AUFGABE

A1 Fertige zu den Versuchen **V1** und **V2** auf S. 16, 17 jeweils ein vollständiges Versuchsprotokoll an.

2 Stoffe, ihre Eigenschaften und ihr Aufbau

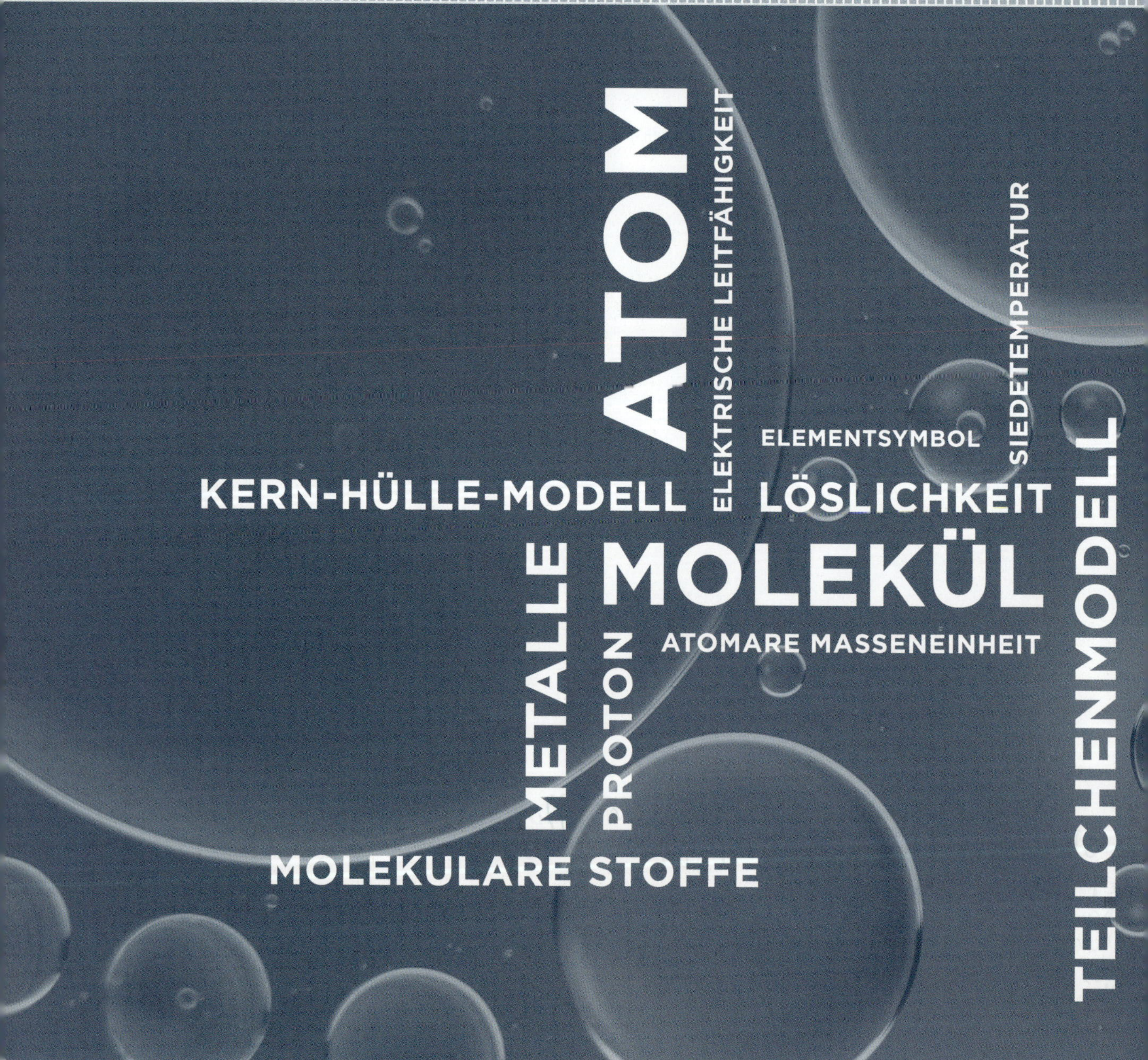

NEUTRON
AGGREGATZUSTÄNDE
ERKENNTNISGEWINNUNG
ION
GEMISCHE
SALZE
REINSTOFFE
ELEKTRON
STOFFEIGENSCHAFTEN
SCHMELZTEMPERATUR
DIFFUSION

Startklar?

Selbsteinschätzung

Schätze dich selbst ein: Wie gut sind deine Kenntnisse in den Bereichen A bis D?
Kreuze auf dem Arbeitsblatt unter www.ccbuchner.de/medien (Eingabe 05011-02) an!

	Ich kann ...	prima	ganz gut	es fällt mir schwer
A	geeignete Geräte für einen Versuch auswählen und benennen.			
B	die Bedienungsschritte eines Brenners angeben.			
C	die Bedeutung der Gefahrenpiktogramme nennen und daraus das Gefahrenpotenzial eines Stoffes ableiten.			
D	die wichtigsten Schritte bei der Erstellung eines Protokolls nennen.			

Überprüfung

Liegst du richtig? Bearbeite die folgenden Aufgaben zu jedem Bereich.

Geeignete Geräte für einen Versuch auswählen und benennen

A1 Gib die Geräte an, die zum Erhitzen von Metallen in Drahtform benötigt werden. Benenne die benötigten Geräte.

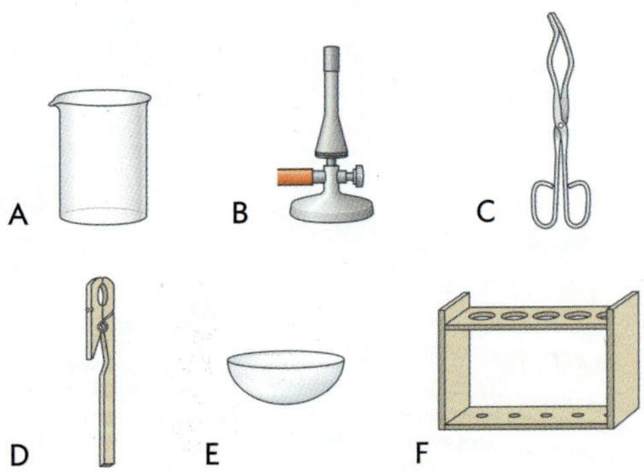

A2 Nenne die Geräte und Messinstrumente, die benötigt werden, um Leitungswasser auf 60 °C zu erhitzen.

A3 Entscheide dich jeweils für eine Vorgehensweise und begründe deine Wahl:

a) Genau 78 mL Wasser werden A) mit einem Becherglas oder B) mit einem Meßzylinder abgemessen.
b) Eine Salzlösung wird A) mit einer Petrischale oder B) mit einer Abdampfschale eingedampft.
c) Beim Abwiegen von 25 g Zucker wird die Tara-Funktion der Waage bedient, A) bevor das noch leere Becherglas oder B) nachdem das noch leere Becherglas auf die Waage gestellt wurde.

Die Bedienungsschritte eines Brenners angeben

B1 Gib die richtige Reihenfolge der Schritte beim Bedienen eines Gasbrenners an:

a) Öffnen des Gashahnes
b) Schließen der Luftzufuhr
c) Anzünden des Streichholzes

B2 Überprüfe die nachfolgenden Behauptungen und korrigiere sie.

Bei der Benutzung des Brenners

a) müssen brennbare Gegenstände mit einem Baumwolltuch abgedeckt werden.
b) dürfen Brillenträger auf eine Schutzbrille verzichten.
c) sollen lange Haare vorher befeuchtet werden.
d) ist die Spitze des inneren Flammenkegels am kühlsten.

Die Bedeutung der Gefahrenpiktogramme nennen und daraus das Gefahrenpotenzial eines Stoffes ableiten

C1 Ordne den folgenden Gefahrenpiktogrammen deren Bedeutung zu.

a) Hautätzend, schwere Augenschädigung
b) Entzündbare Stoffe
c) Explosive Stoffe
d) Akute Toxizität

C2 Beurteile die Risiken und schätze die Gefahren ab, die bei folgenden alltäglichen Situationen auftreten können.

a) Haarspray wird in Richtung einer brennenden Kerze gesprüht.
b) Zement wird mit bloßen Händen aus der Tüte entnommen.
c) Zum Anzünden der Grillkohle wird Brennspiritus benutzt.
d) Ein Pflanzenschutzmittel mit dem Symbol  9 wird in der Nähe eines Teichs eingesetzt.

Die wichtigsten Schritte bei der Erstellung eines Protokolls nennen

D1 Ordne die folgenden Schritte zur Anfertigung eines Protokolls in der richtigen Reihenfolge an:

a) Chemikalienliste und Laborgeräte
b) Durchführung
c) Hypothese
d) Erklärung
e) Beobachtung
f) Fragestellung

Auswertung

Hast du dich richtig eingeschätzt? Vergleiche deine Antworten mit den Lösungen auf Seite 154. Gib dir jeweils die entsprechende Punktzahl und trage sie auf dem Arbeitsblatt ein.

	Ich kann ...	prima	ganz gut	mit Hilfe	lies nach auf Seite
A	geeignete Geräte für einen Versuch auswählen und benennen.	11 - 9	8 - 6	5 - 3	20, 21
B	die Bedienungsschritte eines Brenners angeben.	7 - 6	5 - 4	3 - 2	14, 15
C	die Bedeutung der Gefahrenpiktogramme nennen und daraus das Gefahrenpotenzial eines Stoffes ableiten.	6 - 5	4 - 3	2	19
D	die wichtigsten Schritte bei der Erstellung eines Protokolls nennen.	3	2	1	22, 23

Eigenschaften von Stoffen

Die Identifizierung von unbekannten Stoffen anhand ihrer Eigenschaften ist eine Standardaufgabe von Chemikern. Lebensmittelchemiker untersuchen die Zusammensetzung von Lebensmitteln. Food-Designer kreieren täglich neue Lebensmittel, indem Sie beispielsweise deren Zusammensetzung ändern. Denn Lebensmittel enthalten meist viele verschiedene Stoffe. Aber welche Eigenschaften hat jeder einzelne Stoff für sich?

V1 Aussehen von Stoffen

PROBLEM

Auf allen Lebensmittelverpackungen findet man Hinweise über deren Zusammensetzung. Kann man die einzelnen Stoffe auch ohne diese Hinweise anhand ihrer Stoffeigenschaften identifizieren?

DURCHFÜHRUNG

a) Gib eine kleine Portion Kochsalz, Mehl, Natron (Backpulver), Citronensäure (GHS 7), Zucker und Brausepulver auf je ein Filterpapier. Vergleiche das Aussehen der Stoffe. Verwende dazu auch eine Lupe.

b) Gib eine kleine Portion Brausepulver auf ein Filterpapier und versuche mit einem Zahnstocher in verschiedene Stoffe zu sortieren.

AUSWERTUNG

a) Beschreibe das Aussehen aller Stoffe aus **V1a**. Achte besonders auf Unterschiede bei der Farbe und Form, die man gut unter der Lupe oder dem Mikroskop erkennen kann.

b) Zeichne die Tabelle (**B1**, S. 29) über eine ganze Seite in dein Heft. Ergänze sie mit Informationen über die sechs Stoffe aus **V1a**.

c) Versuche mithilfe der Lupe oder des Mikroskops die sortierten Stoffe im Brausepulver den in **V1a** benutzten Stoffen zuzuordnen.

ENTSORGUNG A, R

V2 Erhitzen und Lösen von Stoffen und Eigenschaften der Lösungen

PROBLEM

Können sich alle Stoffe in Wasser lösen? Können die wässrigen Lösungen der Stoffe unterschieden werden? Wie verhalten sich verschiedene Stoffe beim Erhitzen?

DURCHFÜHRUNG

a) Gib jeweils eine Spatelspitze der Stoffe aus Tabelle **B1** in je ein Reagenzglas und fülle 3 cm hoch mit Wasser auf. Verschließe die Reagenzgläser mit einem Stopfen und schüttle.

b) Gib zu den fünf wässrigen Lösungen sowie zu einem weiteren Reagenzglas nur mit Wasser jeweils 5 Tropfen Blaukrautsaft.

c) Gib jeweils eine Spatelspitze der Stoffe aus Tabelle **B1** in je ein Reagenzglas. Stülpe beim Reagenzglas mit Natron und Kochsalz einen Luftballon auf die Öffnung. Erhitze die mit den einzelnen Stoffen befüllten Reagenzgläser jeweils vorsichtig in der nicht leuchtenden Brennerflamme. Beende das Erhitzen, sobald du keine Veränderung im Reagenzglas mehr beobachtest. Nimm eine Geruchsprobe durch Zufächeln.

AUSWERTUNG

a) Ergänze deine Beobachtungen aus **V2a** bis **c** in der Tabelle.

b) Vergleiche die Farben der wässrigen Lösungen bei **V2b** und trage diese in die Tabelle ein.

ENTSORGUNG A, R

Eigenschaft	Kochsalz	Mehl	Natron	Citronensäure	Zucker
Farbe					
Geruch					
Kristallform					
Aggregatzustand					
Löslichkeit in Wasser					
Farbe der Lösung mit Blaukrautsaft					
Verhalten bei Erhitzen					
Geruch nach Erhitzen					

B1 Tabelle zu Stoffeigenschaften.

V3 Eigenschaften von Metallen

PROBLEM

Zwei Schüler betrachten einen Teelichtbecher. Sie streiten, ob er aus Eisen oder Aluminium ist. Wie kann man das prüfen?

DURCHFÜHRUNG

Prüfe ein Stück Eisen, ein Stück Aluminiumfolie und einen Teelichtbecher auf ihre elektrische Leitfähigkeit (vgl. FM, S. 21), ihre Verformbarkeit und ihr magnetisches Verhalten.

AUSWERTUNG

a) Vergleiche das Verhalten der drei Proben in **V3**.

b) Ordne begründet das Material dem Teelichtbecher zu.

ENTSORGUNG R

B1 Weiße Stoffe – gleiche Stoffe?

Info
In manchen Fällen kommt es zu einem „Hüpfen" der Kochsalzkristalle und zur Bildung von Kondenswasser. Hierbei findet keine Stoffumwandlung statt. Eingelagertes Wasser verdampft lediglich und kondensiert an der Reagenzglaswand.

Stoffe und Stoffeigenschaften

Kochsalz, Zucker, Citronensäure, Natron (Backpulver) oder Mehl sind weiße Feststoffe und auf den ersten Blick nicht leicht auseinanderzuhalten (**B1**).

Mit der Lupe oder mit dem Mikroskop kann man erkennen, dass Kochsalz, Zucker, Citronensäure und Natron aus Kristallen bestehen. Die **Kristallform** der Citronensäure weicht deutlich von der des Kochsalzes und des Zuckers ab, während Kochsalz- und Zuckerkristalle kaum zu unterscheiden sind. Beim Mehl kann man dagegen keine Kristalle erkennen.

Bei genauer Untersuchung entdeckt man im Brausepulver neben Farbstoffen auch Kristalle der Stoffe Zucker, Citronensäure und Natron.

Manche Stoffe haben auch einen typischen Geschmack oder Geruch. Geschmacksproben sind aber im Chemieunterricht verboten, da ein Stoff gesundheitsschädigend oder verunreinigt sein kann.

Beim Erhitzen von Zucker schmilzt dieser, wird braun und duftet nach Karamell. Erhitzt man weiter, wird der Feststoff schwarz und riecht verbrannt. Citronensäure schmilzt unter Blasenbildung. Bei stärkerem Erhitzen entwickelt sich ein leicht stechender Geruch. Bei sehr starker Hitzeeinwirkung zersetzt sich die Citronensäure. Mehl hingegen wird schwarz ohne zu schmelzen und riecht verbrannt. Beim Erhitzen von Natron bilden sich eine farblose Flüssigkeit am oberen Reagenzglasrand und ein Gas. Im Reagenzglas bleibt ein weißer Feststoff zurück. Es hat eine Stoffumwandlung stattgefunden. Im Gegensatz dazu verändert sich das Kochsalz beim Erhitzen nicht.

Beim Erhitzen eines Gemisches aus verschiedenen Stoffen, z. B. Brausepulver treten die Eigenschaften aller Inhaltsstoffe zusammen auf und lassen keine Identifizierung einzelner Stoffe zu.

Bei der Identifizierung eines Stoffes helfen bestimmte Eigenschaften, die für den Stoff typisch sind und immer gleich bleiben. Diese Eigenschaften nennt man die **Stoffeigenschaften** eines Stoffes.

Die charakteristischen Stoffeigenschaften kennzeichnen einen Stoff und können daher zu seiner Identifizierung genutzt werden. Stoffe mit ähnlichen Eigenschaften können zu Stoffgruppen zusammengefasst werden. (z. B. Metalle) salz- und molekulare Stoffe)

Eigenschaften von wässrigen Lösungen

Manche Stoffe lösen sich in Wasser. Dazu gehören Kochsalz, Zucker, Citronensäure oder Natron. Mehl hingegen lässt sich in Wasser nicht lösen. Oftmals sieht man den Lösungen nicht mehr an, welcher Stoff im Wasser gelöst wurde. Gibt man jedoch einige Tropfen Blaukrautsaft zu den Lösungen von Kochsalz, Citronensäure, Zucker und Natron, so zeigen sich unterschiedliche Farben (**B2**). Die Citronensäurelösung wird rötlich. Zucker- und Kochsalzlösung werden violett und haben die gleiche Farbe wie reines Wasser mit dem Blaukrautsaft. Die Natronlösung zeigt eine blaugrüne Verfärbung an. Der Blaukrautsaft ändert seine Farbe je nachdem, ob eine Lösung **sauer** (Citronensäurelösung), **neutral** (Kochsalz- und Zuckerlösung) oder **alkalisch** (Natronlösung) ist (vgl. FM, S. 32/33). Einen solchen Stoff, der durch Farbänderung den Säuregrad einer Lösung anzeigt, nennt man **Indikator** (lat. *indicare*: anzeigen).

B2 Farben von Blaukrautindikator in sauren, neutraler und alkalischen Lösungen

Stoffe verhalten sich bei Zugabe von Wasser unterschiedlich. Sie sind in Wasser löslich oder unlöslich. Lösliche Stoffe können saure, neutrale oder alkalische Lösungen mit Wasser bilden.

Messbare Stoffeigenschaften

Manche Stoffeigenschaften kann man auf den ersten Blick erkennen. Andere können mit geeigneten Hilfsmitteln gemessen werden. Dazu gehören z. B. **elektrische Leitfähigkeit**, **Wärmeleitfähigkeit**, **Schmelz-** und **Siedetemperatur**, **Magnetisierbarkeit**, **Löslichkeit**, **Härte** und **Dichte**. In einem **Steckbrief** fasst man die wichtigsten Eigenschaften eines Stoffes zusammen (**B3**). Mithilfe einer Tabelle kann man die Stoffeigenschaften von verschiedenen Stoffen gut miteinander vergleichen. Auch einen unbekannten Stoff kann man leichter identifizieren, wenn man seine Eigenschaften den Stoffeigenschaften verschiedener bekannter Stoffe in einer Tabelle gegenüberstellt. Stimmen alle untersuchten Stoffeigenschaften des unbekannten Stoffes mit denen eines bekannten Stoffes überein, kann man annehmen, dass es sich um den gleichen Stoff handelt.

STECKBRIEF

Natron

- chemischer Name: Natriumhydrogencarbonat
- Farbe: farblos bei großen Kristallen, weiß bei zermahlenem Natriumhydrogencarbonat
- Aggregatzustand bei 25 °C: fest
- Verhalten bei Erhitzen: Zersetzung ab 50 °C
- Löslichkeit in Wasser: mäßig (96 g/L)

B3 Steckbrief von Natron

Info

Die Dichte ρ („Rho") ist der Quotient aus Masse m und Volumen V:
$\rho = \frac{m}{V}$
Sie ist eine charakteristische Stoffeigenschaft, die von der Temperatur und vor allem bei Gasen vom Druck abhängig ist.

AUFGABEN

A1 Erstelle je einen Steckbrief von Kochsalz und Haushaltszucker.

A2 Fülle exakt 50 mL und 100 mL Wasser in je ein Becherglas. Bestimme die beiden Massen (vgl. FM Mit Laborgeräten richtig umgehen, S. 20/21). Berechne nun aus der jeweiligen Masse und dem Volumen die Dichte von Wasser (vgl. Info). Vergleiche und erläutere deine beiden Ergebnisse.

FACHBEGRIFFE

Stoffeigenschaften, Kristallform, sauer, neutral, alkalisch, Indikator, elektrische Leitfähigkeit, Wärmeleitfähigkeit, Siedetemperatur, Schmelztemperatur, Magnetisierbarkeit, Löslichkeit, Härte, Dichte, Steckbrief

Der Weg der naturwissenschaftlichen Erkenntnisgewinnung

Naturwissenschaftler versuchen einerseits schon bekannte Sachverhalte zu erklären und andererseits auch Vermutungen zur Vorhersage noch unbekannter Phänomene aufzustellen. Ihre Erkenntnisse sowie die entsprechenden Regeln und Gesetzmäßigkeiten gewinnen sie auf einem bestimmten Weg. Dieser **naturwissenschaftliche Erkenntnisweg** läuft in fünf Schritten ab.

„Bleibt Blaukraut immer Blaukraut?"

In Teilen Württembergs sagt man Blaukraut, in Baden dagegen Rotkohl bzw. Rotkraut. In beiden Fällen handelt es sich jedoch um das gleiche Kohlgemüse, das kleingeschnitten in Wasser mit Zucker und weiteren Zutaten gekocht wird. Bei der Zubereitung von Rotkraut kommen eher säuerliche Zutaten wie Zitronensaft oder Essig zum Einsatz, während bei Blaukrautrezepten häufig Backpulver (Natron) verwendet wird.

Die Frage aus der Überschrift lässt sich anhand der folgenden fünf Schritte beantworten.

B1 Rotkraut (links) und Blaukraut (rechts)

So geht's

1. Die **Fragestellung** / Aufgabe:
   Formuliere die Problemstellung, die mit Hilfe der Versuchsergebnisse beantwortet werden soll, in einer möglichst präzisen Frage oder einer passenden Überschrift.
   Welche der Zutaten sind für die beiden Farben des Krauts verantwortlich?

2. Das Aufstellen der **Hypothese** (= Vermutung):
   Stelle aus deinen bisherigen Kenntnissen und Erfahrungen eine Vermutung auf. Diese Hypothese wird aufgrund der Versuchsergebnisse entweder bestätigt (verifiziert) oder sie stellt sich als falsch heraus (falsifiziert).
   Saure Zutaten bewirken eine rote, alkalische eine blaue Farbe des Krauts.

3. Das **Material** und die **Versuchsdurchführung:**
   Plane den Versuch möglichst genau. Überlege dir, wie du die Richtigkeit der aufgestellten Vermutung überprüfen kannst. Denke an einen Kontrollversuch! Notiere die Versuchsdurchführung, so dass jemand anderes den Versuch jederzeit wiederholen und deine Ergebnisse überprüfen kann. Achte hierbei immer auf die Sicherheitsbestimmungen und Entsorgungshinweise.
   Laborgeräte: Reagenzglashalter mit fünf Reagenzgläsern

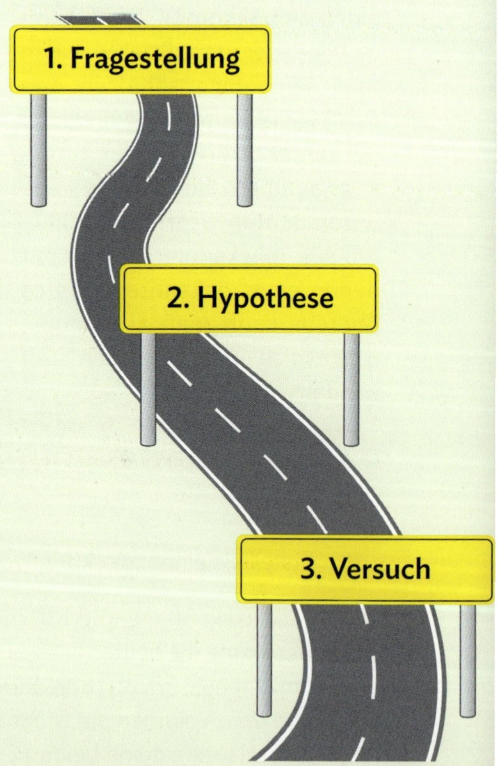

Chemikalien: reines Wasser, Zucker, Essig, Zitronensaft, Backpulver (Natron), Blaukrautsaft
Bereite je 3 mL folgender Lösungen in den Reagenzgläsern vor:
RG 1: Essig in Wasser, RG 2: Zitronensaft, RG 3: Wasser,
RG 4: Backpulver in Wasser, RG 5: Zucker in Wasser
Gib jeweils 3 mL Blaukrautsaft in die fünf Reagenzgläser.

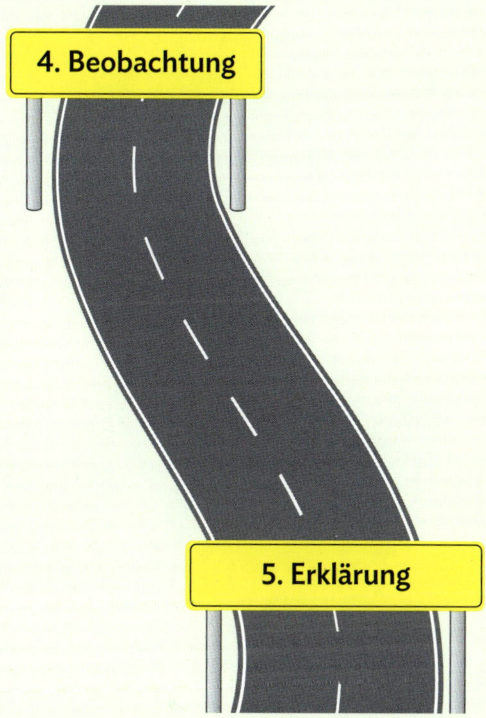

4. Die **Beobachtungen:**
   Du kannst entweder direkt mit den Sinnen (alles, was du siehst, riechst, hörst) oder indirekt mit Messgeräten (z. B. Strommesser) beobachten. Beschränke dich auf die Beobachtungen, formuliere noch keine Erklärungen.
   Bei den Lösungen mit Essig bzw. Zitronensaft ergibt sich eine rote Farbe, die Lösung mit Backpulver ist grünblau. In den Reagenzgläsern mit reinem Wasser und Zuckerwasser ergibt sich die gleiche violette Farbe.

5. Die **Auswertung / Erklärung:** Werte nun deine Beobachtungen oder erhobenen Daten geeignet aus, beispielsweise als Tabelle oder Diagramm. Interpretiere die Daten, d. h. überlege dir, welche Bedeutung die Daten haben. Entscheide, ob deine Hypothese durch die Daten bestätigt oder widerlegt wird. Leite eine allgemeingültige Regel ab oder stelle eine neue Vermutung auf. Diese kannst du dann in weiteren Experimenten überprüfen.
   Der Blaukrautsaft färbt sich in sauren Lösungen rötlich und in alkalischen Lösungen grünblau. Die Hypothese ist somit bestätigt. Beim reinen Wasser ist die Lösung violett. Bei Zugabe von Zucker verändert sich die Farbe nicht. Eine Zuckerlösung ist demnach neutral, also weder sauer noch alkalisch.

   Verallgemeinerung: Beim Blaukraut handelt es sich um einen sogenannten Indikator, d. h. um einen Stoff, der durch seine Farbe anzeigt wie sauer bzw. alkalisch eine Lösung ist.

Farbe des Blaukrautsafts	rot bis rotviolett	blauviolett bis blau	blaugrün über grün bis gelb
Säuregrad der Lösung	sauer	neutral	alkalisch

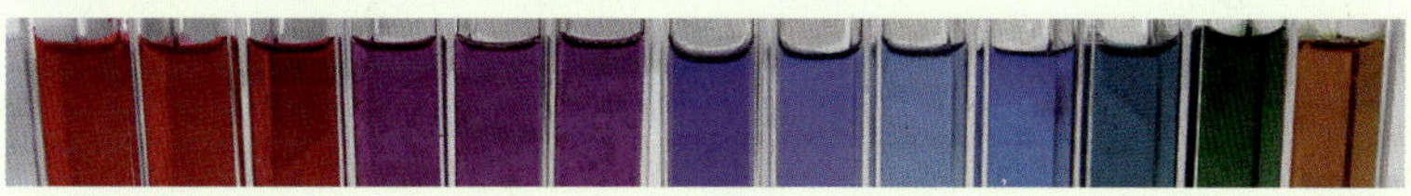

AUFGABEN

A1 Begründe, warum man den Versuch auch mit Wasser und mit Zucker durchführt.

A2 Entwickle ein Experiment, mit dem du prüfen kannst, ob Himbeersaft genauso gut als Indikator eingesetzt werden kann wie Blaukrautsaft.

Teilchenbewegung und Aggregatzustände

Tee ist aus dem Alltag vieler Menschen nicht mehr wegzudenken. Ob Schwarztee aus dem Himalaya oder grüner Tee aus Japan, die Vielfalt ist groß. Manche Teesorten sollten nur mit kochendem, andere nur mit heißem Wasser aufgegossen werden. Wo ist da der Unterschied und was geschieht dann in der Teetasse? Gibt man Zucker in das Teewasser, dann „verschwindet" dieser scheinbar – oder doch nicht? Was passiert mit dem Zucker, wenn er ins Wasser gelangt?

V1 Modellversuch zum Wasserkocher

PROBLEM

Erhitzt man zur Teezubereitung Wasser in einem Wasserkocher, kann man nach kurzer Zeit ein typisches Rauschen hören. Der Wasserkocher beginnt leicht zu wackeln. Warum ist das so?

DURCHFÜHRUNG

Fülle ein Reagenzglas etwa einen Zentimeter hoch mit Wasser und verschließe es mit einem Luftballon, den du vorher einmal aufgeblasen hast (**B1**). Erhitze das Reagenzglas vorsichtig mit dem Gasbrenner und lasse es anschließend wieder abkühlen.

AUSWERTUNG

a) Beschreibe deine Beobachtungen im Reagenzglas und am Luftballon.

b) Erkläre deine Beobachtung am Luftballon. Vergleiche dazu die Aggregatzustände flüssig und gasförmig.

c) Erkläre anhand der Beobachtungen das Wackeln eines Wasserkochers beim Kochvorgang.

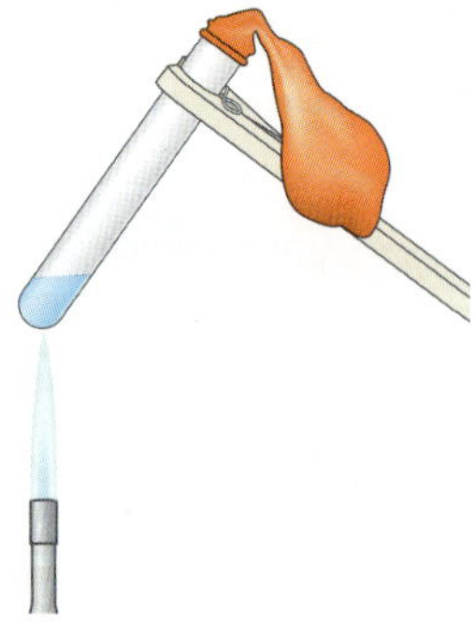

B1 Versuchsaufbau zu **V1**

ENTSORGUNG A, R

V2 Mit oder ohne Zucker?

PROBLEM

Gibt man etwas Zucker in (Tee-)Wasser, so ist er nach einiger Zeit nicht mehr zu erkennen. Kann man nachweisen, dass der Zucker noch vorhanden ist, ohne die Lösung zu verändern?

DURCHFÜHRUNG

Fülle in einen 100 mL Messzylinder genau 100 mL Wasser und bestimme dessen Gesamtmasse mit einer Waage (vgl. FM Mit Laborgeräten richtig umgehen, S. 20/21). Wiege auf einem Filterpapier genau 5 g Haushaltszucker ab und gib diesen in den soeben vorbereiteten Messzylinder. Setze einen Stopfen auf den Zylinder und schüttle, bis kein Zucker mehr zu sehen ist. Entferne den Stopfen und bestimme erneut die Gesamtmasse. Lies das Volumen der Lösung ab.

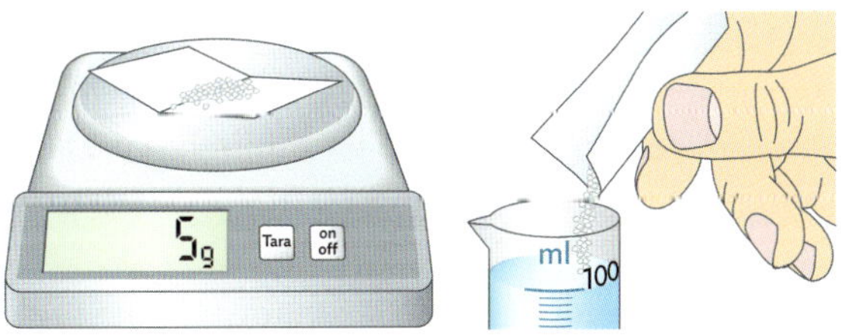

B2 Durchführung zu **V2**

AUSWERTUNG

a) Fasse die Beobachtungen von Volumen und Masse vor und nach Zugabe des Zuckers zusammen. Ergänze dazu folgende Angaben in deinem Heft:

m(Wasser) = ___ g V(Wasser) = ___ mL

m(Zucker) = ___ g

m(Lösung) = ___ g V(Lösung) = ___ mL

b) Vergleiche deine Beobachtungen und Ergebnisse mit denen deiner Mitschüler und diskutiert über die Ursachen möglicher Abweichungen.

ENTSORGUNG A, R

V3 Teezubereitung einmal anders

PROBLEM

Beim Aufbrühen des Tees kann man erkennen, wie aus farblosem Wasser Tee entsteht. Kann man einen Tee auch ohne Aufgießen zubereiten?

DURCHFÜHRUNG

Befülle je eine Porzellanschale mit etwas heißem und kaltem Wasser. Stelle jeweils einen Teebeutel in die Mitte jeder Schale.

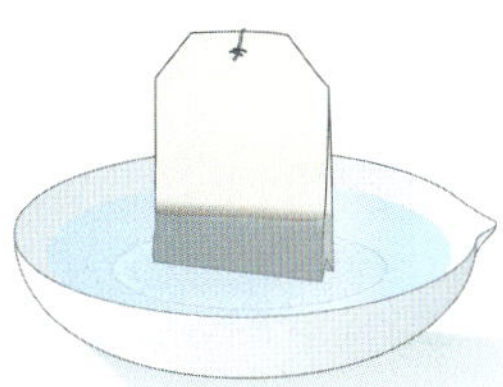

B3 Versuchsaufbau zu **V3**

AUSWERTUNG

a) Dokumentiere deine Beobachtungen zu **V3**, indem du jeweils alle 3 Minuten Skizzen von der Aufsicht der Porzellanschale mit Bleistift anfertigst und die vergangene Zeit mit angibst.

b) Begründe die unterschiedlichen Beobachtungen bei der Verwendung von heißem und kaltem Wasser.

ENTSORGUNG A, R

B1 Cola mit Eiswürfeln

Info
Geht ein Stoff unterhalb seiner Siedetemperatur vom flüssigen in den gasförmigen Zustand über, spricht man von **Verdunstung**.

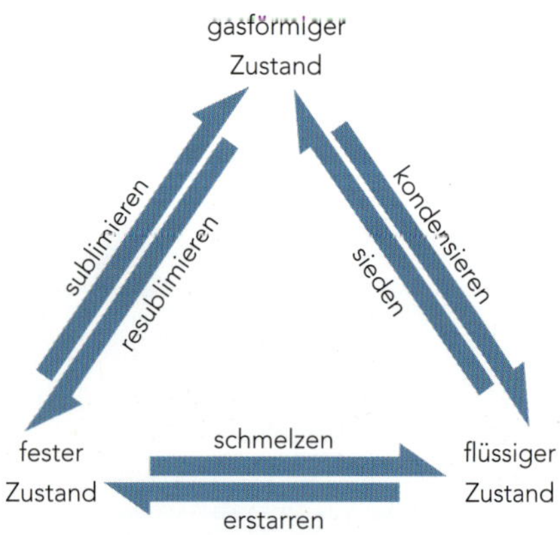

B2 Aggregatzustände und Übergänge

Info
Modelle sind Hilfen zur Darstellung und Veranschaulichung von Dingen und Prozessen aus der Wirklichkeit. Modelle bilden die Wirklichkeit aber nie vollständig ab.

Stoffe ändern ihren Aggregatzustand

An einem heißen Tag sind Eiswürfel in einem Getränk schnell geschmolzen. Im Winter dient ein Schälchen mit Wasser zur Befeuchtung der trockenen Luft. Das Wasser darin verdunstet. Mit einem Wasserkocher wird Wasser mit elektrischer Energie solange erhitzt, bis Wasserdampf aufsteigt. Das gasförmige Wasser steigt vom Boden des Kochers in Form von Blasen durch das flüssige Wasser nach oben. In **V1** erfolgt dies durch Erhitzen des Wassers im Reagenzglas mit der Brennerflamme. Wasser **siedet** bei 100 °C und geht dabei in den **gasförmigen** Zustand über, es **verdampft**. Wird ein bestimmtes Volumen flüssigen Wassers verdampft, nimmt es im gasförmigen Zustand ein Vielfaches des Ursprungsvolumens ein. Daher bläht sich der darüber gestülpte Luftballon auf. Ein Eiswürfel **schmilzt** bei Temperaturen oberhalb 0 °C. Dabei geht Wasser vom **festen** in den **flüssigen** Zustand über. Viele bekannte Stoffe liegen bei bestimmten Temperaturen fest, flüssig oder gasförmig vor. Diese Zustände bezeichnet man als **Aggregatzustände**. Einen großen Einfluss, bei welcher Temperatur ein Stoff den Aggregatzustand wechselt, hat der Druck. **Schmelz-** und **Siedetemperatur** eines Stoffes werden deshalb mit Bezug auf den Normaldruck (= mittlerer Luftdruck an der Erdoberfläche) angegeben. Einige Stoffe gehen direkt vom festen in den gasförmigen Zustand über, sie **sublimieren**. Dazu gehört z. B. Kohlenstoffdioxid.

Stoffe können die Aggregatzustände fest, flüssig und gasförmig annehmen. Schmelz- und Siedetemperatur kennzeichnen die Temperaturen, bei denen ein Stoff vom festen in den flüssigen bzw. vom flüssigen in den gasförmigen Zustand übergeht.

Das Teilchenmodell

Um die Beobachtungen zu den Aggregatzuständen von Stoffen zu erklären, kann man sich vorstellen, dass alle Stoffe aus unzähligen kleinen, für das menschliche Auge unsichtbaren Teilchen aufgebaut sind. Mit dieser Vorstellung begibt man sich in die Welt der **Modelle** (vgl. Info). Ein gutes Werkzeug zur Erklärung der Vorgänge bei Änderungen der Aggregatzustände ist das **Stoffteilchenmodell**. Es gelten folgende Annahmen:

1. Alle Stoffe bestehen aus sehr kleinen Teilchen und zwischen den Teilchen ist leerer Raum.
2. Die Teilchen verschiedener Stoffe unterscheiden sich in der Größe und Masse.
3. Alle Teilchen sind ständig in Bewegung.
4. Zwischen den Teilchen gibt es Anziehungskräfte, die bei verschiedenen Stoffen unterschiedlich stark sind.

Stoff- und Teilchenebene

Auf der **Stoffebene** werden die sichtbaren Eigenschaften eines Stoffes beschrieben. Im flüssigen Zustand nimmt eine bestimmte Menge Wasser ein viel kleineres Volumen ein als im gasförmigen Zustand.

Mit der Modellvorstellung vom Aufbau der Stoffe aus kleinen Teilchen kann dies auf der **Teilchenebene** erklärt werden. Im gasförmigen Zustand bewegen sich die Teilchen schneller und haben einen viel größeren Abstand voneinander. Dadurch überwinden sie die gegenseitigen Anziehungskräfte und verteilen sich über ein größeres Raumvolumen. In einem Feststoff befinden sich die Teilchen dagegen dicht und geordnet beieinander.

Auf der Stoffebene beschreibt man die mit den Sinnen wahrnehmbaren Eigenschaften eines Stoffes. Auf der Teilchenebene beschreibt oder erklärt man mithilfe geeigneter Modelle die wahrgenommenen Eigenschaften.

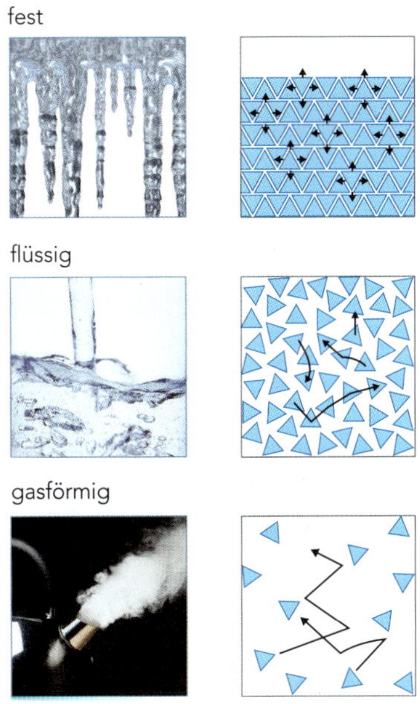

B3 Aggregatzustände von Wasser auf Stoff- und Teilchenebene

Lösen von Stoffen in einer Flüssigkeit

Im Alltag werden oft feste Stoffe aus unterschiedlichen Gründen in Flüssigkeiten gegeben. Ob man Salz ins Kochwasser gibt, seinen Tee mit Zucker süßt oder einen Badezusatz ins Badewasser streut – nach einiger Zeit ist der zugegebene Feststoff nicht mehr zu sehen. Er hat sich gelöst. Bestimmt man anschließend die Gesamtmasse von Flüssigkeit und Feststoff, so hat sich die Masse der Flüssigkeit exakt um die Masse des Feststoffes erhöht (**V2**). Das Gesamtvolumen bleibt jedoch nahezu unverändert.

Diese Beobachtung lässt sich mithilfe des Teilchenmodells erklären. Beim Lösevorgang verteilen sich die Teilchen des Feststoffes zwischen den Wasser-Teilchen und nehmen die Lücken ein, die sich zwischen den Wasser-Teilchen befinden (**B4**).

B4 Gelöster Stoff auf Teilchenebene

AUFGABEN

A1 Im Winter beschlagen Brillen, wenn man von draußen einen warmen Raum betritt. Erkläre dieses Phänomen auf Stoff- und Teilchenebene.

A2 Mischt man 50 mL Wasser mit 50 mL Trinkalkohol (Ethanol), so stellt man fest, dass die entstandene Lösung ein Volumen von nur ca. 96 mL – und nicht 100 mL – aufweist.
Entwickle eine Erklärung auf Teilchenebene, indem du dir die Wasser-Teilchen als Senfkörner und die Alkohol-Teilchen als Erbsen vorstellst. Begründe damit die Volumenverringerung.

B5 Diffusion eines Farbstoffs: Stoffebene (links) und Vorstellung auf Teilchenebene (rechts)

Diffusion - Teilchen bewegen sich

Bringt man einen Teebeutel in die Mitte eines mit Wasser gefüllten Tellers, so breiten sich die Farbstoffe aus dem Teebeutel von der Mitte ausgehend in wenigen Minuten bis an den Rand aus (**V3**), ohne dass man rührt oder schüttelt.

Alle Teilchen befinden sich in einer ständigen ungerichteten Bewegung und stoßen auch sehr oft gegeneinander. Auf diese Weise können sich die unterschiedlichen Farbstoff- und Wasser-Teilchen vermischen. Am Ende kommt es zu einer gleichmäßigen Verteilung der Farbstoff-Teilchen und der Wasser-Teilchen. Dieser Vorgang heißt **Diffusion**.

In heißem Wasser breitet sich der Farbstoff aus dem Teebeutel wesentlich schneller aus als in kaltem Wasser. Die Diffusionsgeschwindigkeit eines Stoffes ist demnach temperaturabhängig. Je höher die Temperatur ist, desto schneller verteilt sich der Stoff in der Flüssigkeit oder im Raum. Dies kann auf Teilchenebene mit einer schnelleren Geschwindigkeit der Teilchen bei erhöhter Temperatur erklärt werden.

ROBERT BROWN machte im Jahre 1827 eine außergewöhnliche Entdeckung. Er beobachte mit einem Mikroskop Pollenkörner in einem Wassertropfen. Es überraschte ihn, dass auch nach langer Beobachtungszeit diese ständig in zittriger Bewegung blieben, obwohl es sich nicht um Lebewesen handelte. Diese Entdeckung wird bis heute auch **BROWNsche Bewegung** genannt.

Die Teilchen von Stoffen in allen Aggregatzuständen sind in ständiger Bewegung, wobei die Geschwindigkeit der Teilchen in einem Gas am größten ist.

> Diffusion ist der Vorgang, bei dem sich Teilchen aufgrund der BROWNschen Bewegung ausbreiten. Die Geschwindigkeit der Bewegung ist u. a. abhängig von der Temperatur.

FACHBEGRIFFE

Aggregatzustand, gasförmig, flüssig, fest, Sieden, Verdampfen, Verdunsten, Kondensieren, Erstarren, Sublimieren, Resublimieren, Schmelztemperatur, Siedetemperatur, Modelle, Stoffteilchenmodell, Stoffebene, Teilchenebene, Diffusion, BROWNsche Bewegung

AUFGABEN

A1 Schälst du eine Orange im Zimmer, bleibt dieser Vorgang anderen Personen nicht lange verborgen, auch wenn sie es nicht sehen. Erkläre diese Tatsache.

A2 Die Diffusion spielt eine lebenswichtige Rolle bei der Lungenatmung. Informiere dich über die beteiligten Stoffe und veranschauliche den Vorgang mit einer einfachen Skizze.

Eine Temperaturkurve aufnehmen

Die Schmelz- und Siedetemperatur sind charakteristische Eigenschaften eines Stoffes. Sie lassen sich im Schullabor auf einfache Weise z. B. mit nachstehender Versuchsanordnung ermitteln (**B1**).

Bestimme experimentell die Schmelztemperatur von Stearinsäure.

So geht's

1. Stimme mit deinem Lehrer ab, welche Geräte dir zur Bestimmung der Temperaturkurve zur Verfügung stehen. Grundsätzlich kann man mit oder ohne automatische Messwerterfassung arbeiten.
2. Entscheide, in welchen Zeitabständen du die Temperatur messen willst. Gib diesen Zeitschritt z. B. in der App auf dem Tablet oder Smartphone ein.
3. Starte den Messvorgang und erhitze den Feststoff oder die Flüssigkeit unter ständigem Rühren bis zum Schmelzen bzw. Sieden. Du kannst auch einen Magnetrührer benutzen, der das Rühren für dich übernimmt. Protokolliere die Temperaturen nach jedem Zeitschritt, falls du nicht mit einer automatischen Messwerterfassung arbeitest.
4. Stelle die Messwerte in einem Diagramm dar (**B2**) und interpretiere den Kurvenverlauf. Der Temperaturkurve (**B2**) kannst du entnehmen, dass bis zum Erreichen der Schmelz- bzw. Siedetemperatur die Temperatur des Stoffes kontinuierlich ansteigt. Ist die Schmelz- bzw. Siedetemperatur des Stoffes erreicht, findet trotz weiterer Wärmezufuhr keine Temperaturerhöhung mehr statt bis der Stoff (hier Stearinsäure) vollständig flüssig bzw. ein anderer Stoff völlig verdampft ist.

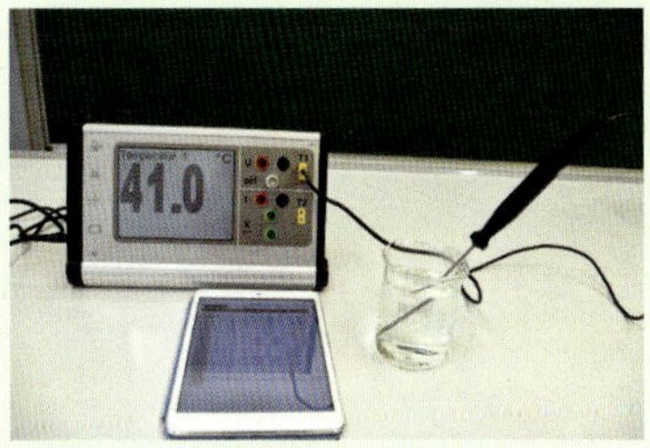

B1 Messwerterfassung zur Bestimmung der Schmelz- bzw. Siedetemperatur mit Sensor und Tablet

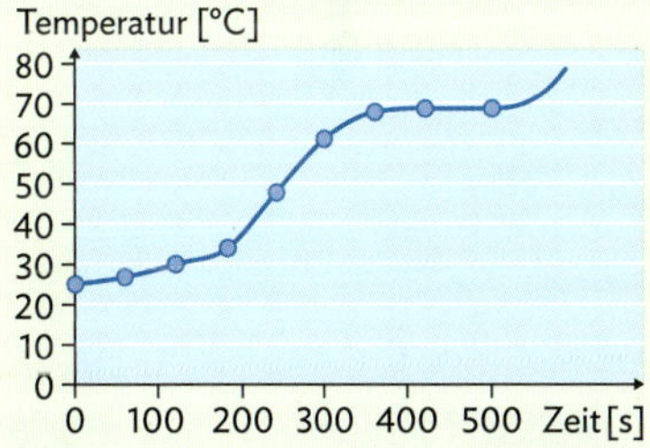

B2 Temperaturkurve beim Schmelzen von Stearinsäure (eine Art Wachs zur Kerzenherstellung)

AUFGABEN

A1 Nimm eine Temperaturkurve für das Sieden von Wasser auf. Protokolliere dein Vorgehen.

A2 Stelle Vor- und Nachteile zur Bestimmung der Siedetemperatur mit und ohne automatische Messwerterfassung zusammen.

A3 Die Messwerte der Temperaturkurve können bei verschiedenen Gruppen voneinander abweichen. Auch die ermittelte Schmelz- oder Siedetemperatur weicht oftmals vom tatsächlichen Wert ab. Erkläre mögliche Gründe für solch unterschiedliche Messergebnisse.

Stoff	Siedetemperatur
Butan	-1 °C
Pentan	36,1 °C
Aceton	56 °C
Stearinsäure	69 °C
Ethanol (Trinkalkohol)	78 °C
Wasser	100 °C

B3 Siedetemperaturen einiger Stoffe

Reinstoffe, Gemische und Gemischtrennung

Der Blick auf die Liste der Inhaltsstoffe verrät: Bei den Produkten im Supermarkt handelt es sich meist um Gemische aus mehreren Stoffen. Bei einigen, z. B. bei verschiedenen Getränken, erkennt man dies nicht auf den ersten Blick. Mit welchen Methoden kann man die enthaltenen Zutaten voneinander trennen?

V1 Getränke – klar oder trüb?

PROBLEM

Worin unterscheiden sich „klarer" und „trüber" Apfelsaft? Orangenlimonade enthält den gelben Farbstoff Betacarotin. Wie kann man sie entfärben?

DURCHFÜHRUNG

a) Fülle in ein Reagenzglas etwa drei Zentimeter hoch klaren Apfelsaft, in ein zweites Reagenzglas trüben Apfelsaft. Halte die beiden Reagenzgläser jeweils in den Strahlengang einer Taschenlampe.

b) Gib jeweils einen Tropfen von klarem bzw. trübem Apfelsaft auf einen Objektträger und betrachte diese unter einem Mikroskop. Mikroskopiere ebenso einen Tropfen destilliertes Wasser.

c) Zentrifugiere jeweils die gleiche Menge von trübem und klarem Apfelsaft.

d) Gib 3 mL Orangenlimonade in ein Reagenzglas und überschichte diese mit 3 mL Rapsöl. Verschließe das Reagenzglas mit einem Stopfen und schüttle für 20 Sekunden. Lasse den Ansatz ca. fünf Minuten stehen.

AUSWERTUNG

a) Beschreibe und vergleiche die Beobachtungen bei **V1a** und **V1b**. Notiere alle Unterschiede.

b) Informiere dich über die Funktions- und Wirkungsweise einer Zentrifuge und begründe damit die Versuchsergebnisse von **V1c**.

c) Beschreibe die Farbe der Lösung im Reagenzglas in **V1d** vor und nach dem Versuch.

d) Plane eine Vorgehensweise zum „Herausziehen" des Farbstoffes Betacarotin aus Karotten.

ENTSORGUNG A, R

V2 Gemüsebrühe – viele Stoffe in der Suppe

PROBLEM

Mit Gemüsebrühe-Pulver lässt sich durch Auflösen in Wasser im Handumdrehen eine schmackhafte Zwischenmahlzeit herstellen. Aus welchen Bestandteilen besteht Gemüsebrühe-Pulver?

DURCHFÜHRUNG

a) Gib etwas Gemüsebrühe-Pulver auf ein Filterpapier und betrachte es mit einer Lupe. Trenne mithilfe eines Zahnstochers das Pulver in seine Bestandteile.

b) Gib einen Spatellöffel Brühpulver in 40 mL kaltes Wasser und rühre mit einem Glasstab ca. eine Minute. Filtriere nach einer weiteren Minute diese Mischung in ein Becherglas.

c) Gib einen Teil des Filtrats in eine Porzellanschale und erhitze vorsichtig die Mischung mit dem Gasbrenner, bis dieser Teil des Filtrats vollständig eingedampft ist.

AUSWERTUNG

a) Notiere die Anzahl der Bestandteile, die du ermitteln kannst. Tausche dein Ergebnis mit anderen Schülern aus. Identifiziere mit den Angaben auf der Verpackung die gefundenen Inhaltsstoffe.

b) Beschreibe deine Beobachtungen in den Versuchen **V2b** und **V2c**.

c) Nenne die Eigenschaften der Stoffe, die zur Trennung genutzt werden.

d) Plane ein Experiment zur Trennung eines Gemisches aus Sand und Kochsalz. Beschreibe dein Vorgehen und führe den Versuch nach Rücksprache mit deinem Lehrer durch. Erstelle ein Protokoll.

ENTSORGUNG A, R

V3 Destillation von Cola

PROBLEM

Cola-Getränke sind Mixturen aus unterschiedlichen Stoffen wie Zucker, Kohlenstoffdioxid, Koffein, Farbstoffen und Wasser als Hauptbestandteil. Wie kann man aus Cola reines Wasser erhalten?

DURCHFÜHRUNG

a) Gib in einen Erlenmeyerkolben ca. 80 mL Cola.

b) Baue die Versuchsapparatur wie in der Abbildung (**B1**) auf oder verwende eine Mikrodestillationsapparatur. Eine Bauanleitung findest du unter www.ccbuchner.de/medien (Eingabe 05011-03).

c) Erhitze das Cola-Getränk und notiere alle 20 Sekunden die Temperaturwerte und fertige ein Temperatur-Zeit-Diagramm an.

d) Beende den Versuch, nachdem sich ca. 1 mL Flüssigkeit abgetrennt hat.

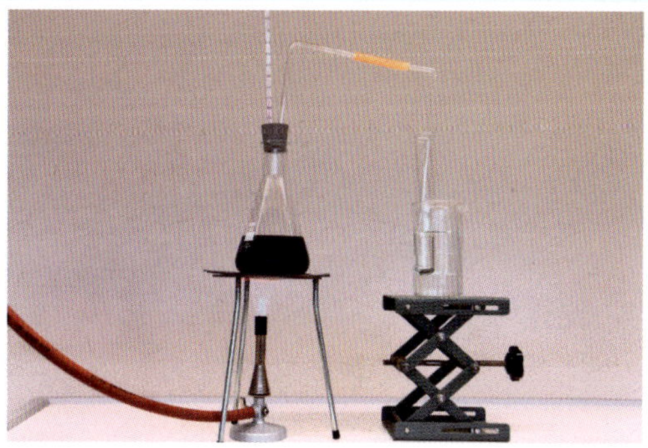

B1 Vereinfachte Destillationsapparatur

AUSWERTUNG

a) Vergleiche das Cola-Getränk und die abgetrennte Flüssigkeit. Prüfe die Flüssigkeit auf Wasserlöslichkeit.

b) Beschreibe und begründe den Kurvenverlauf des Temperatur-Zeit-Diagramms.

ENTSORGUNG A, R

B1 Apfelsaft – klar und trüb

„Stoffe" des Alltags – meist Gemische, selten rein

Die meisten Alltagsprodukte bestehen aus mehreren Bestandteilen. Bei Lebensmitteln wie z. B. Cola, Apfelsaft (**B1**) und Gemüsebrühe-Pulver (**B2**) kann man sich mit einem Blick auf das Etikett über die Inhaltsstoffe informieren. Zu Beginn der Zutatenliste werden stets die Hauptbestandteile des Lebensmittels angegeben. Bestandteile wie Wasser, Zucker und Salz bestehen nur aus einer Teilchensorte. In der Chemie bezeichnet man solche Stoffe als **Reinstoffe** und eine Mischung mehrerer Reinstoffe als ein **Stoffgemisch**.

Reinstoffe bestehen aus einer Teilchensorte und sind durch ihre spezifischen Eigenschaften gekennzeichnet. Stoffgemische bestehen aus mindestens zwei Reinstoffen und damit zwei Teilchensorten. Ihre Eigenschaften sind vom Mischungsverhältnis der Komponenten abhängig.

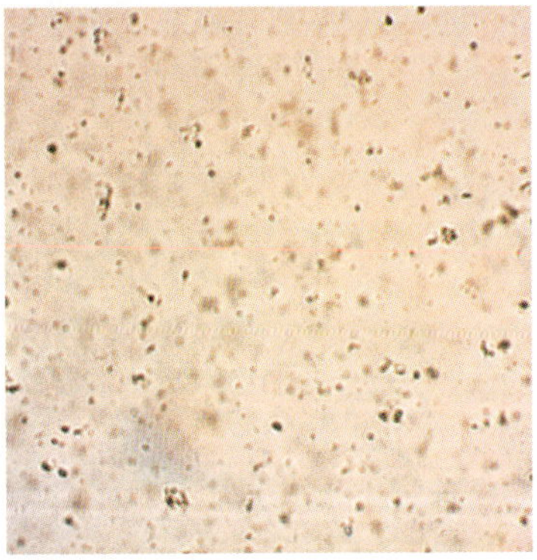

B2 Mikroskopisches Bild von naturtrübem Apfelsaft – eine Suspension

Homogene und heterogene Stoffgemische

Vergleicht man klaren mit naturtrübem Apfelsaft, kann man bereits mit bloßem Auge feststellen, dass trüber Apfelsaft uneinheitlich aussieht (**V1**). Einige feste Bestandteile im naturtrüben Apfelsaft lassen sich mit einem Mikroskop noch besser erkennen als mit dem Auge (**B2**). Bei längerem Stehen setzen sich diese festen Bestandteile aufgrund ihrer größeren Dichte am Flaschenboden ab. Das „Absetzen" kann man mit einer **Zentrifuge** beschleunigen (**V1c**).

In klarem Apfelsaft sind die verschiedenen Teilchensorten der einzelnen Reinstoffe (z. B. Wasser-Teilchen und Zucker-Teilchen) so fein verteilt, dass man sie selbst mit dem Mikroskop nicht mehr erkennen kann: er erscheint „klar".

Stoffgemische, deren Bestandteile auch mit dem Mikroskop nicht unterscheidbar sind, heißen **homogen** (einheitlich).

B3 Gemüsebrühe-Pulver – ein heterogenes Gemisch

In Gemüsebrühe-Pulver kann man auch ohne Lupe verschiedene feste Bestandteile und somit die uneinheitliche Zusammensetzung erkennen (**V2a**). In diesem Gemisch liegen die gleichen Teilchensorten der vorhandenen Reinstoffe in größeren Teilchenverbänden zusammen vor.

Stoffgemische, deren Bestandteile man mit dem Auge oder Mikroskop unterscheiden kann, heißen **heterogen** (uneinheitlich).

Homogene Flüssigkeits- und Gasgemische sind durchsichtig und klar, heterogene undurchsichtig und trüb. Je nach Aggregatzustand des Haupt- und Nebenbestandteils erhalten heterogene und homogene Gemische unterschiedliche Bezeichnungen.

Homogene Stoffgemische		Hauptbestandteil		
		fest	**flüssig**	**gasförmig**
Nebenbestandteil	**fest in**	**Legierung** z. B. Messing, Bronze, Stahl 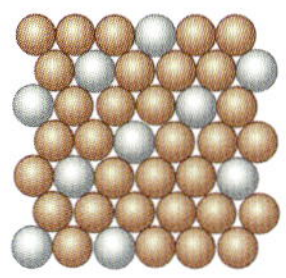	**Lösung** z. B. Meerwasser, klarer Apfelsaft, Speiseessig, Wein, Sprudelwasser 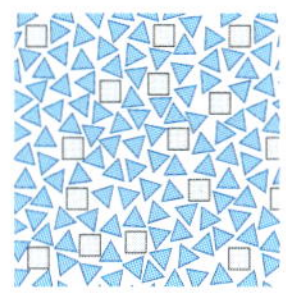	–
	flüssig in	–		–
	gasförmig in	–		**Gasgemisch** z. B. Luft 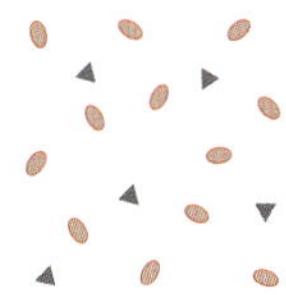

Heterogene Stoffgemische		Hauptbestandteil		
		fest	**flüssig**	**gasförmig**
Nebenbestandteil	**fest in**	**Gemenge** z. B. Gemüsebrühe-Pulver, Müsli 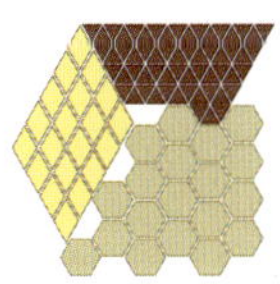	**Suspension** z. B. trüber Apfelsaft 	**Rauch** z. B. Staub/Ruß in Luft 
	flüssig in	–	**Emulsion** z. B. Milch, Creme 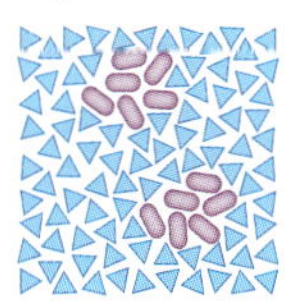	**Nebel** z. B. Wolken 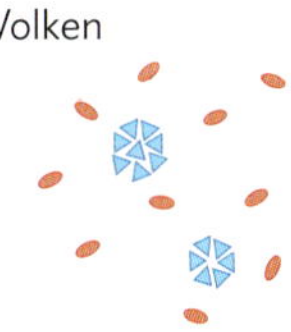
	gasförmig in	**poröser Stoff** z. B. trockener Tafelschwamm, Bimsstein 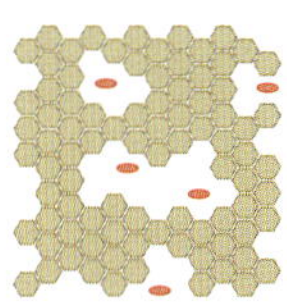	**Schaum** z. B. Schaumbad 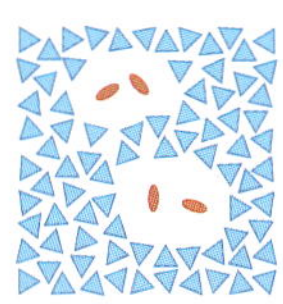	–

AUFGABE

A1 Begründe, ob es sich um Reinstoffe oder Gemische handelt: Eisen, Haushaltsessig, Brausepulver, Milch, Bronze, Orangensaft, Sprudelwasser, Zucker, Salatsoße, Leitungswasser. Gib für die Stoffgemische die korrekten Fachbegriffe an.

B4 Dekantieren einer Suspension

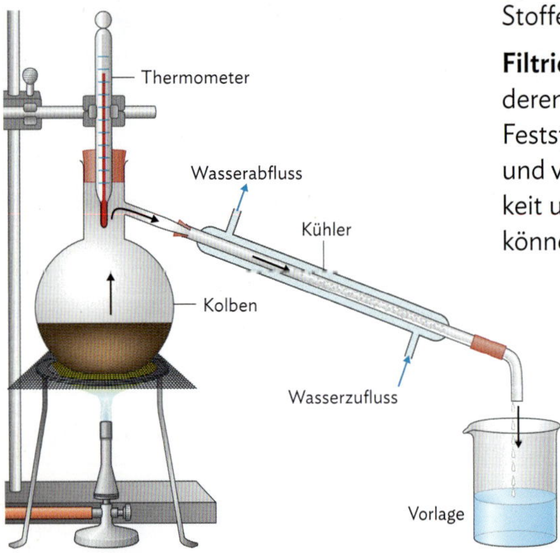

B5 Destillationsapparatur

Trennen von Gemischen

Die verschiedenen Reinstoffe eines Gemisches unterscheiden sich in ihren Eigenschaften. Auf diesen unterschiedlichen Eigenschaften der Reinstoffe beruhen die verschiedenen Verfahren zur Trennung eines Stoffgemisches in seine Reinstoffe. Die jeweilige Trennmethode hängt dabei von der Zusammensetzung des Gemisches ab.

Stoffgemische können aufgrund der Stoffeigenschaften der Reinstoffe mithilfe geeigneter Verfahren getrennt werden.

Sedimentieren: Bei dieser einfachen Trennmethode nutzt man die unterschiedlichen Dichten der Reinstoffe aus. Unlösliche Bestandteile sinken infolge ihrer größeren Dichte in einem Becherglas nach unten und sammeln sich am Glasboden als Sediment (**V2b**).

Dekantieren (**B4**): Die überstehende Flüssigkeit kann von den festen Stoffen des Sediments durch vorsichtiges Abgießen getrennt werden.

Filtrieren: Die Trennung der Reinstoffe einer Suspension beruht auf deren unterschiedlichen Teilchengrößen. Die Teilchen der ungelösten Feststoffe sind so groß, dass sie nicht durch die Poren des Filters passen und verbleiben als Rückstand im Filterpapier. Die Teilchen der Flüssigkeit und der gelösten Stoffe sind so klein, dass sie die Poren passieren können und bilden das Filtrat (**V2b**).

Extrahieren: Einige Reinstoffe eines Gemisches sind in einem bestimmten Lösemittel besser löslich als andere. Die gut löslichen Reinstoffe lassen sich daher mit diesem Lösemittel aus dem Gemisch herauslösen, die schlecht löslichen bleiben zurück (**V1d**).

Destillieren (**B5**): Die Destillation eignet sich als Trennverfahren, wenn die Reinstoffe unterschiedliche Siedetemperaturen aufweisen. Das Stoffgemisch wird erhitzt. Der Stoff mit der niedrigsten Siedetemperatur verdampft zuerst, wird durch Kühlung wieder verflüssigt (kondensiert) und als Destillat in der Vorlage aufgefangen. Besteht eine Lösung aus Reinstoffen mit ähnlichen Siedetemperaturen, bildet das Destillat ein Gemisch mit einem höheren Anteil des Reinstoffes mit der niedrigeren Siedetemperatur (**V3**).

Eindampfen (vgl. FM, S. 15): Der Stoff mit der niedrigen Siedetemperatur geht im Unterschied zur Destillation verloren, der Stoff mit der höheren Siedetemperatur bleibt erhalten (**V2c**).

FACHBEGRIFFE

Reinstoff, Stoffgemisch, Zentrifuge, homogen, heterogen, Legierung, Lösung, Gasgemisch, Gemenge, poröser Stoff, Suspension, Emulsion, Schaum, Rauch, Nebel, Sedimentieren, Dekantieren, Filtrieren, Extrahieren, Destillieren, Eindampfen

AUFGABE

A1 Erkläre für folgende Stoffgemische geeignete Verfahren zur Trennung in die Reinstoffe: a) Wein (Gemisch aus Alkohol und Wasser) b) Gemisch aus Sand, Zucker und Sägespänen.

Experimente planen

Damit ein Experiment gelingt und es sicher durchgeführt werden kann, bedarf es einer gründlichen Vorbereitung. Dazu ist es wichtig, dass die Aufgabenstellung genau erfasst und verstanden worden ist.

So geht's Plane einen Versuch zur Gewinnung des Reinstoffes Kochsalz aus einem Kochsalz-Sand-Gemisch.

1. Lies die Aufgabenstellung durch und überlege dir das Ziel des Experiments.
   Nach Durchführung des Experiments sollen die Stoffe Sand und Kochsalz getrennt voneinander vorliegen.
2. Überlege, welche Prinzipien und Gesetzmäßigkeiten beachtet werden müssen.
   Um die Stoffe zu trennen, müssen zur Trennung geeignete Unterschiede in den Stoffeigenschaften ermittelt werden: Kochsalz ist wasserlöslich, Sand nicht. Gibt man Wasser zum Kochsalz-Sand-Gemisch, entsteht eine Salzlösung mit einem unlöslichen Bestandteil (Sand).
3. Lege den Ablauf der einzelnen Arbeitsschritte fest.
   Die Trennung der Salzlösung vom Sand erfolgt zunächst durch Dekantieren, dann durch Filtrieren. Anschließend wird das Salz durch Eindampfen des Wassers in reiner Form gewonnen.
4. Erstelle eine Liste benötigter Geräte, Materialien und Stoffe.
   a) Wasser, Filterpapier, Trichter, Becherglas zum Auffangen des Filtrats,
   b) Abdampfschale, Gasbrenner, Vierbein mit Ceranfeld
5. Durchdenke den Aufbau der Apparatur und die Durchführung des Experiments anhand einer Versuchsskizze (**B1**).
6. Führe eine Gefahrstoffprüfung durch und beachte die Sicherheitsregeln beim Experimentieren (vgl. FM S. 12, 13).
   Sand, Kochsalz und Wasser sind keine Gefahrstoffe. Der Umgang mit dem Gasbrenner sollte bekannt und geübt sein. Im Zweifelsfall Rücksprache mit der Lehrkraft halten. Mit einer Schutzbrille wird grundsätzlich gearbeitet.
7. Regle die Entsorgung (vgl. S. 171) der verwendeten Stoffe.
   Da keine Gefahrstoffe eingesetzt werden, können die Stoffe in den Ausguss bzw. in den Restmüll gegeben werden.

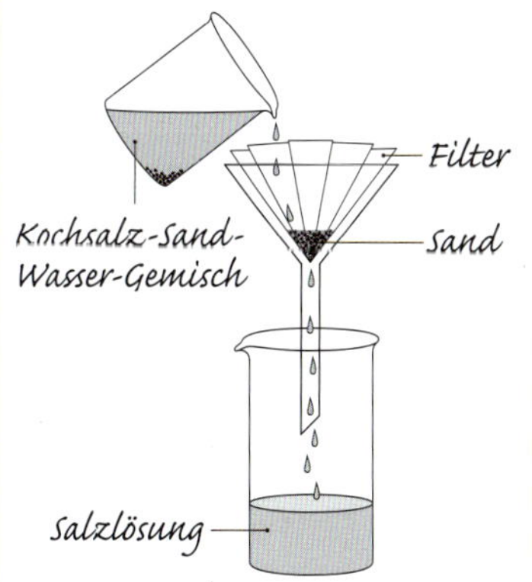

B1 Skizze zum Filtrieren des Sand/Salz-Gemisches

AUFGABEN

A1 Fertige eine Versuchsskizze zur Abtrennung des Kochsalzes aus der Salzlösung an.

A2 Erstelle ein Ablaufschema zur Trennung des Stoffgemisches aus Sand, Zucker und Sägespänen.

Atome und deren Aufbau

Der Begriff Atom ist vermutlich jedem bekannt. Doch was bedeutet er eigentlich bzw. was ist ein Atom? Wie muss man sich den Aufbau von Atomen vorstellen? Gib es noch kleinere Teilchen als Atome? Diese Fragen sind schwierig zu beantworten, da Atome nicht sichtbar sind. Versuche, die mit elektrisch geladenen Teilchen durchgeführt wurden, geben wichtige Hinweise.

V1 Stoffe können „Kräfte" zeigen

PROBLEM

Beim Abziehen einer Mütze ist die Frisur dahin. Welche „Kräfte" wirken hier? Man sagt: Die Haare sind „geladen". Sie kleben an der Mütze bzw. stehen zu Berge. Wie kann etwas „aufgeladen" sein?

DURCHFÜHRUNG

Verteile gemahlenen Pfeffer gleichmäßig auf einem Uhrglas.

a) Nähere einen Magneten mit einem Ende, dann mit dem anderen Ende dem Pfeffer auf dem Uhrglas.

b) Reibe anschließend einen aufgeblasenen Luftballon kräftig an einem Stück Wolle und halte den Ballon anschließend ebenfalls über den Pfeffer auf dem Uhrglas.

c) Untersuche die Hülle des Luftballons, indem du abwechselnd mit beiden Seiten einer Glimmlampe (vgl. Info) die Hülle berührst.

AUSWERTUNG

a) Notiere und vergleiche die Beobachtungen der Versuche **V1a** und **V1b**.

b) Formuliere eine Begründung über die Art der Kräfte, die den Beobachtungen der Versuche **V1a** und **V1b** zugrunde liegen. Beachte dabei die Ergebnisse von **V1c**.

c) Atome sind die Grundbausteine von Stoffen. Leite Eigenschaften ab, die ein Atom aufweisen muss, damit der Stoff elektrisch aufgeladen werden kann.

V2 Elektrische Ladungen

PROBLEM

Im Alltag bekommt man oft „eine gewischt“, wenn z. B. nach dem Gang mit Gummistiefeln über einen Teppichboden eine Türklinke angefasst wird. Wie verhalten sich „elektrisch aufgeladene“ Stoffe zueinander? Wie ist eine elektrische Aufladung von Stoffen ohne Spannungsquelle möglich?

DURCHFÜHRUNG

a) Reibe eine Kunststofffolie kräftig mit einem gleich großen Blatt Papier. Versuche anschließend die Folie vom Papier zu trennen.

b) Reibe zwei Kunststofffolien jeweils kräftig mit je einem dicht anliegenden Blatt Papier. Halte anschließend beide Folien in senkrechter Lage und nähere die beiden einander an.

c) Untersuche nach dem Reiben sowohl die beiden Kunststofffolien als auch das Papier mit einer Glimmlampe (vgl. Info).

AUSWERTUNG

a) Skizziere deine Beobachtungen und beschrifte mit den Begriffen Anziehung und Abstoßung.

b) Ordne den Kunststofffolien und dem Papier die elektrischen Aufladungen „Plus“ und „Minus“ zu.

c) Erläutere deine Beobachtungen unter Beachtung der elektrischen Aufladungen.

Info

Hält man eine Glimmlampe an einen negativ geladenen Stoff, so leuchtet das dem Stoff zugewandte Ende der Glimmlampe auf, bei einen positiv geladenen Stoff leuchtet das entgegengesetzte Ende.

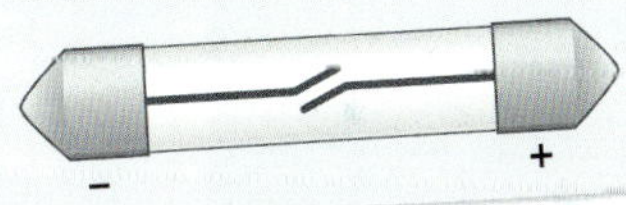

M3 RUTHERFORDscher Streuversuch

1911 berichtet ERNEST RUTHERFORD von der Bestrahlung von 0,004 mm dicken Goldfolien mit α-Strahlen: diese bestehen aus sehr schnell fliegenden, positiv geladenen Teilchen. Die α-Strahlen werden von dem radioaktiven Stoff Radium (Strahlungsquelle) erzeugt. Nur durch ein kleines Loch kann Radium einen scharf begrenzten und gerichteten Strahl von positiv geladenen α-Teilchen nach außen senden. Dieser Strahl trifft in einer Vakuumkammer senkrecht auf die Goldfolie. Die Versuchsapparatur ist kreisförmig von einem fotografischen Film umgeben.

Auftreffende α-Teilchen führen zu einer Schwärzung des Filmstreifens genau an der Stelle, wo die α-Strahlung auftrifft (**B1**).

Mit der Animation unter www.ccbuchner.de/medien (Eingabe 05011-04) (**B1**) lässt sich der Versuch anschaulich nachvollziehen. Rufe die Animation auf und starte die Simulation.

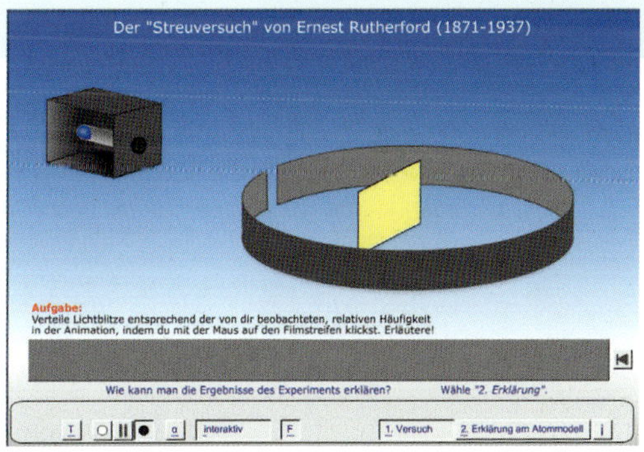

B1 Aufbau des RUTHERFORDschen Streuversuchs in der Animation

AUSWERTUNG

a) Fertige eine Skizze des Versuchs an. Beschrifte wichtige Teile der Versuchsanordnung.

b) Beschreibe die unterschiedlichen Flugbahnen der α-Teilchen und erkläre damit die Schwärzungen auf dem Filmstreifen.

c) Beschreibe Bedingungen, unter denen positiv geladene α-Teilchen abgelenkt werden können.

B1 Gemahlener Pfeffer „klebt“ an einem Luftballon

B2 JOHN DALTON (1766 – 1844)

Info

Ein **Element** ist ein Reinstoff, der nur aus eine Sorte von Atomen aufgebaut ist. Derzeit sind 118 verschiedene Elemente bekannt (vgl. Periodensystem der Elemente (PSE) vorne im Buchdeckel).

Stoffe zeigen elektrische Ladungen

Viele kennen das: man geht mit Gummisohlen über einen Teppichboden und berührt anschließend eine Türklinke – und bekommt „eine gewischt“ bzw. man erhält „einen Schlag“. Oder: Die Haare stehen einem nach dem Absetzen einer Wollmütze „zu Berge“.

Solche Phänomene lassen sich ebenso beobachten, wenn man zwei Kunststofffolien aneinander hält, die zuvor kräftig mit Papier gerieben worden sind: die Folien stoßen sich voneinander ab (**V2**). Dagegen wird gemahlener Pfeffer von der Hülle eines aufgeblasenen Luftballons, der an einem Stück Wolle gerieben worden ist, angezogen und bleibt auf der Oberfläche des Ballons haften (**V1**, **B1**). Auch die Kunststofffolie bleibt, nachdem sie an dem Papier gerieben wurde, an diesem Papierblatt haften und bei der Trennung der beiden hört man ein leises Knistern.

Magnetische Kräfte verursachen diese Erscheinungen nicht. Dies zeigt sich, wenn man beispielsweise einen Magneten über ein Uhrglas mit gemahlenem Pfeffer hält. Anziehungs- und Abstoßungskräfte wie in **V1** und **V2** sind vielmehr von Erscheinungen bekannt, die auf elektrische Aufladung von Stoffen zurück zu führen sind.

Mit Hilfe einer Glimmlampe (vgl. Info, S. 47) lässt sich feststellen, dass die jeweils mit Papier geriebenen Kunststofffolien positiv geladen sind, das verwendete Papier negativ (**V2**) und die Hülle eines Luftballons ebenfalls negativ (**V1**). Bei Stoffen können also positive und negative Ladungen auftreten.

Stoffe können positive und/oder negative Ladungen aufweisen. Gleichnamige Ladungen stoßen sich ab, ungleichnamige ziehen sich an.

Stoffe lassen sich ohne den Einsatz einer Spannungsquelle elektrisch aufladen. Dies erfolgt in den genannten Beispielen durch einen engen Kontakt und Reibung mit anderen Stoffen. Wie müssen Stoffe aufgebaut sein, damit sie elektrisch aufgeladen werden können?

Vor über 2000 Jahren nahmen die griechischen Philosophen LEUKIPP und DEMOKRIT an, dass Materie aus kleinen nicht weiter teilbaren Teilchen, den **Atomen**, besteht. Die Bezeichnung Atome leitet sich von dem griechischen Wort „atomos“ ab: Dies bedeutet unteilbar.

Der Engländer JOHN DALTON (**B2**) entwickelte eine Atomtheorie, nach der ein Element ein Reinstoff ist, der aus extrem kleinen, unzerstörbaren Teilchen, den Atomen, aufgebaut ist. Nach DALTON sind alle Atome eines Elements gleich und die Atome verschiedener Elemente unterscheiden sich in Größe und Masse.

Ein Kuchen als Modell für ein Atom

Am Ende des 19. Jahrhunderts erkannte man, dass die DALTONsche Vorstellung von Atomen als kleinstmögliche Teilchen unmöglich stimmen konnte. Experimente zu den elektrischen Erscheinungen führten zu der Erkenntnis, dass Atome aus noch kleineren Teilchen, den sogenannten **Elementarteilchen**, aufgebaut sind. Da die elektrische Aufladung eines Stoffes durch Wechselwirkung (z. B. beim Reiben) mit anderen Stoffen möglich ist, müssen die Ladungen bereits in den Atomen, aus denen die Stoffe aufgebaut sind, vorhanden sein. Der Engländer JOSEPH JOHN THOMSON (**B3**) konnte 1897 experimentell nachweisen, dass negative Ladungsträger von einem Atom abgetrennt werden können – und damit (negative) Ladungen von einem Stoff bzw. den Atomen dieses Stoffes auf einen anderen Stoff bzw. dessen Atome übertragbar sind. Diese negativen Ladungsträger nennt man **Elektronen**. Die Elektronen haben eine äußerst geringe Masse, sind sehr klein und beweglich. THOMSON entwickelte 1904 eine Atomvorstellung, in der die Elektronen über das ganze Atom hinweg verstreut sind (**B4**). Nach THOMSON besteht das Atom aus einer kugelförmigen positiv geladenen Masse, wobei diese Masse gleichmäßig über das ganze Atom hinweg verteilt ist. Die Elektronen des Atoms stoßen sich zwar gegenseitig ab, sie sind aber in die positive Masse des Atoms eingebettet und werden dadurch im Atom festgehalten. Das Atom weist ebenso viele positive wie negative Ladungen auf, da das Atom nach außen ungeladen ist.

Elektronen sind negative Ladungsträger, haben eine sehr geringe Masse und können von einem Atom auf ein anderes übertragen werden.
Ein Atom besteht aus den negativ geladenen Elektronen und einem positiven Rest.

Da die Vorstellungen von THOMSON vom Aufbau eines Atoms einem Rosinenkuchen ähneln, in dem die Elektronen wie kleine Rosinen in einem Kuchen gleichmäßig verteilt sind, bezeichnete man dieses auch **„Plumpudding"-Modell** (**B4**) – nach einem traditionellen englischen Weihnachtsdessert (**B5**).

B3 JOSEPH JOHN THOMSON (1856 – 1940)

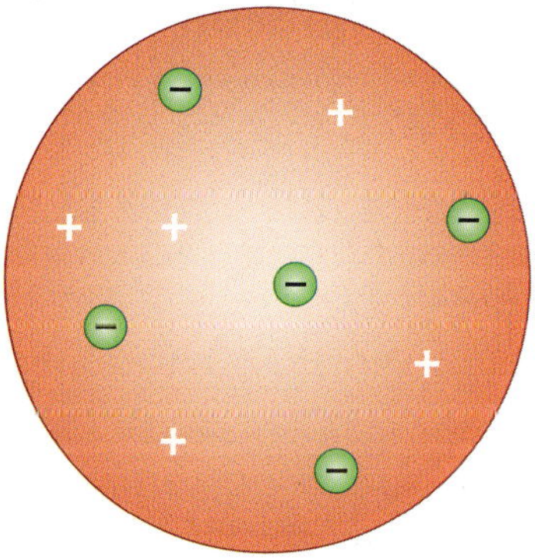

B4 Das Plumpudding-Modell nach THOMSON

B5 Ein englisches Weihnachtsdessert: der Plumpudding

AUFGABEN

A1 Recherchiere die Herkunft des Wortes „Elektron".

A2 Der Begriff „Atom" stammt aus dem Griechischen und bedeutet „unteilbar". Begründe die Tatsache, dass die Übersetzung „unteilbar" heute nicht mehr passend ist.

B6 ERNEST RUTHERFORD (1871 bis 1937)

RUTHERFORD entwickelte eine neue Idee zum Atombau

In den Jahren 1910 bis 1911 führte ERNEST RUTHERFORD (**B6**) seinen berühmten Streuversuch durch. Er beschoss sehr dünne Goldfolien (0,004 mm, dies sind ungefähr 2 000 Gold-Atome hintereinander) mit α-Strahlen. Bei der α-Strahlung handelt es sich um sehr schnell fliegende, positiv geladene Teilchen mit vergleichsweise großer Masse, die von radioaktiven Elementen ausgestrahlt werden. Um die Versuchsapparatur herum war ein fotografischer Film kreisförmig angeordnet, der jedes Mal, sobald ein α-Teilchen auftraf, eine Schwärzung des Films hervorrief (**B7**).

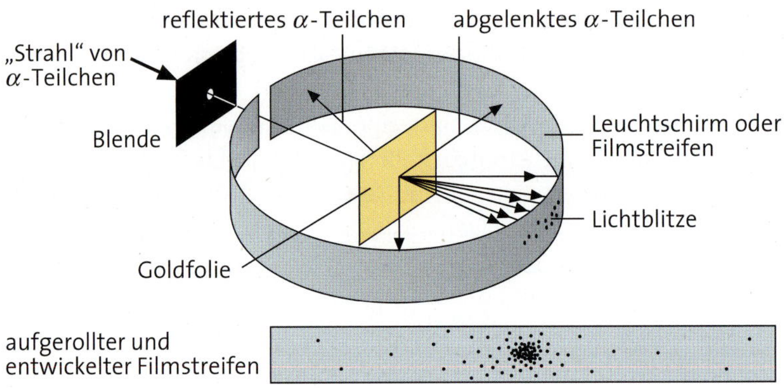

B7 Schema zum Aufbau des Streuversuchs und Ergebnis auf dem Filmstreifen

Welches Ergebnis wurde erwartet? Nach den Vorstellungen von THOMSON sind die negativen und positiven Ladungsträger völlig gleichmäßig über das ganze Atom verteilt. Diese gleichmäßige Verteilung der Ladungen bildet ein viel zu schwaches elektrisches Feld, um ein so schnell fliegendes positiv geladenes α-Teilchen auf seiner Bahn zu beeinflussen oder gar aufzuhalten. Daher dachte man, dass die α-Teilchen die Folien ungehindert durchdringen und kaum von ihrer geradlinigen Bahn abgelenkt werden sollten(**B8**, oben).

Doch die Überraschung war groß: RUTHERFORD stellte bei seinen Versuchen fest, dass sich zwar die meisten Schwärzungen auf den fotografischen Filmen direkt hinter den Goldfolien befanden, aber auch an den Rändern der Filme waren schwarze Punkte zu erkennen (**B7**). Das bedeutete, dass der Großteil der positiv geladenen α-Teilchen ungehindert die Goldfolien durchdrangen, aber überraschenderweise doch einige α-Teilchen (von ca. 8 000 Teilchen ein einziges) abgelenkt oder gar zurückgeworfen wurden! Diese α-Teilchen mussten auf etwas „sehr Kompaktes, sehr Winziges und etwas Positives" aufgeprallt sein (**B8 unten**).

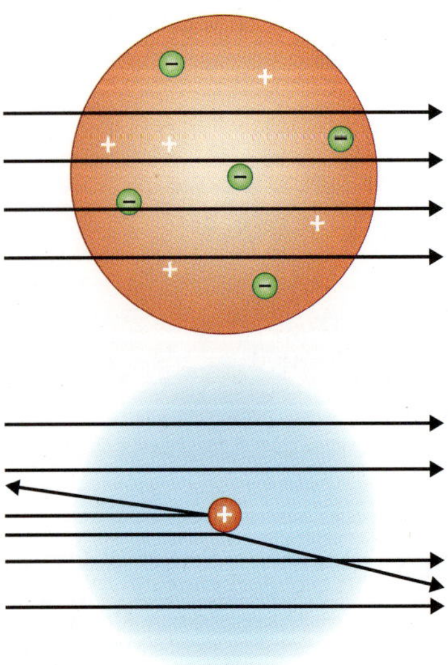

B8 Das RUTHERFORD-Experiment: oben: erwartetes Ergebnis nach den Atomvorstellungen von THOMSON unten: Erklärung nach RUTHERFORD

Damit war THOMPSONS Atomvorstellung von der gleichförmigen Verteilung der Masse innerhalb eines Atoms nicht länger haltbar. RUTHERFORD erklärte die experimentellen Ergebnisse durch folgende Vorstellung vom Aufbau der Atome (B9):

Fast die gesamte Masse und die ganze positive Ladung eines Atoms befinden sich in einem sehr kleinen, sehr kompakten Raum, der **Atomkern** genannt wird. Dieses Massezentrum ist von einer **Hülle** umgeben, die 100 000-mal größer als der Kern ist und die die fast masselosen Elektronen enthält, die sich um den Atomkern herum bewegen. Diese Hülle ist bis auf die Elektronen leer, d. h. der größte Teil eines Atoms ist leerer Raum. Die meisten α-Teilchen durchquerten ihn ungehindert. Die wenigen abgelenkten positiv geladenen α-Teilchen trafen auf die positiven Kerne und wurden abgestoßen und abgelenkt.

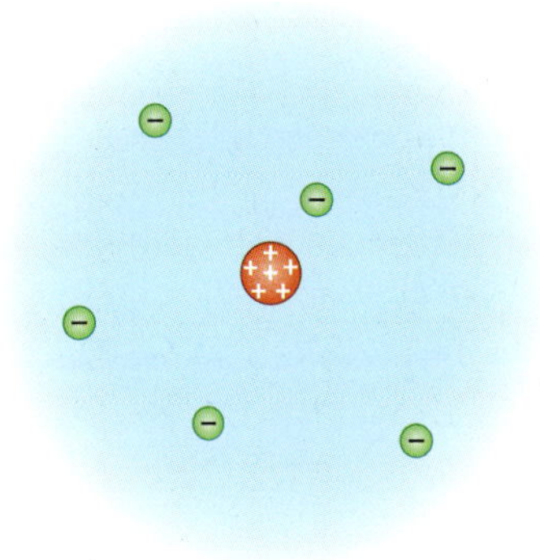

B9 Das Kern-Hülle-Modell eines Atoms nach RUTHERFORD

Das Kern-Hülle-Modell nach RUTHERFORD: Ein Atom besteht aus einer Hülle und einem Kern. Ein Atomkern ist sehr klein und vereint fast die gesamte Masse und die ganze positive Ladung des Atoms. Die Atomhülle ist überwiegend leerer Raum und enthält die fast masselosen Elektronen, die um den Atomkern kreisen.

Hätte ein Atomkern die Größe eines Streichholzkopfes (Durchmesser ca. 2 mm), dann hätte dieses Atom als Ganzes einen Durchmesser von 200 m (B10). Das entspricht ungefähr der Höhe eines Fernsehturms.

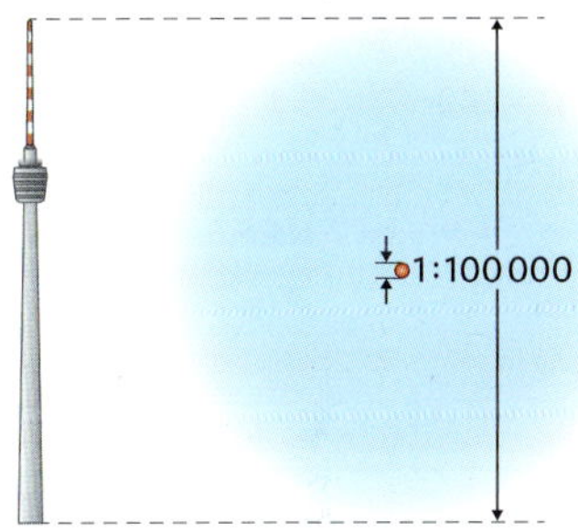

B10 Größenverhältnisse in einem Atom: Atomkern/Hülle = 1/100 000.

AUFGABEN

A1 Das Atommodell nach RUTHERFORD wird als Kern-Hülle-Modell bezeichnet. Erläutere diesen Namen unter Berücksichtigung der Versuchsergebnisse von RUTHERFORD.

A2 Vergleiche die Verteilung der positiven und negativen Ladungen im THOMSONschen und im RUTHERFORDschen Atommodell. Nenne die wichtigsten Unterschiede und begründe, warum man heute die RUTHERFORDsche Vorstellung bevorzugt.

A3 ERNEST RUTHERFORD soll bei der Bewertung seines Streuversuchs folgende Aussage getroffen haben:
„Es war beinahe so unglaublich, als ob Sie mit einem 15-Zoll-Geschoss auf ein Stück Seidenpapier schießen und das Geschoss kommt zurück und trifft Sie selbst."
Erläutere diese Aussage.

Atome sind aus Elementarteilchen aufgebaut

Atome sind aus kleineren Teilchen, den **Elementarteilchen,** aufgebaut: **Elektronen, Protonen** und **Neutronen**. Sie unterscheiden sich in ihrer Masse und ihrer Ladung (**B11**):

Ein Proton trägt die positive Elementarladung von +1. Ein einzelnes Proton hat eine Masse von:
$m(p^+)$ = 0,000 000 000 000 000 000 000 001 673 g

Da man mit einer Zahl mit 23 Nullen nach dem Komma schlecht rechnen kann, hat man zur Erleichterung der Berechnungen der Masse einer Anzahl von Protonen die **atomare Masseneinheit** *u* (von unit, engl. = Einheit) eingeführt und wie folgt definiert:
Die Masse eines Protons beträgt $m(p^+)$ = 1 u.

Elektronen haben eine negative Elementarladung von -1. Die Masse eines Elektrons beträgt nur $m(e^-)$ = 0,0005 u. Für ein elektrisch neutrales (ungeladenes) Atom gilt: Die Anzahl der Elektronen und Protonen ist gleich.

Neutronen sind ungeladene Teilchen, die sich im Atomkern befinden und die gleiche Masse $m(n)$ = 1 u wie Protonen aufweisen.

	Proton	Neutron	Elekton
Symbol	p^+	n	e^-
Ladung in Elementarladungen	+1	0	-1
Masse	1 u	1 u	0,0005 u
	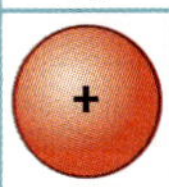		

B11 Elementarteilchen eines Atoms

Atome sind aus folgenden Elementarteilchen aufgebaut: Protonen p^+, Neutronen n und Elektronen e^-.
Protonen und Neutronen haben jeweils eine Masse von 1 u und bilden zusammen den Atomkern.
Elektronen haben eine sehr geringe Masse von 0,0005 u und befinden sich in der Atomhülle.

Das Zentrum des Atoms besteht aus einem Kern, in dem die positive Ladung und die Masse konzentriert sind. Das beruht darauf, dass im Kern alle Protonen und Neutronen enthalten sind. Man bezeichnet Protonen und Neutronen auch als **Nukleonen** (Kernteilchen).

Die Ladung des Kerns wird durch die Zahl der Protonen im Kern bestimmt, im Falle des Sauerstoff-Atoms beträgt die Kernladung +8. Die Protonenzahl wird daher auch **Kernladungszahl** genannt.

Im Atomkern des Sauerstoff-Atoms sind 8 Protonen, die zusammen eine Masse von 8 u besitzen. Zudem sind ebenfalls 8 Neutronen enthalten, die je eine Masse von 1 u haben. Ein Proton bzw. ein Neutron weist eine 1836-mal größere Masse als ein Elektron auf. Elektronen werden daher bei der Berechnung der Masse eines Atoms vernachlässigt. Demnach hat ein Sauerstoff-Atom die Masse 16 u.

Die Masse eines Atoms in u entspricht der Anzahl der Nukleonen (**Nukleonenzahl**) im Kern, also der Summe aus Protonenzahl und Neutronenzahl.

Elementsymbole

Elemente sind Reinstoffe, die nur aus einer Atomart aufgebaut sind. Um die Atomarten der verschiedenen Elemente zu unterscheiden, haben die Chemiker **Elementsymbole** für die Atome der verschiedenen Elemente definiert. Man nennt sie deshalb auch Atomsymbole. Diese haben ihren Ursprung in der lateinischen oder griechischen Sprache (**B12**), z. B. O für ein Sauerstoff-Atom („oxys" und „gennan": griechisch für Säure-Erzeuger) oder Fe für ein Eisen-Atom („ferrum": lateinisch für Eisen). Für jedes der heute bekannten 118 Elemente gibt es ein eigenes Elementsymbol.

deutscher Elementname	lat. / griech. Name	Element-symbol	Atommasse in u gerundet	Kernladungs-zahl
Wasserstoff	Hydrogenium	H	1	1
Kohlenstoff	Carbonium	C	12	6
Sauerstoff	Oxygenium	O	16	8
Schwefel	Sulfur	S	32	16
Eisen	Ferrum	Fe	56	26
Kupfer	Cuprum	Cu	63	29
Silber	Argentum	Ag	107	47
Gold	Aurum	Au	197	79
Blei	Plumbum	Pb	208	82

B12 Namen, Elementsymbole und Atommassen einiger Elemente

Im **Periodensystem der Elemente** (**PSE**, siehe vorne im Buchdeckel) sind die Elementsymbole aller Elemente aufgelistet und jeweils mit Angaben zur Atommasse (in u) und zur Kernladungszahl versehen. Die Atommasse (in u) ist jeweils als hochgestellte Zahl links oben am Elementsymbol angegeben. Die Kernladungszahl wird auch **Ordnungszahl** genannt und findet sich links unten am Elementsymbol (**B13**).

B13 Die Ziffern zum Elementsymbol im PSE geben Informationen zu den Elementarteilchen der Atome.

Die Atome ein- und desselben Elements haben stets die gleiche Anzahl an Protonen im Kern, können aber eine unterschiedliche Anzahl von Neutronen aufweisen (vgl. Exkurs, S. 54). Daher sind die Mittelwerte der Atommassen im PSE oft nicht ganzzahlig.

AUFGABEN

A1 Nenne für die Elemente Fluor, Kohlenstoff und Natrium das entsprechende Elementsymbol und gib für die Atome dieser Elemente jeweils die Anzahl der verschiedenen Elementarteilchen an.

A2 Die Kernladungszahl gibt nicht nur die Anzahl der Protonen eines Atoms an, sondern auch die Anzahl der Elektronen. Erkläre diesen Sachverhalt.

A3 Die Atome eines bestimmten Elements haben 79 Protonen im Atomkern, die Atome eines anderen Elements haben 17. Ermittle die gesuchten Elemente.

A4 Die Atome des Elements Beryllium haben die Masse 9 u. Gib die Anzahl der Protonen und Neutronen an. Berechne die Masse eines Atoms Beryllium in Gramm.

FACHBEGRIFFE

Atom, Elektronen, Atommodell von DALTON, Plumpudding-Modell, Protonen, Atomkern, Atomhülle, Kern-Hülle-Modell, Elementarteilchen, Protonen, Neutronen, atomare Masseneinheit, Nukleonen, Nukleonenzahl, Kernladungszahl, Ordnungszahl, Elementsymbol, Periodensystem der Elemente (PSE)

Moorleichen, Isotope und die Radiocarbonmethode

„4.000 Jahre alte Leiche im Moor gefunden". Über solche Meldungen freuen sich Archäologen. Aber woher wissen sie, dass die Moorleiche 4.000 Jahre alt ist? Selten findet man datierte Münzen oder Ähnliches bei einer Leiche, die Hinweise liefern. In den anderen Fällen hilft die Radiocarbonmethode weiter. Mit ihr kann das Alter von archäologischen Funden bestimmt werden.

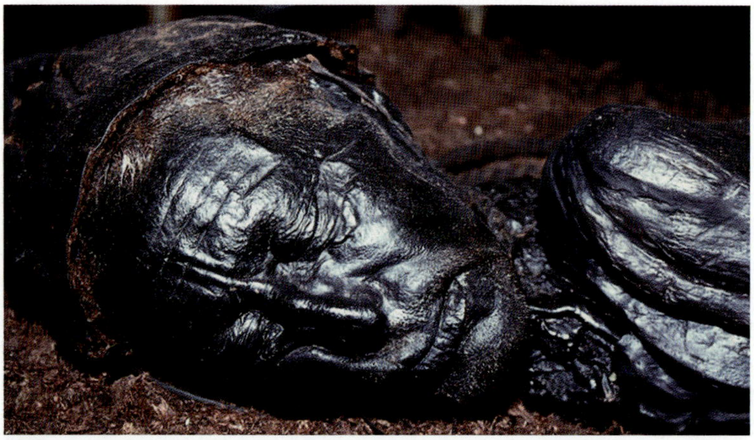

B1 Das Rätsel der Moorleiche: Wie alt ist sie nur?

Bei der Radiocarbonmethode nutzt man das Vorkommen von Isotopen des Elements Kohlenstoff C.
Als Isotope eines Elements bezeichnet man Atome mit unterschiedlich vielen Neutronen im Kern.
Beim Element Kohlenstoff C gibt es außer Kohlenstoff-Atomen mit sechs Protonen und sechs Neutronen im Kern auch Kohlenstoff-Atome mit sechs Protonen und sieben Neutronen bzw. mit sechs Protonen und acht Neutronen. Die Isotope werden als ^{12}C, ^{13}C und ^{14}C bezeichnet. Die Zahl oben links am Elementsymbol gibt die Masse des Atomkerns an. Sie entspricht der Summe der Massen der sechs Protonen und sechs, sieben bzw. acht Neutronen.
Diese drei Isotope des Kohlenstoffs kommen unterschiedlich häufig in der Natur vor. Am häufigsten ist das Isotop ^{12}C, 98,89 % der Kohlenstoff-Atome sind ^{12}C-Atome. Das Isotop ^{13}C kommt zu 1,11 % vor und das Isotop ^{14}C gibt es unter einer Billion Kohlenstoff-Atomen nur einmal.

Entsprechend ihrer Häufigkeit werden die Kohlenstoff-Isotope in Kohlenstoffdioxid-Teilchen CO_2 eingebaut. Über die Photosynthese und die Nahrungskette gelangen die Isotope in Menschen, Tiere und Pflanzen und werden dort über den Stoffwechsel verarbeitet.

Nach dem Tod z. B. eines Menschen oder Tieres hört der Einbau von ^{14}C-Atomen in den Körper auf. Das Kohlenstoff-Atom ^{14}C ist nicht stabil, sondern zerfällt langsam. Dabei wird radioaktive Strahlung freigesetzt. Nach 5.730 Jahren ist nur noch die Hälfte der ^{14}C-Atome vorhanden. Diese Zeit nennt man die Halbwertszeit des Isotops. In einer Probe kann die ^{14}C-Konzentration sehr genau bestimmt werden. Aus dem Ergebnis kann man zurückrechnen und das Alter der Probe ermittelt. Heute ist es möglich, das Alter von Gegenständen zu bestimmen, die bis zu 75.000 Jahre alt sind.

AUFGABEN

A1 Erkläre die Bedeutungen der einzelnen Wortteile in dem zusammengesetzten Wort „Radiocarbonmethode".

A2 Begründe, ob sich die Radiocarbonmethode a) zur Altersbestimmung von Kupfergefäßen aus der Kupferzeit und b) zur Bestimmung von Saurierknochen eignet.

Super-Lichtmikroskope für molekulare Strukturen

Atome sind winzig klein und mit dem bloßen Auge nicht zu sehen. Die Entwicklung superauflösender Lichtmikroskope macht es möglich, Moleküle in lebenden Zellen scharf abzubilden. Moleküle, das sind Teilchen, die aus wenigen Atomen bestehen (vgl. S. 61). Der deutsche Forscher STEFAN HELL erhielt für die Entwicklung der sog. STED-Mikroskopie 2014 zusammen mit anderen Wissenschaftlern den Nobelpreis für Chemie.

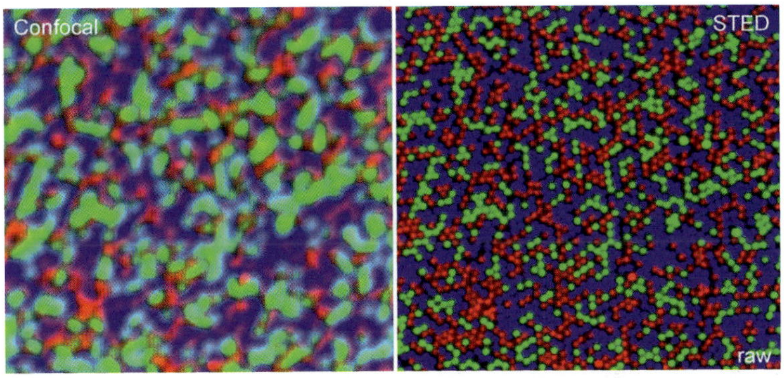

B1 An Farbstoffkügelchen lässt sich das Auflösungsvermögen eines normalen Lichtmikroskops (links) mit einem STED-Mikroskop (rechts) vergleichen

Lichtmikroskope liefern ein vergrößertes Abbild von Strukturen zum Beispiel einer Gewebeprobe. Dazu werden Linsen eingesetzt, die Lichtstrahlen auseinander und dann wieder zusammen führen. Ähnlich wie bei einem Brennglas (Lupe) ist die Vergrößerung der Abbildung begrenzt. Ein weiteres Problem ist, dass die erhaltenen Bilder nicht beliebig scharf gestellt werden können. Deshalb sind sie in ihren Details unterhalb von etwa 200 Nanometern (ein Nanometer entspricht einem milliardstel Meter) verwaschen, die Auflösung ist begrenzt.
Ein großer Teil der modernen biologischen Forschung basiert auf sogenannter Fluoreszenzmikroskopie. Hier leuchten („fluoreszieren") Moleküle, nachdem sie mit Licht dazu gebracht werden. Für ein scharfes Bild dürfen nur nicht alle Moleküle gleichzeitig leuchten, denn dann kann man sie nicht unterscheiden. Der Trick für eine neue Generation von sogenannten optischen STED-Nanoskopen (STED = englisch „**St**imulated **E**mission **D**epletion") ist es, Moleküle für eine kurze Zeit nicht leuchten zu lassen, sodass man sie von denen unterscheiden kann, die gerade leuchten dürfen.
Ein Beispiel (**B1**) veranschaulicht dies optisch. Dicht gepackte wenige zehn Nanometer große Farbstoffkügelchen in drei Farben sitzen dicht gepackt auf einem Deckgläschen. Die besten bisherigen Lichtmikroskope geben nur ein verwaschenes Bild (**B1** links). Man erkennt nicht genau, wo diese Nanoteilchen sitzen, wer ihre Nachbarn sind und wie groß die Teilchen selbst eigentlich sind. Das STED-Nanoskop liefert ein scharfes Bild (**B1** rechts).
Das STED-Nanoskop ermöglicht es, auch die Strukturen in Zellen sichtbar zu machen. In der Membran (Hülle) um einen Zellkern sitzen eine große Zahl von „Nanomaschinen", sogenannte Kernporen. Hier spielen mehrere Eiweißmoleküle zusammen, um kleinere Moleküle durch einen Kanal in den Kern hinein zu lassen oder ihren Austritt ins umgebende Zellinnere zu ermöglichen. Nur mit dem STED-Nanoskop sieht man die Details (**B2**).

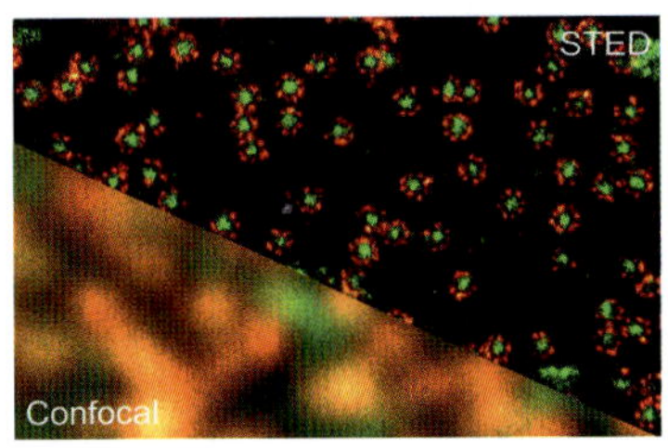

B2 Jeder der roten Punkte besteht jeweils nur aus zwei Molekülen. Diese sitzen in acht Gruppen um das Zentrum der Pore einer Kernmembran herum.

AUFGABE

A1 Beschreibe das Muster der Nanokügelchen in **B1** rechts. Zähle die Anzahl der Nanokügelchen, die sich direkt um ein einzelnes herum gruppieren.

Stoffklassen und ihre Grundbausteine

Im Badezimmer findet man viele verschiedene Stoffe mit unterschiedlichen Eigenschaften, wie z. B. glänzende Metallarmaturen, flüssiges Badewasser und kristalline Badesalze. Moderne Badewannen oder Duschkabinen besitzen sogar selbstreinigende Oberflächen. Warum weisen Stoffe verschiedene Eigenschaften auf? Gibt es auch Unterschiede im Aufbau und in der Anordnung der Teilchen?

V1 Eigenschaften von Metallen

PROBLEM

Metalle und ihre Legierungen erfreuen sich im Bad wachsender Beliebtheit. Sie bestechen unter anderem durch ihren Glanz. Welche anderen gemeinsamen Eigenschaften weisen Metalle auf?

DURCHFÜHRUNG

a) Putze einige schmutzige oder angelaufene Metallstücke (z. B. Kupferblech, Eisenblech) mit feinem Schmirgelpapier.

b) Fülle jeweils 200 mL heißes Wasser (ca. 70 °C) in einen leeren Metallbecher (z. B. Konservendose), in ein leeres Glas und in einen leeren Kunststoffbecher vergleichbarer Größe und Form. Stelle alle drei Becher auf ein Backblech. Miss über einen Zeitraum von 30 min alle 5 min die Temperatur des Wassers in allen Gefäßen.

c) Untersuche die elektrische Leitfähigkeit einiger Metallproben mit dem Leitfähigkeitsprüfer (vgl. FM Leitfähigkeit messen, S. 21). Vergleiche mit einem Stück Gummischlauch oder Glas.

d) Lege ein Stück Kupfer-, Aluminium- oder Eisenblech auf eine widerstandsfähige Unterlage und schlage mehrmals mit einem Hammer darauf.

AUSWERTUNG

a) Vergleiche deine Beobachtungen bei **V1a-d**. Leite allgemeine Eigenschaften der Metalle ab.

b) Stelle deine Messwerte aus **V1b** in einem geeigneten Diagramm dar. Begründe anhand der Messwerte einen Vorteil einer Badewanne aus Kunststoff im Vergleich zu einer aus Metall.

ENTSORGUNG A, R, Metallbleche sammeln

V2 Föhnen in der Badewanne verboten!

PROBLEM

Warum darf man nicht während des Badens die Haare föhnen? Weil man einen lebensgefährlichen Stromstoß bekommen könnte, sollte der Föhn im Badewasser versinken. Denn das (Bade-)Wasser leitet den elektrischen Strom. Diese Begründung hört man häufig. Chemisch gesehen ist Badewasser kein Reinstoff, zumal es z. B. Badesalz enthalten kann. Welcher Bestandteil des Badewassers ist für die elektrische Leitfähigkeit verantwortlich?

DURCHFÜHRUNG

Gib in vier Bechergläser jeweils

a) reines Wasser

b) reines Kochsalz (Hauptbestandteil von Badesalz)

c) reines Wasser mit zwei Spatelspitzen Kochsalz

d) Leitungswasser.

Prüfe die Stoffe in den Bechergläsern (a-d) auf elektrische Leitfähigkeit (vgl. FM Leitfähigkeit messen, S. 21).

AUSWERTUNG

a) Vergleiche die Leitfähigkeit der Stoffe in den Bechergläsern bei **V2a-d**.

b) Leite anhand deiner Beobachtungen eine Voraussetzung ab, die vorliegen muss, damit Wasser elektrisch leitfähig ist.

c) Stelle eine Vermutung zum Unterschied zwischen reinem Wasser und Leitungswasser auf. Recherchiere dann die Bestandteile von Leitungswasser und überprüfe deine Vermutung.

ENTSORGUNG A, R

V3 Selbstreinigende Oberflächen

PROBLEM

Je glatter eine Oberfläche ist, desto leichter lässt sie sich reinigen – denkt man. Schaut man sich aber mit einem hochauflösenden Mikroskop die Oberfläche von Blättern bestimmter Pflanzen an, findet man dort kleinste Unebenheiten (**B1**). Hängen damit das Abperlen von Wassertropfen und der Selbstreinigungseffekt dieser Pflanzen zusammen?

DURCHFÜHRUNG

a) Tauche Blätter von Kohlrabi, Kapuzinerkresse, Weihnachtsstern oder Blütenblätter von Tulpen in Wasser ein und ziehe sie wieder heraus. Bringe einen Tropfen fließenden Honig auf die Blattoberfläche auf und halte das Blatt senkrecht.

b) Halte einen Objektträger knapp über eine Kerzenflamme, bis sich die halbe Oberfläche schwärzt. Lass ihn kurz abkühlen. Tropfe auf beide Objektträgerhälften je einen möglichst kleinen Wassertropfen aus ca. 5 cm Höhe auf.

AUSWERTUNG

a) Beschreibe deine Beobachtungen zu **V3a**.

b) Vergleiche das Verhalten der beiden Tropfen bei **V3b**.

c) Beschreibe die Oberflächenstruktur eines Lotusblattes(**B1**). Leite davon ausgehend Vermutungen zur Oberflächenstruktur des unbehandelten und geschwärzten Objektträgers bei **V3b** ab. Triff eine Aussage über die Benetzbarkeit der beiden Objektträgerhälften.

ENTSORGUNG R

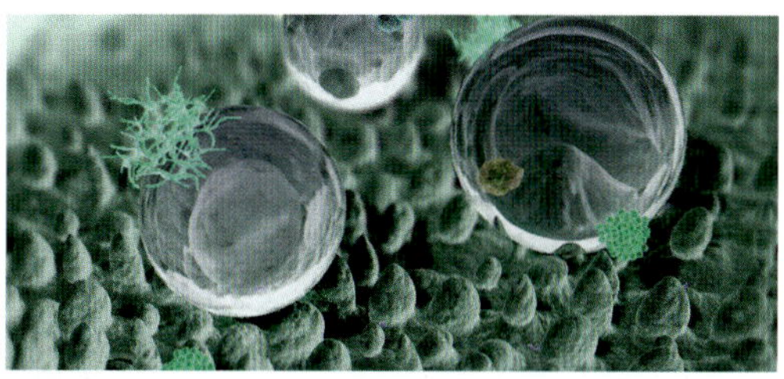

B1 Oberflächenstruktur eines Lotusblattes

B1 Stoffklassen im Badezimmer: Metallarmaturen (oben), Badesalze (mittig) und Badewasser (unten).

Die Stoffklassen

Die Vielzahl unterschiedlicher Stoffe zu ordnen, ist wie das Aufräumen im eigenen Zimmer. Ordnung halten erfordert Regeln, nach denen sortiert werden kann. Viele Materialien bestehen nicht aus Reinstoffen, sondern aus Stoffgemischen. Um aber eindeutige und messbare Eigenschaften eines Stoffes zu finden, nach denen Stoffe geordnet werden können, ist zunächst eine Betrachtung der Reinstoffe wichtig. Reinstoffe lassen sich in **Stoffklassen** mit ähnlichen Eigenschaften zusammenfassen. Dazu gehören die Metalle, die Salze und die molekularen Stoffe.

Metalle besitzen eine glänzende Oberfläche (**V1**). Daran sind sie oft leicht zu erkennen. Glänzende Armaturen wirken hochwertig, deshalb werden Wasserhähne und Duschköpfe gerne mit Metallen wie Chrom überzogen (**B1 oben**). Metalle leiten den elektrischen Strom.

Neben der Stoffklasse der Metalle gibt es die **Salze**. Sie leiten den elektrischen Strom nur im geschmolzenen oder gelösten Zustand (**V2**). Kochsalz ist z. B. ein Bestandteil von Badesalzen (**B1 mittig**) und wird chemisch als Natriumchlorid bezeichnet. Es dient zum Würzen von Speisen.

Die **molekularen Stoffe** bilden die dritte Stoffklasse. Viele von ihnen haben relativ niedrige Schmelz- und Siedetemperaturen und sind bei Raumtemperatur flüssig, wie z. B. Wasser (**B1 unten**), oder gasförmig, wie z. B. Sauerstoff. Diese Stoffe werden aufgrund ihrer Eigenschaften auch flüchtige Stoffe genannt.

Reinstoffe können in folgende Stoffklassen eingeteilt werden: Metalle, Salze und molekulare Stoffe.

Die Vertreter der verschiedenen Stoffklassen unterscheiden sich auch in ihrem Aufbau auf Teilchenebene (**B2**).

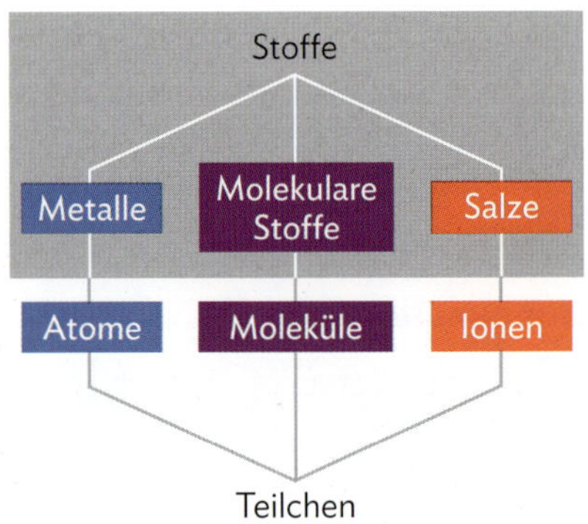

B2 Übersicht über die Stoffklassen und ihre Teilchen

Als Bausteine der Materie wurden bereits die Atome beschrieben. Atome können Elektronen abgeben oder aufnehmen. Sie erhalten dadurch eine elektrische Ladung und werden dann **Ionen** genannt. Atome können auch miteinander verknüpft sein: es entstehen mehratomige Teilchen, die man **Moleküle** nennt.

Atome, Ionen und Moleküle sind die Teilchen, aus denen Stoffe zusammengesetzt sein können (vgl. Info Stoffteilchen).

Info

Als **Stoffteilchen** bezeichnet man die Baueinheiten, aus denen ein Stoff besteht. Baueinheiten sind entweder Atome, aus Atomen bestehende Moleküle oder aus Ionen (geladenen Atomen) zusammengesetzte Ionengruppen (vgl. S. 60).

Eigenschaften und Aufbau der Metalle

Viele Metalle sind wichtige Werkstoffe. Unsere moderne Welt wäre ohne Metalle nicht möglich. Im polierten Zustand verfügen sie über eine glänzende Oberfläche. Sie leiten den elektrischen Strom und die Wärme gut. Sie sind dehnbar und plastisch verformbar bzw. duktil (**V1**).

Metalle können aufgrund ihrer Dichte unterteilt werden. Metalle mit einer Dichte über 5 g/cm^3 werden als **Schwermetalle** bezeichnet, die anderen als **Leichtmetalle**. Bekannte Vertreter der Schwermetalle sind Gold und Quecksilber, Vertreter der Leichtmetalle sind Magnesium und Aluminium.

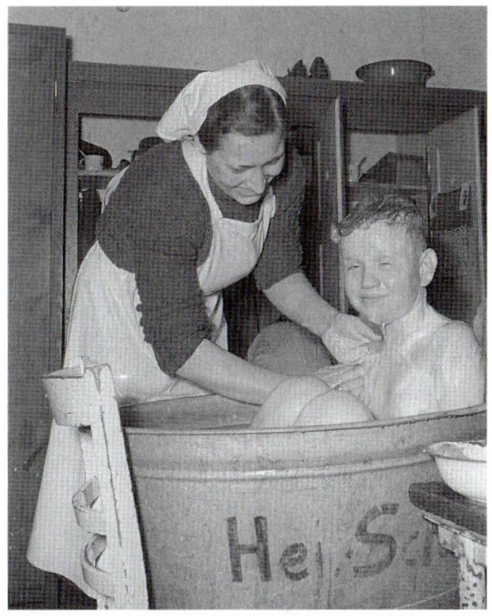

B3 Badewanne aus verzinktem Blech

Früher wurden Badewannen aus verzinktem Eisenblech hergestellt (**B3**). Seit über 100 Jahren gibt es Wannen aus Stahl, einer Eisenlegierung. Sie sind sehr stabil und belastbar. Stahl ist so duktil, dass er sich gut zur Herstellung von Badewannen eignet. Als Schutz gegen das Rosten ist die Oberfläche mit einer weißen Emailleschicht überzogen. Die gute Wärmeleitfähigkeit von Metallen hat hier Nachteile. Die Badewanne fühlt sich eher kalt an, auch das Badewasser kühlt schneller ab (**V1b**).

Die Atome der Metalle ordnen sich im festen Aggregatzustand in großen Atomverbänden an, die aufgrund ihrer regelmäßigen Struktur auch **Metallgitter** genannt werden(**B4**).

Die Eigenschaften der Metalle sind: elektrische Leitfähigkeit, Wärmeleitfähigkeit, Verformbarkeit und metallischer Glanz. Sie bestehen aus Atomen, die im festen Zustand regelmäßig in einem Metallgitter angeordnet sind.

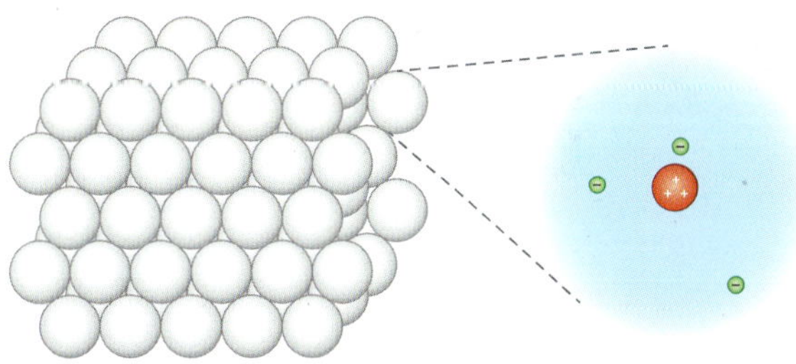

B4 Links: Im festen Metall sind die Atome regelmäßig in einem Metallgitter angeordnet.
Rechts: Darstellung eines Metall-Atoms im Kern-Hülle-Modell

AUFGABEN

A1 Ordne folgende Metalle nach ihrer Dichte: Blei, Aluminium, Kupfer, Quecksilber, Titan, Platin, Lithium, Nickel, Silber (Angaben zur Dichte findest du im Internet).

A2 Teile die Metalle aus A1 in Leicht- und Schwermetalle ein und suche nach den Elementsymbolen (Atomsymbolen) für diese Metalle im Periodensystem (vorne im Buchdeckel).

A3 Nenne fünf Alltagsprodukte, die aus Metallen bestehen. Recherchiere jeweils, aus welchen Metallen diese hergestellt werden.

B5 Kochsalzkristalle

Info
Elemente bilden jeweils typische Ionen. Diese können auch mehrfach positiv bzw. negativ geladen sein (vgl. Periodensystem der Ionen, hinten im Buchdeckel)

Eigenschaften und Aufbau der Salze

Salze bilden im festen Aggregatzustand Kristalle (**B5**). Die Salzkristalle sind hart und spröde. Sie lassen sich nicht verformen, man kann sie aber in einer Salzmühle oder mit einem Hammer zerbrechen. Salze haben sehr hohe Schmelztemperaturen. Natriumchlorid (Kochsalz) schmilzt erst bei einer Temperatur von 801 °C. Salze sind aus Ionen aufgebaut.

Ein Ion ist ein elektrisch geladenes Teilchen, das sich jeweils aus einem Atom durch die Aufnahme oder Abgabe eines oder mehrerer Elektronen bildet.

Gibt z.B. ein Natrium-Atom ein Elektron ab, bildet sich ein Natrium-Ion. Während das Natrium-Atom genauso viele positiv geladene Protonen wie negativ geladene Elektronen besitzt, hat das Natrium-Ion ein Proton mehr als Elektronen. Es ist daher positiv geladen. Diese positive Ladung wird oben rechts am Elementsymbol durch ein + gekennzeichnet. Ein positiv geladenes Ion heißt **Kation**. Aus einem Natrium-Atom Na entsteht ein Natrium-Kation Na^+. Im Symbol wird die Zahl 1 nicht geschrieben.

Andere Atome nehmen bevorzugt Elektronen auf. In diesem Fall besitzen sie mehr Elektronen als Protonen und sind deshalb negativ geladen. Ein negativ geladenes Ion heißt **Anion**. Zum Beispiel entsteht durch die Aufnahme eines Elektrons aus einem ungeladenen Chlor-Atom Cl ein negativ geladenes Chlorid-Anion Cl^-.

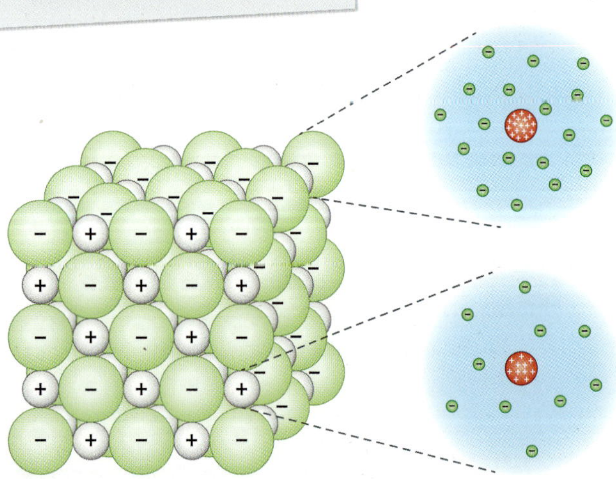

B6 Links: Ionengitter von Natriumchlorid. Natrium-Kationen und Chlorid-Anionen wechseln sich regelmäßig ab. Rechts: Darstellung im Kern-Hülle-Modell: Chlorid-Anion (oben): 18 Elektronen, 17 Protonen; Natrium-Kation (unten): 10 Elektronen, 11 Protonen

Unterschiedlich geladene Ionen ziehen sich an. In einer Stoffportion von festem Natriumchlorid liegen Ionenverbände aus Natrium-Kationen und Chlorid-Anionen vor (**B6**). Sie sind in einem regelmäßigen Gitter, einem **Ionengitter**, angeordnet. Darin setzen sich die Ionen in einem bestimmten Verhältnis zusammen, so dass ihre Ladungen sich ausgleichen. Bei Kochsalz, Natriumchlorid, ist es das Verhältnis 1:1, die **Ionengruppe** heißt also Na^+Cl^-. Daraus leitet sich die **chemische Formel** ab, die hier auch als **Verhältnisformel** bezeichnet wird. Die Verhältnisformel von Natriumchlorid ist NaCl.

Salze sind hart, spröde und besitzen hohe Schmelztemperaturen. Sie bestehen aus positiv geladenen Kationen und negativ geladenen Anionen, die in einem Ionengitter regelmäßig angeordnet sind. Das zahlenmäßige Verhältnis von Kationen zu Anionen wird durch die Ionengruppe bzw. Verhältnisformel angegeben.

Molekulare Stoffe, Moleküle und Molekülformeln

Molekulare Stoffe haben im Vergleich zu den meisten Metallen und Salzen niedrige Siedetemperaturen. Beispiele für molekulare Stoffe sind Sauerstoff und Wasser. Bei den Teilchen molekularer Stoffe handelt es sich um Moleküle, die aus zwei oder mehreren aneinander gebundenen Atomen bestehen (**B7**).

Es gibt Moleküle, die aus einer einzigen Atomart aufgebaut sind. Zum Beispiel bestehen Sauerstoff-Moleküle nur aus Sauerstoff-Atomen. Die Molekülformel lautet O_2. Der Index 2 hinter dem Atomsymbol gibt an, dass zwei Sauerstoff-Atome verbunden sind. Die meisten anderen Moleküle bestehen aber aus mehreren unterschiedlichen Atomarten.

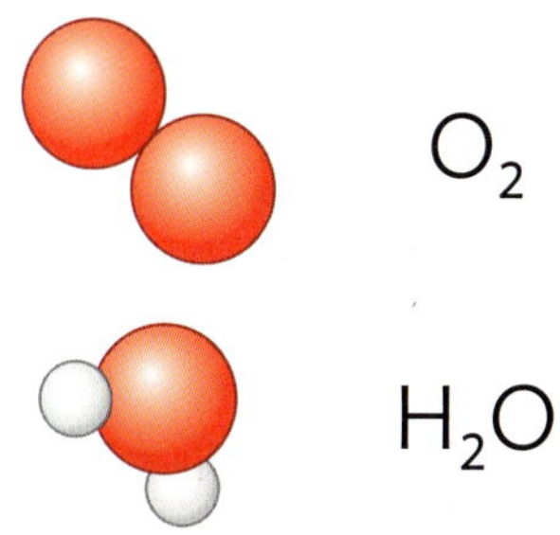

B7 Sauerstoff-Molekül O_2 und Wasser-Molekül H_2O

Das Wasser-Molekül besteht aus drei aneinander gebundenen Atomen, einem Sauerstoff-Atom und zwei Wasserstoff-Atomen (**B8**). Seine **Molekülformel** lautet H_2O_1. In der chemischen Formel wird die Zahl 1 nicht geschrieben. Deshalb schreibt man korrekt H_2O. In einer Stoffportion Wasser sind die Anziehungskräfte zwischen den Wasser-Molekülen geringer als die Anziehungskräfte zwischen entgegengesetzt geladenen Ionen in einer Stoffportion Kochsalz. Daraus resultieren die im Vergleich zu Salzen oder Metallen niedrigen Schmelz- und Siedetemperaturen der Stoffe.

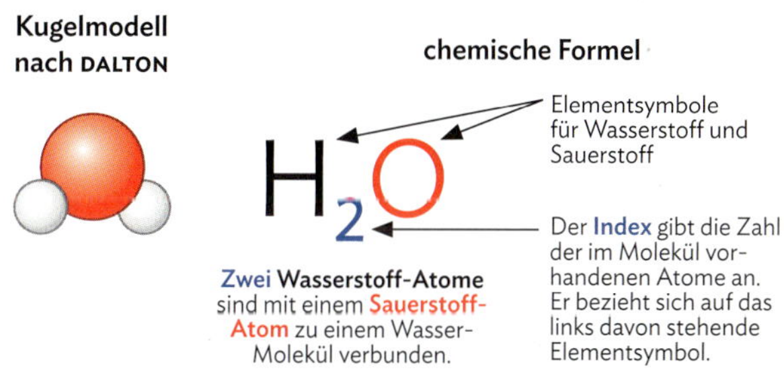

B8 Darstellung eines Wasser-Moleküls im DALTON-Kugelmodell und als chemische Formel (vgl. auch FM, S. 62)

> Molekulare Stoffe haben im Vergleich zu Metallen und Salzen niedrige Siedetemperaturen. Ihre Teilchen sind Moleküle, deren Zusammensetzung durch die Molekülformel dargestellt wird.

Elektrische Leitfähigkeit einer Salzlösung

Kochsalz ist gut in Wasser löslich. Während des Lösevorgangs verlassen die Ionen ihre Gitterplätze und verteilen sich zwischen den Wasser-Molekülen. Sie können sich nun frei bewegen. Wenn Ladungsträger sich in die gleiche Richtung bewegen, fließt ein elektrischer Strom. Moleküle wie Wasser sind ungeladene Teilchen. Sie leiten den elektrischen Strom nicht, die Ionen einer Salzlösung hingegen schon (**V2**).

AUFGABEN

A1 Ermittle für Sauerstoff, Eisen, Magnesiumoxid, Wasser, Kochsalz, Schwefel, Kohlenstoffdioxid und Kupfer die Schmelztemperaturen und ordne diese Stoffe einer Stoffklasse zu.

A2 Haushaltszucker, ein molekularer Stoff, und Kochsalz können im Alltag leicht verwechselt werden. Unterscheide die Stoffe, ohne zu kosten. Gib dazu zwei experimentelle Möglichkeiten an.

FACHBEGRIFFE

Stoffklasse, Metalle, Salze, molekulare Stoffe, Stoffteilchen, Atome, Moleküle, Ionen, Schwermetalle, Leichtmetalle, Metallgitter, Kation, Anion, Ionengitter, chemische Formel, Ionengruppe, Verhältnisformel, Molekülformel

Mit Modellen arbeiten

In der Wissenschaft sind Modelle verbreitet. Man verwendet Modelle, um Vorhersagen zu treffen(**B1**) oder sich den Aufbau von Stoffen vorstellen zu können (**B2**). Stoffe kann man sehen, deren Teilchen nicht. Ein Modell, das möglichst vieles erklären kann, muss nicht kompliziert sein. Neue Erkenntnisse erfordern aber wieder neue Modelle. Welches Teilchenmodell kann welchen Sachverhalt erklären?

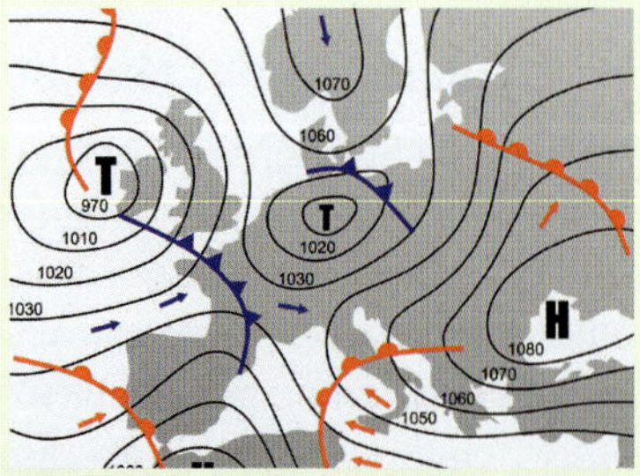

B1 Wettermodell

Im Stoffteilchenmodell sind Teilchen geometrische Körper, rund, eckig oder länglich, alles ist möglich (**B2**). Genauer ist da schon das DALTONsche Atommodell, das Atome als Kugeln beschreibt, wobei sich diese je nach Atomsorte in Größe und Masse unterscheiden. In Molekülen sind die Atomkugeln miteinander verknüpft. Das Kern-Hülle-Modell erlaubt uns einen Blick in diese Kugeln, die wiederum aus den Elementarteilchen Protonen, Neutronen und Elektronen bestehen.

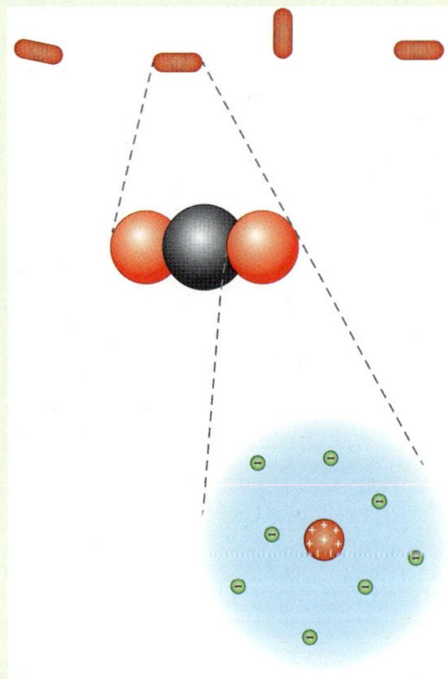

B2 Verschiedene Teilchendarstellungen

Wähle jeweils das Teilchenmodell, das am geeignetsten ist, um ...

So geht's

1. ... die Aggregatzustände eines Reinstoffes zu beschreiben.
   *Die Aggregatzustände eines Stoffes lassen sich mit den geometrischen Körpern des Stoffteilchenmodells am übersichtlichsten darstellen (**B2 oben**).*
2. ... die Zusammensetzung von Gemischen darzustellen.
   Naturtrüber Apfelsaft ist eine Suspension. Dieses Gemisch setzt sich aus Feststoff- und Flüssigkeitsanteilen zusammen. Um ein Schaubild zu zeichnen, reicht auch hier das Stoffteilchenmodell aus.
3. ... die Anzahl der Atome in einem Molekül zu erkennen.
   *Die Anzahl der Kohlenstoff- und Sauerstoff-Atome im Kohlenstoffdioxid-Molekül lassen sich in der Darstellung des DALTON-Kugelmodells gut zählen (**B2 mittig**). Es ergibt sich die Molekülformel CO_2.*
4. ... die Ladung eines Ions zu erklären.
   *Um die Ladung eines Ions zu bestimmen, müssen die Protonen und Elektronen im Kern-Hülle-Modell gezählt und verglichen werden (S. 60 **B6 rechts**).*

AUFGABEN

A1 Wähle ein geeignetes Modell, um den Trennvorgang einer Salzlösung durch Eindampfen auf Teilchenebene darstellen zu können. Begründe deine Wahl und fertige eine Skizze an.

A2 Ermittle die Molekülformeln für die in **B3** dargestellten Moleküle und recherchiere im Internet die zugehörigen Stoffnamen.

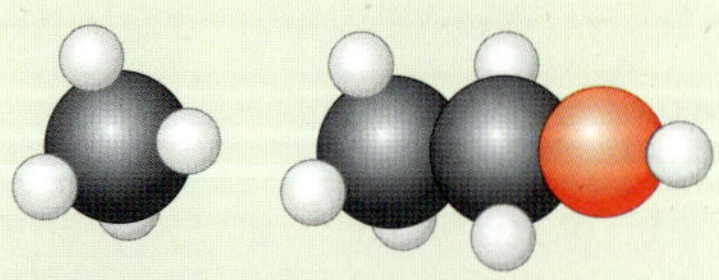

B3 Kugelmodelle nach DALTON: weiße Kugeln: Wasserstoff-Atome, schwarze Kugeln: Kohlenstoff-Atome, rote Kugeln: Sauerstoff-Atome

Selbstreinigende Oberflächen dank Nanostrukturen

Heute gibt es Waschbecken, Badewannen, Badfliesen oder Duschkabinen, die den sogenannten Lotuseffekt aufweisen. Dieser wurde nach der Lotuspflanze benannt und bezieht sich auf die äußerst geringe Benetzbarkeit und hohe Selbstreinigung von Oberflächen. Wasser perlt in Tropfen ab und nimmt dabei auch alle Schmutzpartikel auf der Oberfläche mit.

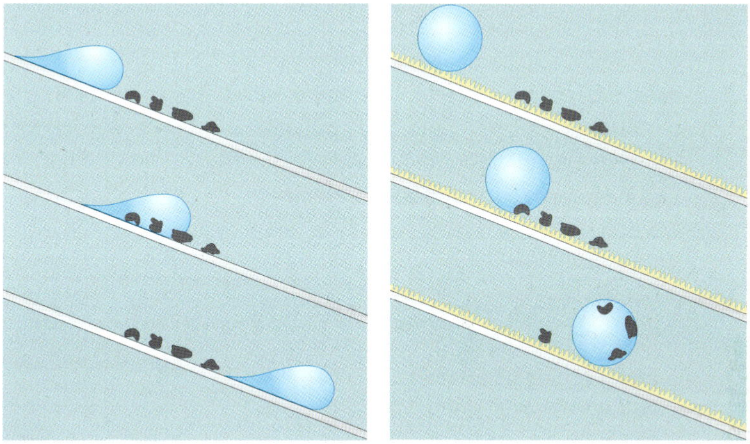

B1 Auf der glatten Oberfläche nehmen Wassertropfen die Schmutz-Teilchen nicht mit (links). Auf der unregelmäßigen Oberfläche perlen die Wassertropfen hingeben ab und nehmen Schmutzreste mit (rechts).

Der Lotuseffekt beruht auf Nanostrukturen der Oberfläche. Die Vorsilbe *„nano"* ist vom griechischen Wort nanos (Zwerg) abgeleitet. In physikalischen Maßeinheiten bezeichnet nano den milliardstel Teil. Ein Millimeter (mm) entspricht z. B. einem tausendstel, ein Mikrometer (μm) einem millionstel und ein Nanometer (nm) einem milliardstel Meter. Nanoteilchen sind in einer oder mehreren Dimensionen (Höhe, Breite, Länge) bis zu 100 nm groß. Man kann zwischen atomarer Welt, Nanowelt, Mikrowelt und Makrowelt unterscheiden. Ein Atom hat etwa einen Durchmesser von einem zehntel Nanometer (0,1 nm). Die Dimension Makrowelt bezieht sich auf die Welt der mit bloßem Auge sichtbaren Objekte.

Wassertropfen haben die Tendenz zur Minimierung ihrer Oberfläche und nehmen daher möglichst eine Kugelform ein. Die Ursache der Selbstreinigung liegt in einer wasserabweisenden Oberfläche. Dadurch wird der Kontakt und damit die Anziehung zwischen Oberfläche und den auf ihr liegenden Partikeln und Wassertropfen so stark verringert, dass es zur Selbstreinigung kommt.

Beim Verbrennen einer Kerze entweichen Paraffindämpfe, die sich am Glas eines Objektträgers als Nanopartikel absetzen, vergleichbar den Noppen am Blatt (**V3**). Paraffin ist wasserabweisend. Rußpartikel werden an der Oberfläche des Wassertropfens festgehalten und abgespült (**B1**). Glaswände von Duschkabinen oder Fließen können mit einer wasser- und schmutzabweisenden Nanobeschichtung versehen werden und erhalten dadurch einen Selbstreinigungseffekt.

B2 Wassertropfen auf einem Blatt mit Lotuseffekt.

AUFGABEN

A1 Suche im Internet für folgende Objekte Längenangaben heraus und ordne diese einem Größenbereich zu: Durchmesser eines Grippevirus, Durchmesser eines menschlichen Haares, Durchmesser eines roten Blutkörperchens, Höhe einer 1 €-Münze, Größe eines Wasser-Moleküls, Durchmesser einer CD-ROM, Breite des Darmbakteriums Escherichia coli, Dicke einer Zellmembran, Durchmesser einer 1 €-Münze.

Zum Üben und Weiterdenken

A1 In drei Bechergläsern A, B und C ist jeweils eine weiße, fein gemahlene Substanz enthalten. Bei den Feststoffen handelt es sich um Zucker, Citronensäure und Kochsalz. Welches Becherglas enthält welchen Stoff? Um die jeweiligen Stoffe zu identifizieren, wurden Versuche durchgeführt und folgende Beobachtungen festgehalten:

- Alle Stoffe lösen sich sehr gut in Wasser.
- Eine wässrige Lösung von Stoff B leitet den elektrischen Strom nicht.
- Beim Erhitzen schmilzt der Stoff C bei 153 °C, B zersetzt sich bei 186 °C und bildet eine braun werdende, nach Karamell duftende Schmelze. A schmilzt erst bei 801 °C.
- Die Zugabe von Blaukrautsaft färbt wässrige Lösungen von A und B violett und von C rot.

Ordne den Bechergläsern den jeweiligen Stoff zu. Begründe deine Zuordnung anhand der oben beschriebenen Stoffeigenschaften.

A2 Selbst bei Minusgraden trocknet auf der Leine hängende Wäsche.
a) Benenne die Aggregatzustandsänderung, die hier vorliegt.
b) Erkläre den Trocknungsvorgang mit der Vorstellung, dass Stoffe aus kleinen Teilchen aufgebaut sind.

A3 Parfüm wird versprüht. Erkläre die Tatsache, dass man es riechen, aber nicht sehen kann.

A4 Flüssigkeiten und Gase passen sich der Form eines Gefäßes an, Festkörper jedoch nicht. Erläutere mithilfe des Teilchenmodells.

A5 Erkläre die Tatsache, dass die Siedetemperatur vom Druck abhängig ist.

A6 In den beiden unten abgebildeten Erlenmeyerkolben befindet sich jeweils 150 mL reines Kerzenwachs. In einem Behälter befindet sich festes Wachs und in dem anderen flüssiges.
Ordne die beiden Gläser bzw. Aggregatzustände den beiden Waagschalenseiten zu und begründe deine Angabe.

A7 a) Ordne die Begriffe Emulsion, Suspension, Gasgemisch und Lösung den folgenden Modelldarstellungen: Begründe deine Zuordnung.

A: 
B: 
C: 
D: 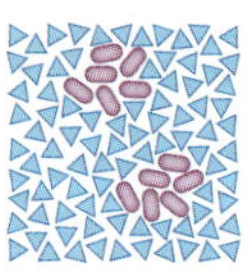

b) Benenne das Modell, das in der Aufgabe verwendet wird, sowie die vier wesentlichen Annahmen, die dem Modell zugrunde liegen.

A8 Ein Zuckerwürfel wird mit wasserlöslicher Lebensmittelfarbe beträufelt und auf einen mit kaltem Wasser gefüllten Teller gelegt. Anschließend wiederholt man das Experiment mit warmem Wasser.
a) Beschreibe die zu erwartenden Beobachtungen und begründe diese unter Verwendung von Fachbegriffen. (Hinweis: Das Experiment lässt sich leicht zu Hause durchführen.)
b) Benenne die Art des entstehenden Stoffgemisches und skizziere auf Teilchenebene.

A9 Erläutere die Trennverfahren, die bei der Zubereitung von Tee aus getrockneten Teeblättern angewandt werden.

A10 Salz, lösliches Kaffeepulver, Sand, Öl werden in je ein Becherglas mit Wasser gegeben.

a) Benenne die entstehenden Gemische und ordne sie den folgenden Abbildungen zu.

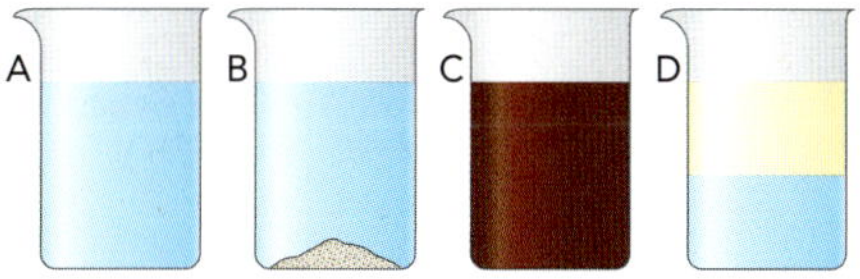

b) Skizziere das Gemisch A auf Teilchenebene.

c) Plane einen Versuch, um Gemisch C zu trennen. Gib die Stoffeigenschaften an, die du dabei ausnutzt.

A11 Vergleiche die drei Elementarteilchen, aus denen ein Atom aufgebaut ist, untereinander. Gib hierzu zwei Gemeinsamkeiten und zwei Unterschiede an.

A12 Beschreibe und begründe Beobachtungen, die man nach DALTONS Atomvorstellung beim RUTHERFORDschen Streuversuch erwartet hätte.

A13 In einigen Tabellenwerken findet man für Chlor-Atome folgende Angabe:

a) Bestimme die Anzahl an Protonen und Elektronen, die in jedem Chlor-Atom vorliegen.

b) Benenne den Widerspruch, der sich ergibt, wenn man die Anzahl der Neutronen in einem Chlor-Atom berechnen möchte.

A14 Die unten stehende Darstellung soll als Merkhilfe („Eselsbrücke“) dienen:

Ka⊕ion

⊖nion

a) Beschreibe den Zusammenhang, der hier deutlich gemacht wird.

b) Ergänze den Satz:
Ein Kation hat weniger... in der ... als ... im Atomkern.

c) Formuliere einen vergleichbaren Satz für Anionen.

A15 Nachfolgend sind die Moleküle einiger Stoffe mit Kugelmodell-Darstellungen nach DALTON abgebildet:
(graue Kugeln: Wasserstoff-Atome, gelbe Kugeln: Schwefel-Atome, rote Kugeln: Sauerstoff-Atome, grüne Kugeln: Chlor-Atome)

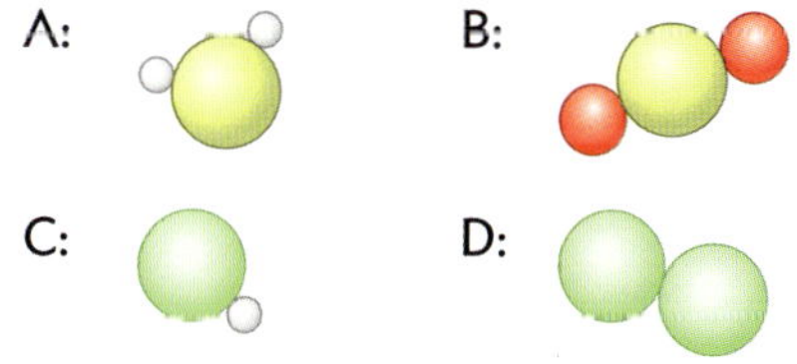

a) Bestimme die Molekülformel für das jeweilig dargestellte Molekül.

b) Recherchiere im Internet den zugehörigen Stoffnamen und ermittle wichtige Eigenschaften der dargestellten Stoffe.

A16 In einer Concept-Map werden Begriffe mittels Pfeilen zueinander in Beziehung gesetzt, so dass Zusammenhänge visuell dargestellt werden. Die Pfeile können dabei beschriftet werden. Erstelle eine Concept-Map aus folgenden Begriffen:
Anionen, Atome, Duktilität (Verformbarkeit), Edelgase, elektrische Leitfähigkeit, flüchtige Stoffe, Ionen, Ionengitter, Ionengruppe, Kationen, Metalle, Metallgitter, Moleküle, Molekülformel, Reinstoff, relativ niedrige Schmelz- und Siedetemperaturen, Salze, Sprödigkeit

M1 Teilchen sieben

Methylenblau ist ein Farbstoff, der schon in geringster Menge in Wasser eine Blaufärbung erzeugt. In der Mikroskopie ist Methylenblau ein weit verbreiteter Farbstoff zum Anfärben von lebendem Material. Meist wird eine 0,5 %-ige Lösung in Wasser, z. B. zum Färben von Bakterien, Pilzen und Blutparasiten, eingesetzt. Früher wurde Methylenblau in blauer Tinte verwendet.

Tropft man Iod-Kaliumiodidlösung in eine wässrige Stärkelösung, erfolgt eine Blaufärbung. Vereinfachend nennt man sie Iod-Stärkelösung und erklärt die Blaufärbung durch die Einlagerung von Iod-Molekülen in die langen Stärke-Moleküle (**B1**). Diese Farbreaktion wird oft zum Nachweis von Stärke verwendet.

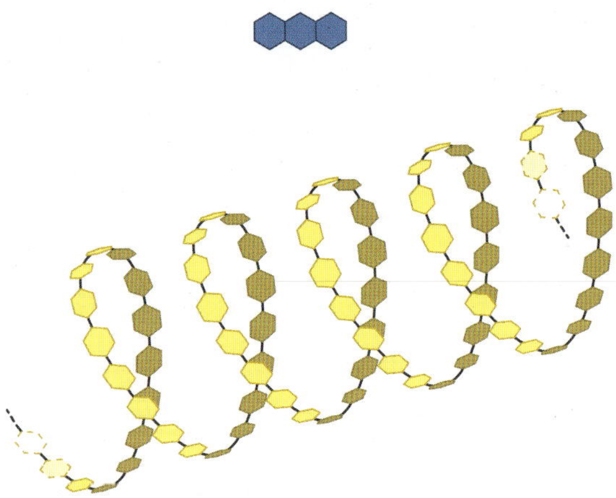

B1 Vereinfachte Modell-Darstellung eines Methylenblau-Teilchens (oben) und eines Stärke-Moleküls (unten)

Die beiden blauen Farbstofflösungen werden in folgendem Versuch näher untersucht:

Man füllt je ein Rollrandglas zur Hälfte mit einer Methylenblaulösung und einer Iod-Stärkelösung und verschließt die Gläser mit einer Cellophanfolie, die mit einem Gummiring fixiert wird. Beide Rollrandgläser werden mit der so verschlossenen Öffnung nach unten in ein Becherglas mit Wasser getaucht. Nach einiger Zeit beobachtet man blaue Schlieren unter einem der beiden Rollrandgläser (**B2**).

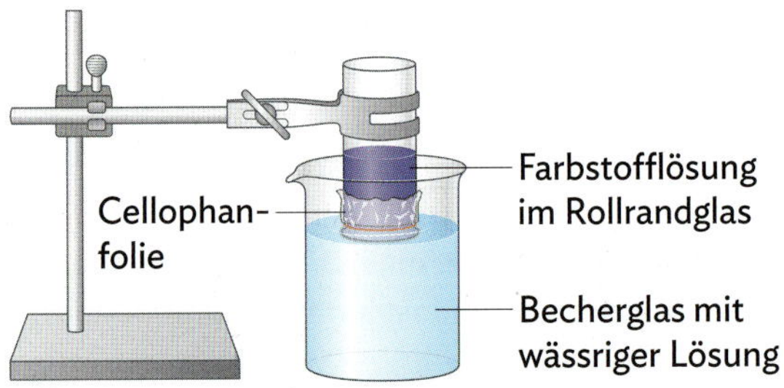

B2 Versuchsanordnung zum „Teilchen sieben“

A1 Formuliere eine Vermutung zur Erklärung der im Text beschriebenen Beobachtung.

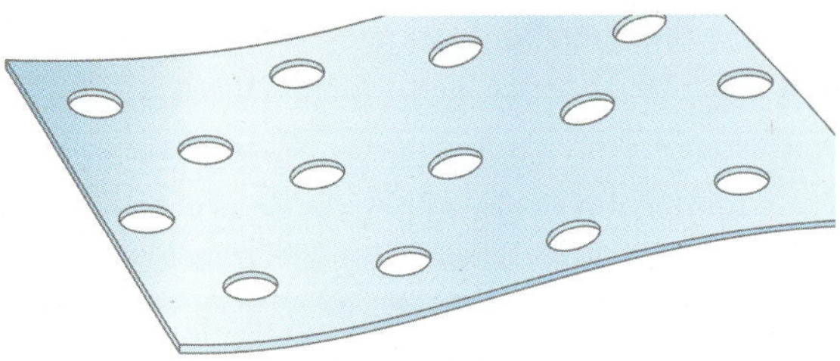

B3 Modelldarstellung von Cellophanfolie auf Teilchenebene

A2 Leite anhand der Modelldarstellung in **B1** und **B3** begründet ab, bei welcher der beiden Farbstofflösungen blaue Schlieren im Becherglas zu beobachten sind.

A3 Wenn man anstelle von Cellophanfolie Frischhaltefolie verwendet, entstehen bei keiner der blauen Lösungen Schlieren im Wasser. Schließe auf die Beschaffenheit der Frischhaltefolie im Vergleich zur Cellophanfolie.

A4 Erkläre den Titel des Versuchs „Teilchen sieben“ und stelle einen Bezug zum Teilchenmodell her.

M2 Kochsalz – aus dem Meer in die Küche

Beim Schwimmen im Meer kann man feststellen, dass das Meerwasser sehr salzig schmeckt. Neben anderen Salzen, Sand und Schlamm sind ca. 50 Billionen Tonnen Kochsalz in allen Weltmeeren zusammen gelöst. An den Mittelmeerküsten von Spanien, Frankreich, Portugal und Italien nutzt man die Kraft der Sonne zur Gewinnung von Kochsalz. Dazu wird das Meerwasser in flache Betonbecken gepumpt, die als Salzgärten bezeichnet werden. Durch die Sonneneinstrahlung verdunstet ein Teil des Wassers, sodass der Salzgehalt im verbleibenden Wasser ansteigt. In diesen Becken sinken wasserunlösliche Stoffe wie Sand und Schlamm nach unten. Anschließend wird das überstehende salzige Wasser in noch flachere Becken geleitet. Durch weitere Verdunstung erhöht sich der Salzgehalt noch mehr. Andere Salze, die schlechter löslich in Wasser sind, kristallisieren jetzt aus und sinken zu Boden. Durch mehrfache Weiterleitung in immer flacher werdende Becken und fortlaufende Verdunstung steigt der Salzgehalt immer weiter an, bis schließlich die Grenze der Löslichkeit von Kochsalz erreicht ist. In den letzten Becken, Salzbeete genannt, kristallisiert das Salz aus und wird nun mit Maschinen oder von Hand zusammen geschoben und weiter getrocknet. Das so gewonnene Salz wird gemahlen, von verbleibenden Verunreinigungen (z. B. durch Sieben) gereinigt und anschließend zum Verkauf verpackt.

B1 Salzgewinnung in Südeuropa (oben) und Salzbeet (unten)

A1 Erkläre die Vorgänge bei der Gewinnung von Kochsalz, die auf den Fotos in B1 dargestellt sind.

A2 Nenne die verschiedenen Trennverfahren, die bei der Gewinnung von Kochsalz aus Meerwasser zum Einsatz kommen, in der Reihenfolge ihrer Anwendung.

A3 Erkläre für jedes in Aufgabe 2 genannte Trennverfahren das Prinzip seiner Wirkungsweise.

A4 Plane einen Versuch, mit dem die Gewinnung von Kochsalz aus Meerwasser im Schullabor nachgestellt werden kann. Der Versuch sollte in einer Schulstunde durchführbar sein und nicht mehrere Tage dauern. Fertige ein vollständiges Versuchsprotokoll an.

A5 Der Versuch aus Aufgabe 4 soll nun so abgewandelt werden, dass aus dem Salzwasser reines Wasser gewonnen wird. Beschreibe eine mögliche Vorgehensweise.

A6 Mithilfe des Watercone® kann aus Salzwasser reines Wasser gewonnen werden. Salzwasser wird dazu in die dunkle Bodenwanne gefüllt, der Kunststoffkegel aufgesetzt und die Apparatur der Sonne ausgesetzt. Erläutere die Wirkungsweise des Watercone® und gib die Stoffeigenschaften an, auf denen dieses Trennverfahren beruht.

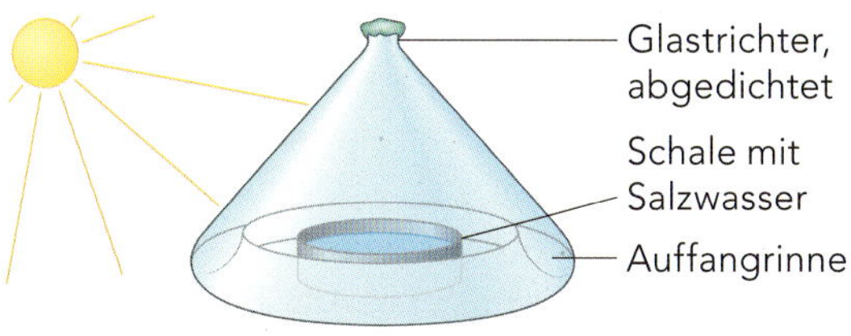

B2 Darstellung der Wirkungsweise des Watercone für die Trinkwassergewinnung aus Salzwasser

Basiswissen Kapitel 2

W Reinstoffe, Gemische und Stoffeigenschaften

Stoffgemische sind Mischungen verschiedener Reinstoffe. Kann man die Bestandteile mit dem Mikroskop oder dem Auge noch erkennen, nennt man ein Stoffgemisch **heterogen** (z. B. Gemenge, Suspension, Emulsion, Rauch, Nebel). Sind die einzelnen Bestandteile nicht mehr unterscheidbar, so nennt man es **homogen** (z. B. Lösung, Legierung, Gasgemisch). Ein **Reinstoff** besteht aus einer Teilchensorte und ist durch eine Kombination von **Eigenschaften** (z. B. elektrische Leitfähigkeit, Dichte, Löslichkeit, Schmelz- und Siedetemperatur) identifizierbar.

Aufgrund der unterschiedlichen Stoffeigenschaften lassen sich Stoffgemische mithilfe geeigneter **Trennverfahren** (z. B. Filtrieren, Extrahieren, Destillieren) in die einzelnen Reinstoffe trennen.

Stoffe können die **Aggregatzustände fest**, **flüssig** und **gasförmig** annehmen. **Schmelz-** und **Siedetemperaturen** stellen die Temperaturen dar, bei denen ein Stoff vom festen in den flüssigen bzw. vom flüssigen in den gasförmigen Zustand übergeht.

Stoffe können wasserlöslich oder unlöslich sein. Wasserlösliche Stoffe können mit Wasser **saure**, **alkalische** oder **neutrale** Lösungen bilden.

Blaukrautsaft ändert seine Farbe je nachdem, ob eine Lösung sauer (rötlich), neutral (violett) oder alkalisch (blaugrün) ist und dient somit als ein **Indikator** für den Säuregrad einer Lösung.

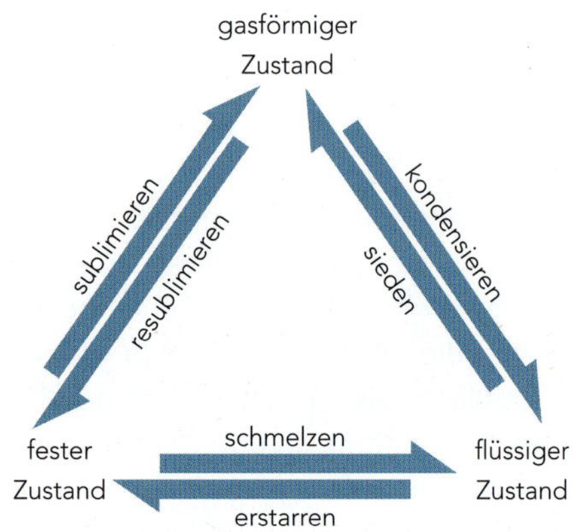

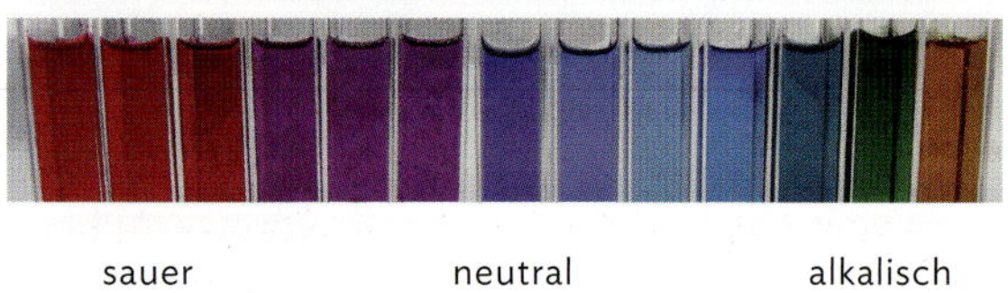

W Teilchenmodell

Die messbaren oder mit den Sinnen wahrnehmbaren Eigenschaften eines Stoffes versucht man mithilfe des **Stoffteilchenmodells** zu erklären. Man nimmt dazu an, dass die Teilchen eines Stoffes sehr klein sind und zwischen den einzelnen Teilchen leerer Raum ist. Die Teilchen verschiedener Stoffe unterscheiden sich in ihrer Größe und Masse. Zwischen den Teilchen gibt es Anziehungskräfte, die bei verschiedenen Stoffen unterschiedlich stark sind.

Alle Teilchen sind in ständiger und ungerichteter Bewegung. Diese Eigenbewegung der Teilchen erklärt die selbstständige und gleichmäßige Durchmischung (**Diffusion**) der Stoffe in Lösungen oder in einem Gasgemisch. In einer Lösung verteilen sich Teilchen des gelösten Stoffes zwischen den Teilchen des Lösemittels.

W Bausteine eines Atoms und das Kern-Hülle-Modell

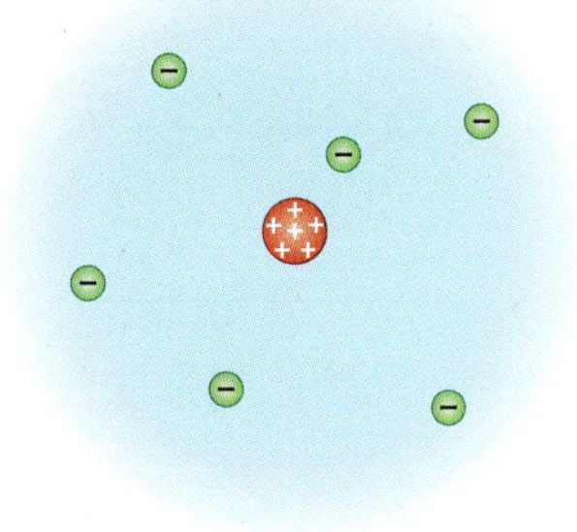

Atome sind aus den **Elementarteilchen** aufgebaut. Im **Kern-Hülle-Modell** nach RUTHERFORD ist der Atomkern sehr klein und enthält positiv geladene Teilchen, die **Protonen**. Diese haben eine Masse von 1 u. Die **Atomhülle** ist überwiegend leerer Raum und enthält negative Ladungsträger, die **Elektronen**. Sie sind beweglich, haben nur eine sehr geringe Masse und können von einem Atom auf ein anderes übertragen werden. Im Atomkern befinden sich neben Protonen auch **Neutronen**. Neutronen sind nicht geladen und haben eine Masse von 1 u. Die Masse eines Atoms in u wird durch die Summe der Protonen- und Neutronenzahl bestimmt. Sie wird auch **Nukleonenzahl** genannt und steht im **Periodensystem der Elemente** (**PSE**, siehe vorne im Buchdeckel) links oben am **Elementsymbol**. Die Ladung des Atomkerns ist durch die Anzahl der Protonen festgelegt. Sie wird im PSE durch die **Kernladungszahl** (bzw. Ordnungszahl) links unten am Elementsymbol angegeben. Im ungeladenen Atom ist die Anzahl der Elektronen gleich der Anzahl der Protonen. Die Atome eines **Elements** haben stets die gleiche Anzahl an Protonen im Kern.

	Proton	Neutron	Elekton
Symbol	p^+	n	e^-
Ladung in Elementarladungen	+1	0	-1
Masse	1 u	1 u	0,0005 u
	+		−

W Stoffklassen und ihre Grundbausteine

Reinstoffe können in die Stoffklassen **Metalle**, **Salze** und **molekulare Stoffe** eingeteilt werden (vgl. Übersicht der Stoffe, S. 176). Die Reinstoffe einer Stoffklasse weisen ähnliche Eigenschaften auf. Die verschiedenen Stoffklassen unterscheiden sich in ihrem Aufbau auf Teilchenebene.

Metalle zeichnen sich durch elektrische Leitfähigkeit, Wärmeleitfähigkeit, Verformbarkeit und metallischen Glanz aus. Sie bestehen aus regelmäßig in einem **Metallgitter** angeordneten **Atomen**.

Salze sind harte, spröde Stoffe, die hohe Schmelztemperaturen haben. Ihre Eigenschaften erklären sich durch ihren Aufbau aus positiv geladenen Teilchen (Ionen), den **Kationen**, und negativ geladenen Teilchen, den **Anionen**.

Die **Verhältnisformel** bzw. die **Ionengruppe** gibt das zahlenmäßige Verhältnis von Kationen und Anionen im **Ionengitter** an.

Molekulare Stoffe haben im Vergleich zu Metallen und Salzen niedrige Siedetemperaturen. Ihre Teilchen sind **Moleküle**, die aus zwei oder mehreren gebundenen Atomen bestehen. Ihre Zusammensetzung wird durch eine **Molekülformel** angegeben.

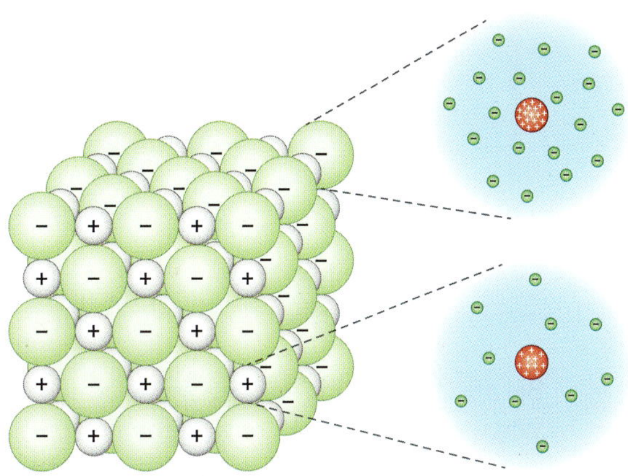

Ziel erreicht?

Überprüfung

Hast du das Ziel dieses Kapitels erreicht? Löse die entsprechenden Aufgaben. Ein Arbeitsblatt findest Du unter www.ccbuchner.de/medien (Eingabe 05011-05). Bewerte dich mithilfe der Tabelle rechts unten. Die Lösungen zu den Aufgaben stehen auf Seite 155.

Stoffe anhand ihrer Eigenschaften identifizieren

A1 Nenne vier Stoffeigenschaften, die mithilfe von Messgeräten exakt ermittelt werden können.

A2 Zwei wässrige Lösungen werden jeweils mit einigen Tropfen Blaukrautsaft versetzt. Eine der Lösungen zeigt nach Zugabe des Blaukrautsaftes eine rötliche, die andere eine violette Färbung. Erkläre diese Beobachtung.

Teilchenmodelle zur Erklärung von Stoffeigenschaften anwenden

B1 Stoffe können die Aggregatzustände fest, flüssig und gasförmig annehmen.

a) Nenne zu den Zahlen (1 bis 6) in der folgenden Abbildung jeweils den passenden Fachbegriff.

b) Erkläre mithilfe des Teilchenmodells die Ausdehnung eines mit Wasser gefüllten Luftballons beim Erhitzen.

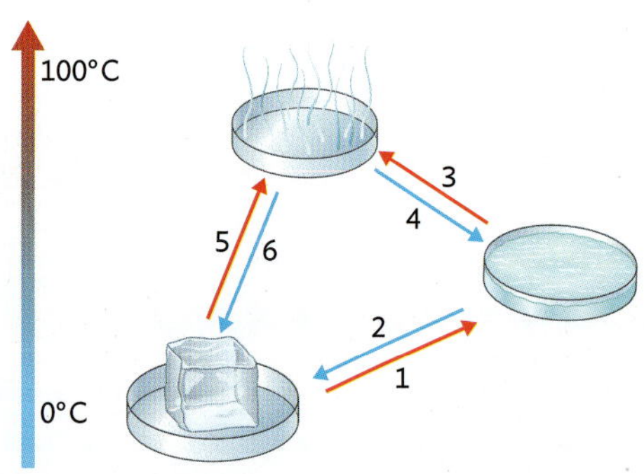

B2 Bei der Zubereitung von Tee wird warmes Wasser anstelle von kaltem Wasser bevorzugt. Begründe mithilfe des Teilchenmodells.

Fachbegriffe für Stoffgemische zuordnen und wichtige Trennverfahren erklären

C1 Ordne trübem bzw. klarem Apfelsaft jeweils die richtige Modelldarstellung zu. Nenne die entsprechenden Fachbegriffe für die beiden Lösungen.

C2 Wein ist eine Mischung aus Trinkalkohol (Siedetemperatur 78 °C) und Wasser (Siedetemperatur 100 °C). Erläutere die Möglichkeit, die beiden Reinstoff mit nachfolgender Apparatur zu trennen. Begründe die Fließrichtung des Kühlwassers von unten nach oben.

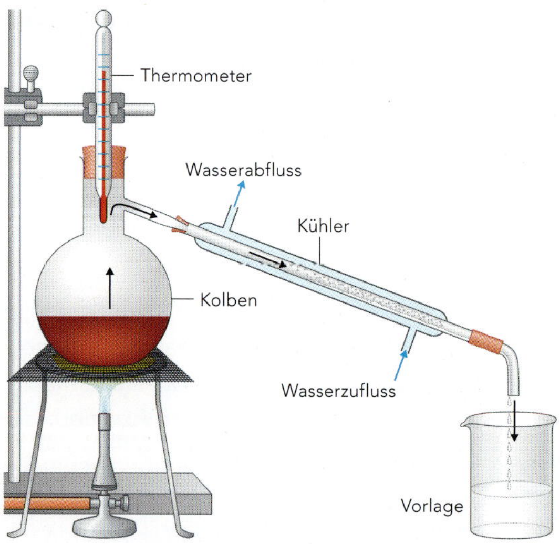

Den Aufbau eines Atoms mit dem Kern-Hülle-Modell erklären

D1 Die Abbildung zeigt eine schematische Darstellung der Ergebnisse des RUTHERFORDschen Streuversuchs auf einem Filmstreifen. Erkläre das Zustandekommen dieser Ergebnisse. Beachte dazu die Kern-Hülle-Vorstellung vom Aufbau der Atome.

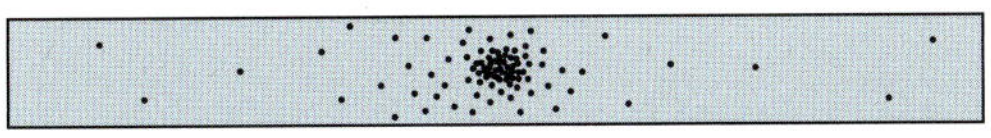

Elementarteilchen unterscheiden und Elementsymbole Stoffen zuordnen

E1 Vergleiche und beschreibe die am Aufbau von Atomen beteiligten Elementarteilchen in Bezug auf Ladung und Masse.

E2 Benenne im Periodensystem der Elemente (PSE) die Elementsymbole, zu denen folgende Angaben passen:

a) Element, dessen Atome die Kernladungszahl 26 haben.
b) Element, dessen Atome im ungeladenen Zustand 47 Elektronen aufweisen.
c) Element, dessen Atome die Atommasse 197 u besitzen.
d) Element, dessen Atome sechs Protonen im Atomkern haben.

Reinstoffe Stoffklassen zuordnen und deren Grundbausteine beschreiben

F1 Ordne die folgenden Reinstoffe den Stoffklassen Metalle, Salze und molekulare Stoffe zu: Kochsalz, Kupfer, Wasser, Kohlenstoffdioxid, Aluminium, Bittersalz.

F2 Sowohl bei Metallen als auch bei Salzen, sind die Teilchen auf der Teilchenebene in regelmäßigen Gitterstrukturen angeordnet. Nenne jeweils den Fachbegriff für das entsprechende Gitter bei Metallen und bei Salzen und benenne jeweils die am Aufbau des Gitters beteiligten Teilchen.

F3 Erkläre die gute elektrische Leitfähigkeit einer wässrigen Kochsalzlösung mithilfe eines geeigneten Teilchenmodells.

Auswertung

Vergleiche deine Antworten mit den Lösungen auf Seite 155 und kreuze auf dem Arbeitsblatt an.

	Ich kann ...	ja	nein	lies nach auf Seite
A	Stoffe anhand ihrer Eigenschaften identifizieren.			30, 31
B	Teilchenmodelle zur Erklärung von Stoffeigenschaften anwenden.			36 - 38
C	Fachbegriffe für Stoffgemische zuordnen und wichtige Trennverfahren erklären.			42 - 44
D	den Aufbau eines Atoms mit dem Kern-Hülle-Modell erklären.			50, 51
E	Elementarteilchen unterscheiden und Elementsymbole Stoffen zuordnen.			52, 53
F	Reinstoffe Stoffklassen zuordnen und deren Grundbausteine beschreiben.			58 - 61

3 Die chemische Reaktion

ENERGIEUMWANDLUNG
CHEMISCHE ENERGIE
REAKTIONSENERGIE
IONENVERBINDUNG
ENDOTHERM
VERHÄLTNISFORMEL
VERBINDUNG
EDUKT
MASSENERHALT
AKTIVIERUNGSENERGIE
PERIODENSYSTEM DER ATOME UND IONEN
ELEMENT
MOLEKÜLVERBINDUNG

Startklar?

Selbsteinschätzung

Schätze dich selbst ein: Wie gut sind deine Kenntnisse in den Bereichen A bis D?
Kreuze auf dem Arbeitsblatt unter www.ccbuchner.de/medien (Eingabe 05011-06) an!

	Ich kann …	prima	ganz gut	es fällt mir schwer
A	Stoffe anhand ihrer Stoffeigenschaften erkennen.			
B	Aggregatzustandsänderungen benennen und im einfachen Teilchenmodel darstellen.			
C	das Kern-Hülle-Modell erklären und wichtige Elementarteilchen beschreiben.			
D	Stoffklassen beschreiben und deren Aufbau aus ihren Grundbausteinen erklären.			

Überprüfung

Liegst du richtig? Bearbeite die folgenden Aufgaben zu jedem Bereich.

Stoffe anhand ihrer Stoffeigenschaften erkennen

A1 Zucker und Kochsalz können anhand ihrer Eigenschaften unterschieden werden. Kreuze auf dem Arbeitsblatt die Eigenschaften an, die für den jeweiligen Stoff charakteristisch sind.

Eigenschaft	Zucker	Kochsalz
farblose Kristalle		
wasserlöslich		
schmilzt beim Erwärmen im Reagenzglas		
Lösung leitet den elektrischen Strom		

Aggregatzustandsänderungen benennen und im einfachen Teilchenmodell darstellen

B1 Nenne die Fachbegriffe für die Zustandsänderungen der angeführten Beispiele.

a) Metall wird in einer Eisengießerei erhitzt.
b) Eiszapfen an der Dachrinne bilden sich aus Schmelzwasser.
c) Wäsche trocknet auf der Wäscheleine.
d) Beim Ausatmen an kalten Wintertagen bildet sich Nebel.

B2 Ordne die Aussagen dem passenden Aggregatzustand zu.

a) Die Teilchen sind frei beweglich.
b) Der Stoff hat eine feste Form.
c) Die Teilchen sind dicht gepackt.
d) Der Stoff ist komprimierbar.

B3 Die drei Abbildungen stellen Modelldarstellungen von Teilchen in verschiedenen Aggregatzuständen dar. Ordne jedem Bild einen Aggregatzustand zu und beschreibe die Anordnung der Teilchen.

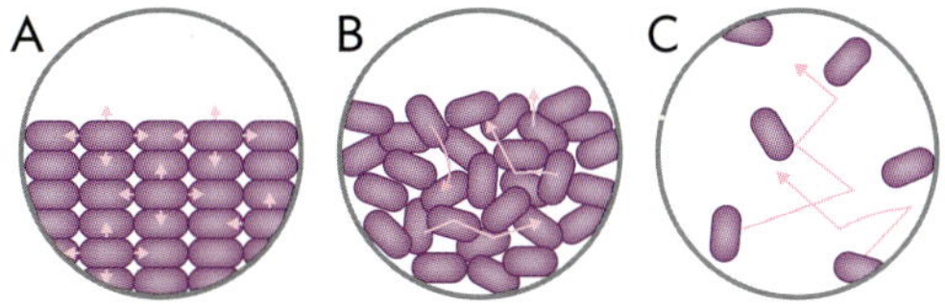

Das Kern-Hülle-Modell erklären und wichtige Elementarteilchen beschreiben

C1 Aufgrund der Ergebnisse seines Streuversuchs entwickelte RUTHERFORD eine neue Vorstellung vom Aufbau der Atome.

a) Erläutere die Verteilung der Elementarteilchen in einem Atom nach dem Kern-Hülle-Modell.

b) RUTHERFORD stellte fest, dass der Atomkern sehr klein und positiv geladen ist und fast die ganze Masse eines Atoms enthält. Nenne und erkläre seine Versuchsergebnisse, die ihn zu dieser Schlussfolgerung gebracht haben.

C2 Atome sind aus Protonen, Elektronen und Neutronen aufgebaut. Ergänze die folgende Tabelle mit den Merkmalen dieser Elementarteilchen.

	Proton	Neutron	Elektron
Symbol			
Elementarladung			
Masse in u			

Stoffklassen beschreiben und deren Aufbau aus ihren Grundbausteinen erklären

D1 Nenne wichtige Eigenschaften von Vertretern der Stoffklassen Metalle, Salze und molekulare Stoffe und ordne die Teilchen zu, aus denen Vertreter der drei Stoffklassen aufgebaut sind.

D2 Ionen sind elektrisch geladene Teilchen. Erkläre die Begriffe Kation und Anion und deren jeweilige Entstehung aus einem Atom.

D3 Vergleiche die Teilchen, aus denen Salze und molekulare Stoffe jeweils aufgebaut sind, miteinander und beschreibe die Begriffe Verhältnis- und Molekülformel.

Auswertung

Hast du dich richtig eingeschätzt? Vergleiche deine Antworten mit den Lösungen auf Seite 156. Gib dir jeweils die entsprechende Punktzahl und trage sie auf dem Arbeitsblatt ein.

	Ich kann ...	prima	ganz gut	mit Hilfe	lies nach auf Seite
A	Stoffe anhand ihrer Stoffeigenschaften erkennen.	4	3 - 2	1	30, 31
B	Aggregatzustandsänderungen benennen und im einfachen Teilchenmodel darstellen.	14 - 11	10 - 8	7 - 3	36, 37
C	das Kern-Hülle-Modell erklären und wichtige Elementarteilchen beschreiben.	9 - 8	7 - 5	4 - 2	50 - 52
D	Stoffklassen beschreiben und deren Aufbau aus ihren Grundbausteinen erklären.	16 - 12	11 - 8	7 - 4	58 - 62

Umwandlung von Stoffen bei chemischen Reaktionen

Die Umwandlung von Stoffen in andere Stoffe ist allgegenwärtig. Beim Anlaufen von Silberschmuck entsteht schwarzes Silbersulfid, in der Natur bildet sich gelber Schwefel aus vulkanischen Gasen. Es entstehen neue Stoffe mit neuen Eigenschaften. Woran kann man das erkennen? Experimente mit Schwefel helfen, diese Frage zu beantworten.

V1 Erhitzen eines Eisen-Schwefel-Gemisches

2 7

PROBLEM

Will man ein Gemisch aus Eisen und Schwefel durch Erhitzen trennen, funktioniert dies nicht. Was passiert?

DURCHFÜHRUNG

Zerreibe in einem Mörser 2 g Schwefel (GHS 7) und 3,5 g Eisenpulver (GHS 2). Fülle die Hälfte des Gemenges in ein Reagenzglas und verschließe dieses mit einem Luftballon. Befestige das Reagenzglas schräg an einem Stativ und erhitze dann das Gemenge mit der nicht leuchtenden, rauschenden Brennerflamme. Entferne den Brenner sofort, wenn das Gemenge aufglüht. **Vorsicht! Lass das Reagenzglas abkühlen. Es kann zerspringen! Gib das mit dem Luftballon verschlossene Reagenzglas zur Entsorgung an deine Lehrkraft.**

AUSWERTUNG

a) Vergleiche die einzelnen Stoffe Eisenpulver und Schwefel und das Eisen-Schwefel-Gemenge vor dem Erhitzen miteinander.

b) Vergleiche das Eisen-Schwefel-Gemenge mit dem Rückstand im Reagenzglas nach dem Erhitzen. Umwickle das abgekühlte Reagenzglas mit Papier und zerschlage es auf dem Labortisch. Begründe, ob es sich beim Inhalt des Reagenzglases noch um Schwefel und Eisen handelt. Untersuche die Stoffe mit der Lupe.

c) Formuliere eine Versuchsvorschrift für ein Experiment, mit dem man überprüfen kann, ob es sich beim erhaltenen Reagenzglasrückstand noch um die Ausgangsstoffe handelt.

ENTSORGUNG G2

LV2 Metalle reagieren mit Schwefel

PROBLEM

Reagieren auch andere Metalle mit Schwefel?

DURCHFÜHRUNG

a) In ein großes, schwer schmelzbares Reagenzglas, das fast waagerecht eingespannt ist, wird eine Spatelspitze Schwefel gefüllt und ein geknickter Kupferstreifen bis etwa zur Mitte des Glases geschoben. Das Reagenzglas wird mit einem Aktivkohlestopfen oder einem Luftballon verschlossen (**B1**).

Zunächst werden das Kupferblech und dann der Schwefel (GHS 7) erhitzt, bis der Schwefeldampf über das heiße Kupferblech strömt. Wenn das Kupferblech aufglüht, wird der Schwefel wieder erhitzt, damit weitere Schwefeldämpfe entstehen. Gegen Ende wird der obere Teil des Reagenzglases noch etwa 1 min weiter erhitzt, um überschüssigen Schwefel, der noch anhaftet, zu entfernen.

b) Entsprechend **LV2a** wird der Versuch mit einem kleinen Silberblech durchgeführt.

AUSWERTUNG

a) Protokolliere alle Beobachtungen aus den durchgeführten Versuchen.

b) Vergleiche die Ausgangsstoffe (Edukte) mit den Endstoffen (Produkten) bei **LV2a** und **b**.

c) Vergleiche die Heftigkeit der Reaktion bei **V1** und **LV2a** und **b**.

ENTSORGUNG G2

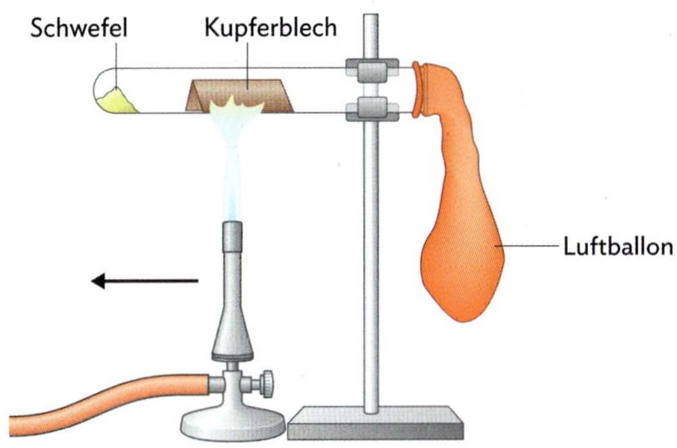

B1 Versuchsaufbau zu **LV2**.

LV3 Zerlegung von Metallsulfiden

PROBLEM

Metalle reagieren in mehr oder weniger heftigen Reaktionen mit Schwefel und bilden dabei Metallsulfide. Kann man die Reaktionen wieder rückgängig machen?

DURCHFÜHRUNG

Das in **V2b** erhaltende Silbersulfid wird in einem Reagenzglas, das locker mit einem Aktivkohlestopfen verschlossen wird, kräftig erhitzt. Nach dem Abkühlen wird der obere Rand betrachtet und der Feststoff vom Boden des Reagenzglases abgekratzt und mit einem Spatel auf ein Stück Papier gepresst. Der gleiche Versuch wird auch mit den Produkten aus **V1** (Eisensulfid) und **LV2a** (Kupfersulfid) durchgeführt.

AUSWERTUNG

a) Vergleiche die Ausgangsstoffe (Edukte) mit den Endstoffen (Produkten) bei **LV3**. Beschreibe und benenne die jeweiligen Stoffe.

b) Vergleiche **LV3** mit **LV2b**.

c) Auch die Produkte aus **V1** und **LV2a** werden kräftig erhitzt. Formuliere vor der Versuchsdurchführung eine Vermutung zum Versuchsergebnis. Beschreibe anschließend deine Beobachtungen.

ENTSORGUNG G2

B1 Eisen und Schwefel als Gemisch und das Reaktionsprodukt Eisensulfid

Chemische Reaktionen

Beim Backen und Kochen, in Verbrennungsmotoren, beim Anlaufen von Silberschmuck oder bei der Herstellung von Arzneimitteln finden Stoffumwandlungen statt. Woran erkennt man, ob eine chemische Reaktion abläuft?

Ein Stoffgemisch aus Eisen und Schwefel hat die Eigenschaften der beiden Stoffe Eisen und Schwefel (**B1**). Man erkennt graue und gelbe Körner. Das Eisen kann man mit einem Magneten heraustrennen. Beim Erhitzen des heterogenen Gemisches aus Eisen und Schwefel findet eine **chemische Reaktion** statt (**V1**). Das Reaktionsgemisch glüht auch nach Entfernen des Brenners selbstständig weiter. Nach dem Abkühlen erkennt man anstelle der Ausgangsstoffe Eisen und Schwefel einen neuen, blaugrau glänzenden Feststoff (**B1**). Dieser neue Stoff heißt Eisensulfid (von lat. sulfur, Schwefel). Eisensulfid hat andere Eigenschaften als Eisen und andere als Schwefel. Aus den Ausgangsstoffen, den sogenannten **Edukten**, entsteht durch Erhitzen also ein neuer Stoff, das sogenannte **Produkt**.

Vorgänge, bei denen aus Edukten Produkte mit anderen Eigenschaften entstehen, nennt man chemische Reaktionen.

Info
Die Angaben (s), (l) und (g) kennzeichnen den Aggregatzustand eines Stoffes, wie er vor Versuchsbeginn oder nach Versuchsende vorliegt. Sie stehen für die englischen Begriffe *solid* für fest, *liquid* für flüssig und *gaseous* für gasförmig. Die Angabe (aq), für das Englische *aqueous*, kennzeichnet, dass ein Stoff in Wasser gelöst vorliegt.

Zur Erinnerung: Beim Sieden von Wasser entsteht Wasserdampf. Dieser kondensiert beim Abkühlen wieder zu Wasser. Wasserdampf und flüssiges Wasser sind verschiedene Aggregatzustände ein und desselben Stoffes Wasser. Wird ein Stoff in einen anderen Aggregatzustand überführt, ändert sich die Zustandsform, aber der Stoff bleibt erhalten.

Bei chemischen Reaktionen sind die Änderungen der Stoffeigenschaften bleibend. Eine chemische Reaktion schreibt man verkürzt als **Reaktionsschema** (Wortgleichung). Die Namen der Edukte stehen links, die Namen der Produkte rechts. Sie sind durch einen **Reaktionspfeil** (⟶) verbunden.

Das Reaktionsschema für die Reaktion von Eisen und Schwefel zu Eisensulfid lautet:

Eisen (s) + Schwefel (s) ⟶ Eisensulfid (s)

Man liest: „Festes Eisen und fester Schwefel reagieren zu festem Eisensulfid".

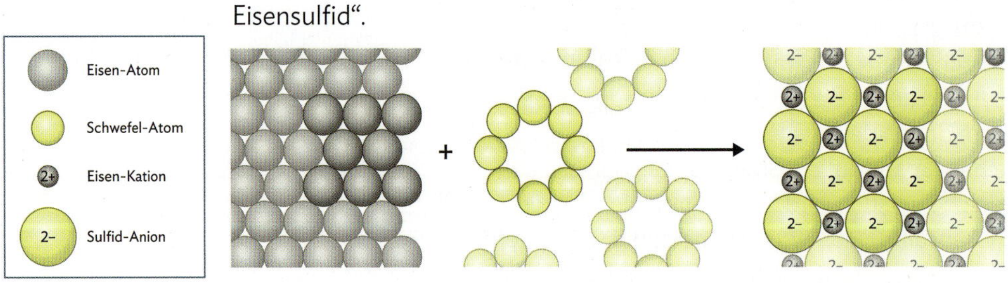

In der Teilchendarstellung ist zu erkennen, dass vor der Reaktion Eisen-Atome im Metallgitter und Schwefel-Atome gebunden in Molekülen vorliegen. Bei der Reaktion entstehen aus den Eisen-Atomen zweifach positiv geladene Eisen-Kationen und aus den Schwefel-Atomen zweifach negativ geladene Anionen, die man Sulfid-Anionen nennt. Kationen und Anionen ordnen sich in einem Ionengitter an.

Wenn heißer Schwefeldampf über heißes Kupferblech strömt, glüht dieses auf (**LV2**). Die schmale Glühfront bewegt sich durch das Blech hindurch (**B2**). Das Blech färbt sich dabei blau-grau. Bei genauem Hinsehen sind an der Oberfläche kleine, bläulich glänzende Kristalle zu erkennen. Beim Herausnehmen aus dem Reagenzglas zerbricht der Streifen, der neu entstandene Stoff Kupfersulfid ist also kristallin und spröde. Das Reaktionsschema für diese Reaktion lautet:

Kupfer (s) + Schwefel (s) ⟶ Kupfersulfid (s)

Silber reagiert ebenso mit Schwefel. Dabei entsteht Silbersulfid.

Allgemein gilt: Bei der Reaktion von Metallen mit Schwefel entstehen **Metallsulfide**. Das Reaktionsschema für die Bildung von Metallsulfiden lautet:

Metall (s) + Schwefel (s) ⟶ Metallsulfid (s)

Eigenschaft	Kupfer	Schwefel	Kupfersulfid
Farbe	rötlich glänzend	gelb	blau-grau
Verformbarkeit	duktil	spröde	spröde
Schmelztemperatur	1083 °C	119 °C	1130 °C
Dichte	8,9 g/cm³	2 g/cm³	4,6 g/cm³
Elektrische Leitfähigkeit	gut	keine	keine

B3 Eigenschaften der Stoffe Kupfer, Schwefel und Kupfersulfid (**LV2a**)

B2 Reaktion von Kupfer mit Schwefel zu Kupfersulfid

AUFGABEN

A1 Formuliere das Reaktionsschema für die Reaktion von Silber mit Schwefel.

A2 Betrachte die Tabelle in **B3**. Beschreibe Stoffänderungen, die bei der Synthese von Kupfersulfid stattfinden.

A3 Überlege dir eine Vorgehensweise, um Edukt-Reste vom Produkt Kupfersulfid zu trennen. Plane entsprechende Experimente und erstelle dazu jeweils eine Versuchsanleitung.

A4 Ordne die Edukte und Produkte aus **LV2** begründet den Stoffklassen zu. Nimm dazu Bezug auf die Stoffeigenschaften in **B3**. Benenne die Teilchen, aus denen sie aufgebaut sind.

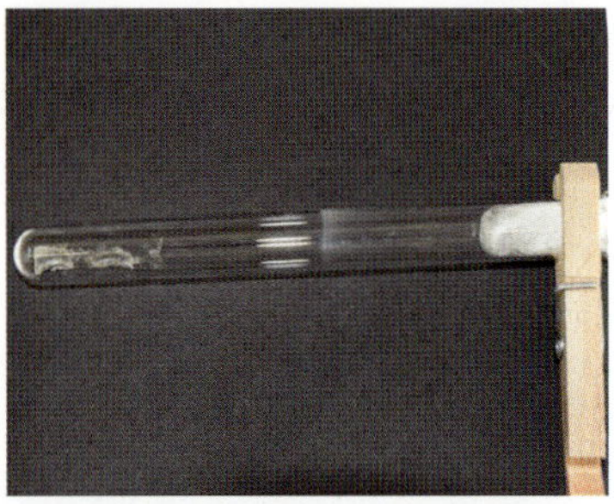

B4 Bei starkem Erhitzen wird Silbersulfid in Silber und Schwefel zerlegt.

Bildung und Zerlegung von Silbersulfid

Mit Stofftrennungsverfahren wie bei Stoffgemischen (vgl. Kap. 2.3) lassen sich die Metalle nicht mehr aus Metallsulfiden zurückgewinnen. Beim kräftigen Erhitzen von schwarzem Silbersulfid erhält man jedoch Silber und Schwefel wieder zurück (**LV3**, **B4**). Das Produkt Schwefel ist im Reagenzglas an seiner gelben Farbe erkennbar. Das zweite Produkt sieht zunächst dunkel aus. Wenn man es fest zusammenpresst, wird der typische Glanz von Silber sichtbar.

Festes Silbersulfid reagiert beim Erhitzen zu festem Silber und festem Schwefel. Das Reaktionsschema für diese Reaktion lautet:

Silbersulfid (s) ⟶ Silber (s) + Schwefel (s)

In diesem Fall entstehen aus einem Edukt zwei Produkte. Der Reinstoff Silbersulfid wird durch eine chemische Reaktion in die Reinstoffe Silber und Schwefel zerlegt.

Silbersulfid kann also aus Silber und Schwefel gebildet und wieder in diese Stoffe zerlegt werden. In der Teilchendarstellung (**B5**) ist zu erkennen, dass sich dabei die Stoffklassen ändern. Ein Metall und ein molekularer Stoff reagieren zu einem Salz. Diese Reaktion kann umgekehrt werden.

Nicht alle Metallsulfide können wieder durch einfaches Erhitzen zerlegt werden. Bei Eisensulfid und Kupfersulfid ist das nicht möglich (**LV3**).

In der Chemie bezeichnet man die Bildung eines Stoffes aus den Elementen als **Synthese** und seine Zerlegung in die Elemente als **Analyse** (vgl. Info).

Info

Im weiteren Sinne versteht man in der Chemie unter Analyse die Bestimmung der Art und der Menge der Bestandteile eines Stoffes oder Stoffgemisches. Als Synthese bezeichnet man außerdem die Bildung eines Stoffes aus einfach aufgebauten Edukten.

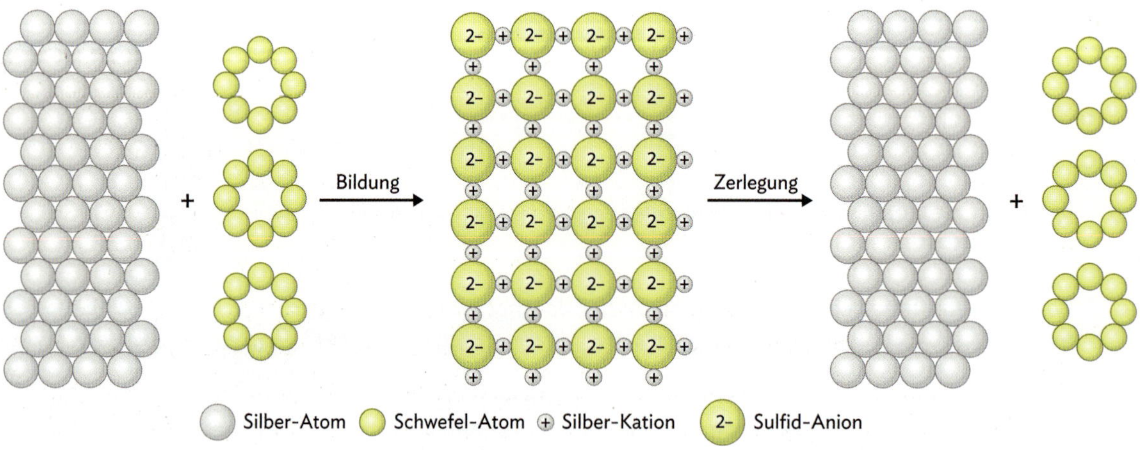

B5 Darstellung der Bildung und Zerlegung von Silbersulfid auf Teilchenebene

Elemente und Verbindungen

Silbersulfid ist ein Reinstoff, der sich in Silber und Schwefel zerlegen lässt. Silber und Schwefel sind Reinstoffe, die nicht weiter in andere Stoffe zerlegbar sind. Man unterscheidet daher zwischen zwei Arten von Reinstoffen:

> Reinstoffe, die durch eine chemische Reaktion in andere Reinstoffe zerlegt werden können, sind **Verbindungen**.
> Reinstoffe, die durch chemische Reaktion nicht in andere Reinstoffe zerlegt werden können, sind **Elemente**.

Derzeit sind 118 verschiedene Elemente und mehrere Millionen Verbindungen bekannt. Die Elemente sind im Periodensystem zu finden (vorne im Buchdeckel). Links unten im Periodensystem der Elemente stehen die **Metalle**, rechts oben die **Nichtmetalle**, dazwischen die **Halbmetalle**.

Info
Halbmetalle sind Elemente, die sowohl Eigenschaften von Metallen als auch von Nichtmetallen aufweisen. Sie können nicht eindeutig zugeordnet werden.

Verbindungen können nur durch **chemische Reaktionen** in Elemente zerlegt werden. Manchmal reicht es aus, eine Verbindung zu erhitzen. Die gebildeten Elemente sind neue Stoffe mit neuen Eigenschaften.

Gemische lassen sich durch **physikalische Trennverfahren** in Reinstoffe trennen. Das kann man z. B. durch Filtrieren und Destillieren erreichen. Für die Trennung des Gemisches nutzt man die unterschiedlichen Eigenschaften der Reinstoffe (vgl. Kap. 2.3).

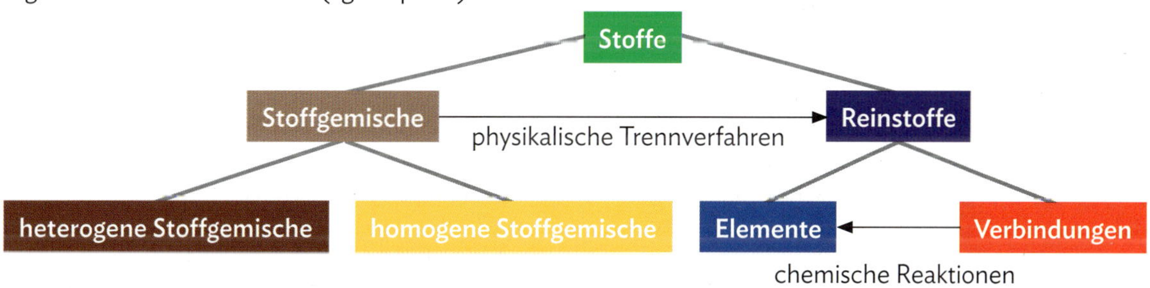

B6 Schema zur Einteilung von Stoffen (siehe auch S. 176)

AUFGABEN

A1 Teile die in den bisherigen Versuchen vorkommenden Stoffe in Elemente und Verbindungen ein.

A2 Ordne die Begriffe aus dem Schema (**B6**) den Stoffen der Versuche von S. 76 und 77 zu.

A3 „Silbersulfid besteht aus Silber und Schwefel." Begründe, dass diese Aussage falsch ist. Formuliere eine zutreffende Aussage und benenne die Teilchen, aus denen die genannten Stoffe aufgebaut sind.

FACHBEGRIFFE

chemische Reaktion, Edukt, Produkt, Reaktionsschema, Reaktionspfeil, Metallsulfide, Synthese, Analyse, Verbindung, Element, Metalle, Nichtmetalle, Halbmetalle, physikalische Trennverfahren

Energieumwandlungen bei chemischen Reaktionen

Mit einem zischenden, pfeifenden Geräusch steigt der Feuerwerkskörper in den Himmel. Lichtgarben in allen Farben erleuchten den Himmel der Silvesternacht taghell. Ein ohrenbetäubender Donnerschlag folgt dem nächsten. Einmal gezündet wird viel Energie freigesetzt. Ist das bei allen chemischen Reaktionen der Fall?

V1 Geht's beim Hinweg bergab, geht's beim Rückweg ...

5 7 9

PROBLEM

Eine Wunderkerze muss gezündet werden, damit sie abbrennt. Ist die Startenergie notwendig für die chemische Reaktion? Und wie kann man eine chemische Reaktion umkehren?

DURCHFÜHRUNG

a) Gib zwei Spatel weißes Kupfersulfat (GHS 5|7|9) in ein Reagenzglas. Miss die Temperatur des Pulvers. Gib mit einer Pipette tropfenweise Wasser hinzu und beobachte dabei die Temperatur. Beende die Wasserzugabe, bevor das Produkt feucht erscheint.

b) Verteile das Reaktionsprodukt aus **V1a** großflächig im Reagenzglas. Befestige dieses waagerecht an einem Stativ. Erhitze mit der rauschenden Brennerflamme. Halte an die Reagenzglasöffnung ein Stück Watesmo-Papier.

AUSWERTUNG

a) Beschreibe deine Beobachtungen bei **V1a**, **b** und schließe auf die Reaktionsprodukte. (Hinweis: Watesmo-Papier färbt sich in Gegenwart von Wasser blau und eignet sich daher zum Nachweis von Wasser.)

b) Nenne die Energieform, in der die Energie in **V1a** freigesetzt wird.

c) Deine Mitschülerinnen und Mitschüler haben im Hinblick auf die Temperatur vielleicht andere Werte gemessen. Diskutiert gemeinsam mögliche Gründe für abweichende Messwerte.

ENTSORGUNG G2

V2 Eine Kühlmethode

PROBLEM

Beim Abbrennen von Feuerwerken oder beim Verbrennen von Holz wird Energie in Form von thermischer Energie und Lichtenergie freigesetzt. Bei welchen chemischen Reaktionen wird Energie aus der Umgebung aufgenommen?

DURCHFÜHRUNG

Gib in ein Reagenzglas 2 Spatelspitzen Natriumcarbonat-Decahydrat (GHS 7) und miss die Temperatur. Gib eine Spatelspitze Citronensäure (GHS 7) hinzu, mische die Reaktionspartner (Edukte) und miss die Temperatur erneut.

AUSWERTUNG

a) Notiere die Werte für die Temperatur.

b) Leite anhand der Beobachtungen einen Unterschied im Energiegehalt der Edukte und der Produkte der Reaktion ab.

c) Vergleiche die Beobachtungen von **V2** mit denen von **V1a**.

ENTSORGUNG G1

LV3 Der „zündende Funke"

PROBLEM

Warum muss man einen Feuerwerkskörper zünden? Ist bei verschiedenen Reaktionen auch unterschiedlich viel Energie im Spiel?

DURCHFÜHRUNG

a) **Abzug!** Auf eine Magnesiarinne wird ein Gemisch aus 4,2 g Eisenpulver (GHS 2) und 2,5 g Schwefelpulver (GHS 7) gegeben. Das Gemisch wird an einem Ende der Magnesiarinne nur so lange mit einem Brenner erhitzt, bis die Reaktion einsetzt (**B1**).

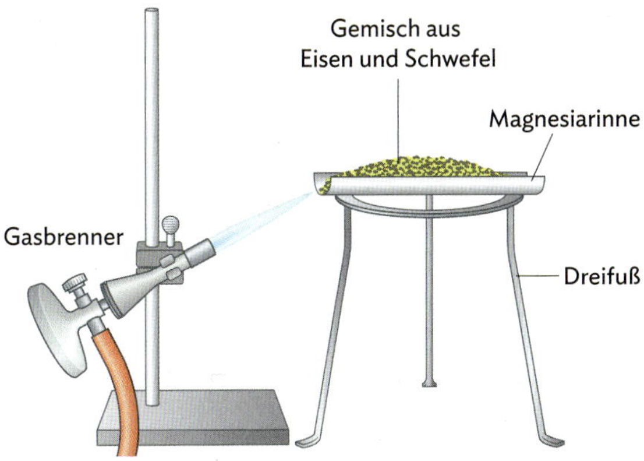

B1 Aufbau von **LV3**

b) Der Versuch wird mit 5 g Zinkpulver (GHS 2|9) und 2,5 g Schwefel (GHS 7) wiederholt.

c) Der Versuch wird nochmals mit 4,8 g Kupferpulver (GHS 2|9) und 2,5 g Schwefel (GHS 7) durchgeführt.

AUSWERTUNG

a) Beschreibe die Veränderungen des Eisen-Schwefel-Gemisches nach dem Zünden.

b) Erkläre die Funktion der Brennerflamme bei **LV3**.

c) Beschreibe und vergleiche deine Beobachtungen bei **LV3a**, **b** und **c**.

d) Formuliere für **LV3a-c** jeweils das Reaktionsschema.

e) Bei **LV3** wird mit dem Brenner zunächst Energie zugeführt. Während der Reaktion wird schließlich Energie freigesetzt. Man bezeichnet eine chemische Reaktion als exotherm, wenn bei der Reaktion insgesamt Energie abgegeben wird. Diskutiere, ob es sich bei **LV3a-c** um exotherme Reaktionen handelt.

ENTSORGUNG G2

B1 Bei der Verbrennung von Holz werden thermische Energie und Lichtenergie freigesetzt.

Energieträger – chemische Energie

Beim Abbrennen von Feuerwerkskörpern stehen die Lichteffekte und die Geräusche im Vordergrund und nicht die Produkte der jeweiligen chemischen Reaktionen. Wie die Stoffe in den Feuerwerkskörpern, so sind auch Holz, Kohle, Erdöl, Erdgas und Wasserstoff energiereiche Stoffe. Man nennt sie Energieträger. Sie „tragen Energie mit sich". In ihnen ist viel Energie chemisch gespeichert. Die in den Stoffen auf diese Art gespeicherte Energie nennt man **chemische Energie**. Beim Verbrennen der fossilen Energieträger entstehen aus energiereichen Stoffen energieärmere Stoffe wie zum Beispiel Wasser und Kohlenstoffdioxid. Die Differenz der chemischen Energie der Edukte (Ausgangsstoffe) und der Produkte (Endstoffe) wird während der chemischen Reaktion an die Umgebung abgegeben, meist in Form von thermischer Energie und Lichtenergie (**B2**). Energieformen werden bei einer chemischen Reaktion zwar ineinander umgewandelt, die Gesamtenergie bleibt aber konstant (Energieerhaltung).

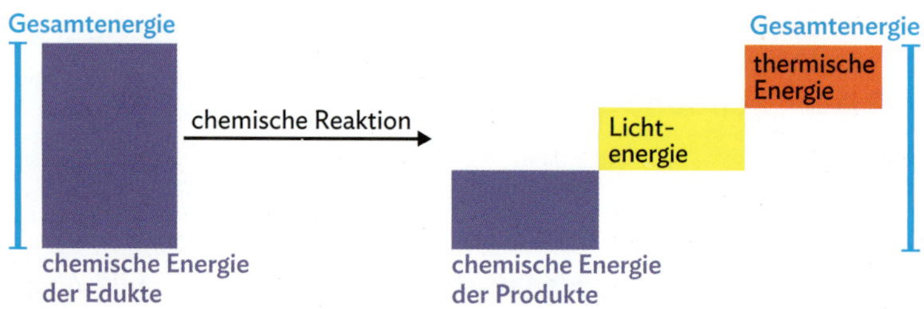

B2 Schema zur Energieumwandlung bei einer Verbrennung.

Energie wird weder erzeugt noch vernichtet. Stattdessen finden Energieumwandlungen von chemischer, in Stoffen gespeicherter Energie in andere Energieformen oder umgekehrt statt. Die bei einer chemischen Reaktion abgegebene oder aufgenommene Energie nennt man **Reaktionsenergie**.

Exotherme und endotherme Reaktionen

Gibt man zu weißem Kupfersulfat etwas Wasser, entsteht blaues Kupfersulfat-Pentahydrat und man kann einen beachtlichen Temperaturanstieg feststellen (**V1a**). Aus dem Reaktionsgefäß wird Wärme an die Umgebung abgegeben.

Die gesamte in den Edukten Kupfersulfat und Wasser gespeicherte chemische Energie ist größer als die Energie des Produkts Kupfersulfat-Pentahydrat (**B3**). Bei dieser chemischen Reaktion wird also ein Teil der in den Edukten gespeicherten chemischen Energie in thermische Energie umgewandelt und freigesetzt. Solche Reaktionen, die unter Abgabe von Energie verlaufen, bezeichnet man als **exotherme Reaktionen**. Die Energie wird meist in Form von thermischer Energie freigesetzt, kann aber auch in Lichtenergie, Bewegungsenergie oder elektrische Energie umgewandelt werden.

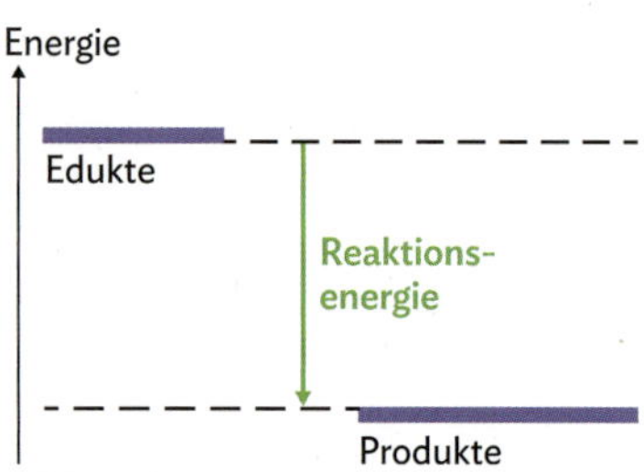

B3 Energiediagramm einer exothermen Reaktion: Die chemische Energie der Edukte ist größer als die der Produkte. Die Reaktionsenergie wird freigesetzt.

Um blaues Kupfersulfat-Pentahydrat in Wasser und weißes Kupfersulfat zu zerlegen, muss man während der gesamten Reaktion erhitzen, also Wärme zuführen. Eine solche Reaktion, die nur stattfindet, wenn man dem System Energie aus der Umgebung zuführt, nennt man **endotherme Reaktion**.

Bei einer chemischen Reaktion findet neben der Stoffumwandlung auch immer ein Energieumsatz statt. Bei einer exothermen Reaktion wird vom reagierenden System Energie abgegeben, bei einer endothermen Reaktion wird Energie vom reagierenden System aufgenommen.

Der Energieumsatz bei einer chemischen Reaktion lässt sich in einem **Energiediagramm** veranschaulichen (**B3**, **B4**), das den Energiegehalt der Edukte bzw. der Produkte als Balken in einem Koordinatensystem darstellt.

Im Reaktionsschema einer chemischen Reaktion wird auf der Seite der Produkte angegeben, ob Energie aufgenommen bzw. abgegeben wird.

Beispiel:
Kupfersulfat (s) + Wasser (l) ⟶ Kupfersulfat-Pentahydrat (s) | exotherm

Die Bildung und Zerlegung von Kupfersulfat-Pentahydrat kann man in einem Diagramm als Kreisprozess darstellen (**B5**).

Ist die Bildung eines Stoffes exotherm, so ist seine Zerlegung endotherm. Ist die Zerlegung endotherm, so ist die Bildung exotherm.

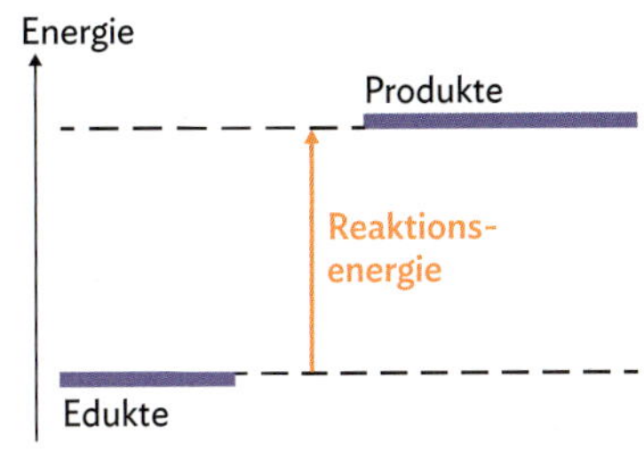

B4 Energiediagramm einer endothermen Reaktion: Die chemische Energie der Edukte ist kleiner als die der Produkte. Die Reaktionsenergie wird aufgenommen.

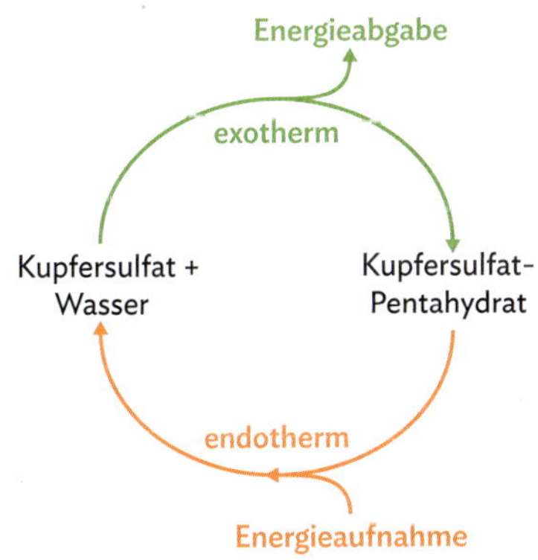

B5 Schema zur Bildung und Zerlegung von Kupfersulfat-Pentahydrat

AUFGABEN

A1 Formuliere das Reaktionsschema für die Zerlegung von Kupfersulfat-Pentahydrat. Berücksichtige dabei den Energieaspekt der Reaktion.

A2 Das Schema **B2** stellt die Energieumwandlung für eine exotherme Reaktion dar. Zeichne eine entsprechende Darstellung für eine endotherme Reaktion, die durch Zufuhr von Licht ausgelöst wird.

A3 Wenn fossile Energieträger wie Erdgas, Erdöl oder Kohle bzw. die darin enthaltenen Stoffe verbrannt werden, wird thermische Energie und Lichtenergie frei. Recherchiere, über welche Prozesse die Energie in diese Stoffe gelangt ist. Stelle die Energieaufnahme und die Energieabgabe in einem Kreisprozess dar.

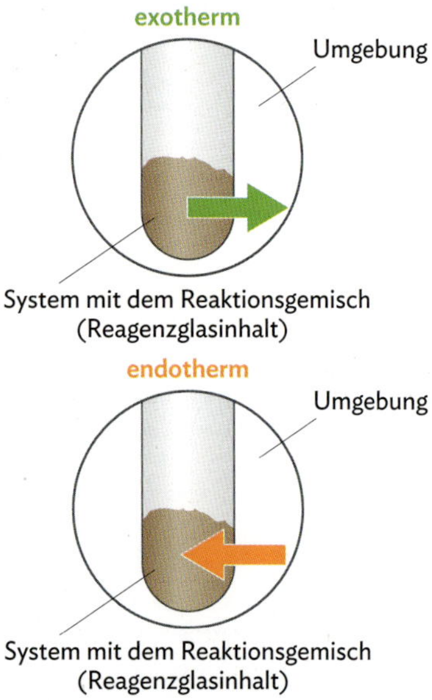

B6 Schemata zum Energiefluss zwischen reagierendem System und Umgebung bei einer exothermen (oben) und einer endothermen Reaktion (unten)

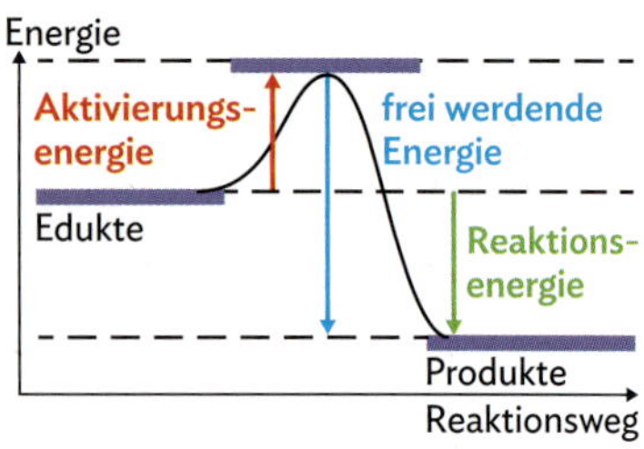

B7 Energiediagramm einer exothermen Reaktion mit Aktivierungsenergie

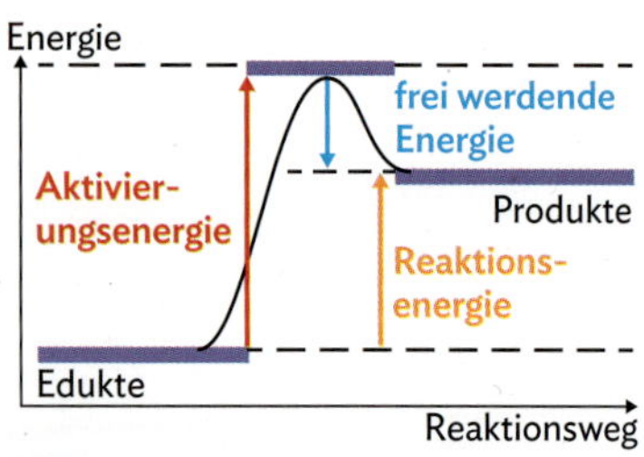

B8 Energiediagramm einer endothermen Reaktion mit Aktivierungsenergie

Reagierendes System und Umgebung

Mischt man Citronensäure mit Natriumcarbonat-Decahydrat, so wird es in der Umgebung des Reaktionsgefäßes kalt (**V2**). Wärme ist aus der Umgebung in das System geflossen. Als **System** bezeichnet man in der Chemie die Edukte und Produkte, also die Chemikalien, eines Versuchs. Alles andere (z. B. Gasbrenner und Reagenzglas) nennt man **Umgebung**. Die Reaktion läuft nur ab, wenn beständig Energie zugeführt wird, sie ist also endotherm. Die Energie, die aus der Umgebung abgezogen wird, führt dort zum Absinken der Temperatur. Man kann mit dieser Reaktion also die Umgebung kühlen.

Bei exothermen Reaktionen wie z. B. bei der Verbrennung von Holz fließt Energie aus dem System in die Umgebung. Die Umgebung erwärmt sich, Licht gelangt zum Beobachter. Den Energiefluss bei chemischen Reaktionen kann man durch Schemata veranschaulichen (**B6**).

Die Aktivierungsenergie

Eine Wunderkerze beginnt erst zu brennen, wenn man sie z. B. mit einem Feuerzeug anzündet. Vorher fehlt der „zündende Funke" für diese exotherme Reaktion. Man muss also zunächst dem System eine bestimmte Energieportion hinzufügen, um insgesamt Energie bei der Reaktion freizusetzen. Auch im Fall der Bildung von Zinksulfid setzt die Reaktion nicht bereits beim Kontakt der Reaktionspartner ein; das Metall Zink und das Nichtmetall Schwefel können gemischt werden, ohne dass eine Reaktion einsetzt (**LV3**). Um die Reaktion in Gang zu bringen, muss man die Reaktionspartner durch Zuführen von **Aktivierungsenergie** in den reaktionsfähigen Zustand bringen. Hat die Reaktion von Zink und Schwefel aber einmal eingesetzt, so läuft sie selbsttätig weiter ab. Das erkennt man daran, dass sich das Glühen durch das gesamte Gemisch aus Zink und Schwefel von alleine fortsetzt.

Die Aktivierungsenergie für Reaktionen sowie der Energiegehalt der Stoffe im reaktionsfähigen Zustand werden in Energiediagrammen dargestellt (**B7**, **B8**). Bei einer exothermen Reaktion wird mehr Energie freigesetzt als Aktivierungsenergie zugeführt wurde. Zieht man von der **frei werdenden Energie** die **zugeführte Aktivierungsenergie** ab, so erhält man die **Reaktionsenergie einer exothermen Reaktion** (**B7**).

Bei endothermen Reaktionen, wie z. B. der Zerlegung von Kupfersulfat-Pentahydrat, muss sehr viel Aktivierungsenergie zugeführt werden (**B8**). Ist die Aktivierungsenergie für die Reaktion vorhanden, so wird jedoch ein kleiner Energiebetrag wieder frei. Die **Reaktionsenergie einer endothermen Reaktion** ist gleich der **zugeführten Aktivierungsenergie** abzüglich der **frei werdenden Energie** (**B8**). Insgesamt nimmt das Reaktionssystem Energie auf. Im Energiediagramm zeigt deshalb der Pfeil für die Reaktionsenergie von unten nach oben (**B8**, **orangefarbener Pfeil**).

Im Fall der exothermen Reaktion zeigt der Pfeil der Reaktionsenergie hingegen von oben nach unten (**B7**, **grüner Pfeil**), da insgesamt Energie an die Umgebung abgeben wird.

Die Aktivierungsenergie ist die Energie, die zunächst zugeführt werden muss, damit eine chemische Reaktion abläuft. Sie ist nötig, um die Edukte in den reaktionsfähigen Zustand bringen.

Unterschiedlich stark exotherme Reaktionen

Einmal gezündet, glüht das Eisen-Schwefel-Gemisch mit kräftiger Licht- und Wärmefreisetzung vollständig und ohne weitere Energiezufuhr durch (**LV3a**). Bei vergleichbaren Mengen an Zink und Schwefel beobachtet man einen grellen Lichtblitz und eine explosionsartige Verpuffung (**LV3b**). Im Gegensatz dazu erkennt man nach dem Zünden eines Kupfer-Schwefel-Gemisch nur ein schwaches Glühen (**LV3c**). Wie kann man sich diesen Unterschied erklären?

Bei der Bildung der drei Metallsulfide (Eisensulfid, Zinksulfid, Kupfersulfid) wird unterschiedlich viel Energie freigesetzt. Die Bildung von Kupfersulfid setzt am wenigsten Energie frei, die Bildung von Zinksulfid am meisten. Die Bildung von Eisensulfid liegt im Hinblick auf die Freisetzung von Energie zwischen diesen beiden Reaktionen.

Kupfer (s) + Schwefel (s) ⟶ Kupfersulfid (s) | schwach exotherm

Eisen (s) + Schwefel (s) ⟶ Eisensulfid (s) | exotherm

Zink (s) + Schwefel (s) ⟶ Zinksulfid (s) | stark exotherm

Bei der Synthese der Metallsulfide wird chemische Energie der Edukte in unterschiedlichem Ausmaß in thermische Energie und Lichtenergie umgewandelt. Der Unterschied in der freigesetzten Energiemenge wird im Energiediagramm durch unterschiedliche Pfeillänge veranschaulicht (**B10**).

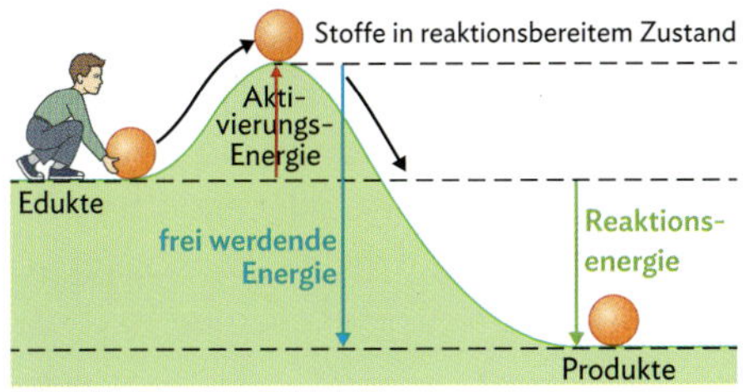

B9 Analogie zur Überwindung der Aktivierungsenergie

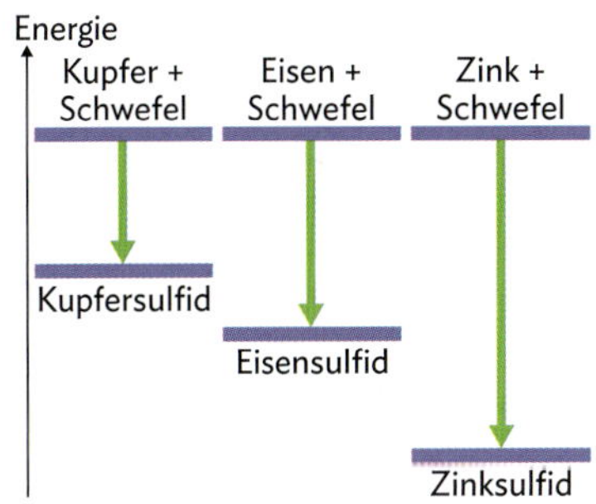

B10 Unterschiedlich stark exotherme Reaktionen: Die chemische Energie der Edukte ist jeweils größer als die der Produkte.

AUFGABEN

A1 Formuliere das Reaktionsschema für die Zerlegung der Verbindung Kupfersulfid in die Elemente. Zeichne das zugehörige Energiediagramm.

A2 **B9** zeigt eine modellhafte Analogie zur Überwindung der Aktivierungsenergie. Erläutere und diskutiere die Darstellungsweise.

FACHBEGRIFFE

chemische Energie, Reaktionsenergie, exotherm, endotherm, Energiediagramm, System, Umgebung, Aktivierungsenergie, frei werdende Energie

Ein Energiediagramm beschreiben

Ein Energiediagramm zu einer chemischen Reaktion zeigt, ob die Reaktion exotherm oder endotherm ist und wie viel Aktivierungsenergie für den Ablauf der Reaktion aufgewendet werden muss. Das Energiediagramm zu einer chemischen Reaktion kann man wie folgt beschreiben.

So geht's

1. Lies aus dem Energiediagramm das Reaktionsschema ab. Die Edukte der Reaktion stehen links an der Kurve des Reaktionsweges, der x-Achse. Folge dem Kurvenverlauf bis zu den Produkten der Reaktion.
2. Beschreibe den Kurvenverlauf von den Edukten bis zu den Produkten. Gib an, ob Energie zugeführt werden muss oder frei wird. Wenn der Kurvenverlauf ansteigt, muss den Stoffen Energie zugeführt werden. Fällt der Kurvenverlauf, wird Energie frei.
3. Vergleiche den Energiegehalt der Edukte mit dem Energiegehalt der Produkte. Stelle damit fest, ob die Reaktion exotherm oder endotherm ist.

Beispiel:

(1) Eisen (s) + Schwefel (s) ⟶ Eisensulfid (s)

(2) Der Kurvenverlauf steigt zunächst an. Den Edukten Eisen und Schwefel wird Energie, die Aktivierungsenergie, zugeführt. Die Edukte liegen jetzt im reaktionsbereiten Zustand vor. Nun fällt der Kurvenverlauf ab. Die Stoffe im reaktionsbereiten Zustand reagieren unter Energieabgabe zu dem Produkt Eisensulfid.

(3) Der Energiegehalt des Produkts ist geringer als der Energiegehalt der Edukte, die Reaktion verläuft exotherm.

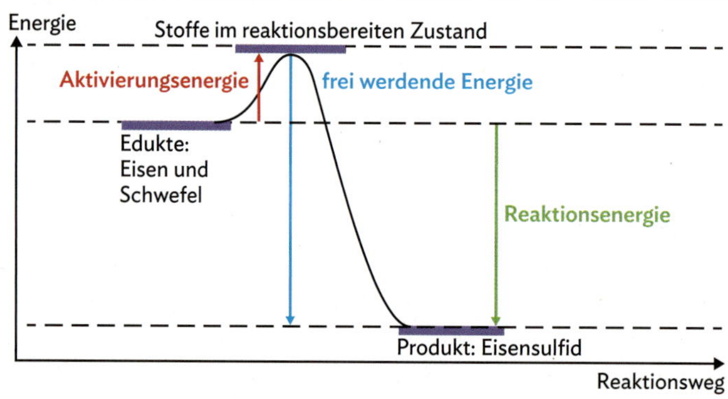

AUFGABE

A1 Beschreibe das Energiediagramm für die Reaktion von Silbersulfid zu Silber und Schwefel. Nutze die Formulierungen aus der Fachmethode und Fachbegriffe.

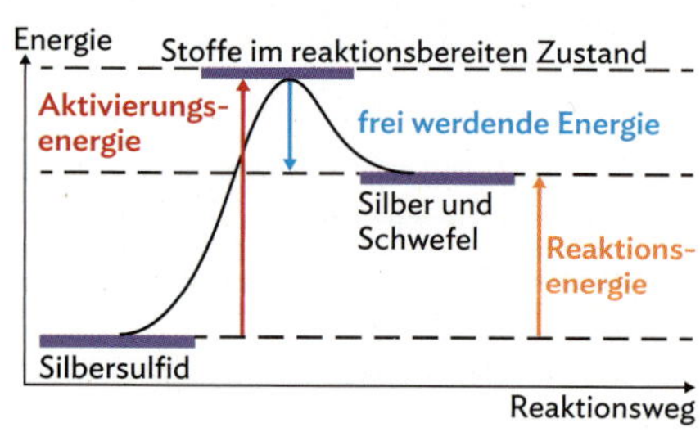

Das kalte Leuchten

Eine Glühlampe wird warm, wenn sie leuchtet. „Geknickte“ Knicklichter und manche Insekten, Pilze und Meerestiere leuchten – und bleiben kalt. Kaltes Leuchten nennt man Lumineszenz. Und dahinter steckt Chemie.

B1 Auch in der Natur leuchtet es kalt: Leuchtqualle und Glühwürmchen

Bei chemischen Reaktionen kann Wärme oder auch Licht abgegeben werden.
Für das Leuchten von Knicklichtern nutzt man eine chemische Reaktion, bei der kaltes Licht frei wird. Solch eine Reaktion nennt man **Chemolumineszenz**-Reaktion.

Und so funktioniert’s:
Ein Knicklicht besteht aus einem äußeren, flexiblen Kunststoffschlauch (1), der eine nicht leuchtende Farbstofflösung (3) enthält. Im Inneren des Schlauchs befindet sich ein kleines Glasröhrchen mit einer reaktionsbereiten Chemikalie (2), häufig Wasserstoffperoxid. Auch dieser Stoff leuchtet nicht. Wenn man das Knicklicht knickt und etwas schüttelt, zerbricht das Glasröhrchen (4). Beide Stoffe können sich nun vermischen und miteinander reagieren und bei dieser Reaktion wird kaltes Licht abgegeben (5).

Auch in der Natur laufen chemische Reaktionen ab, bei denen kaltes Licht entsteht, man spricht von **Biolumineszenz**.

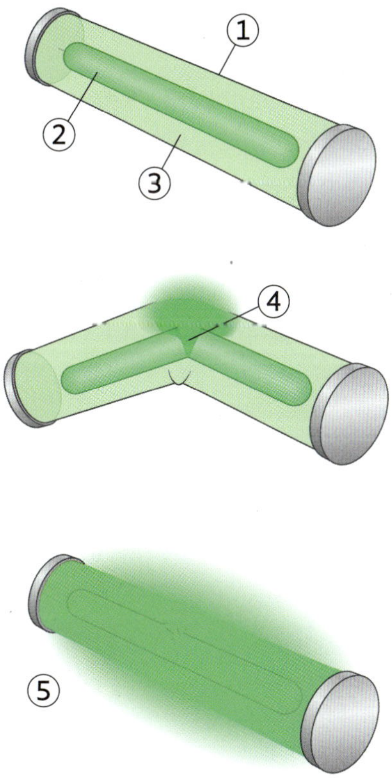

Und wer kann’s?
Bestimmte *Insekten*, z. B. Glühwürmchen, und *Meeresbewohner* wie einige Leuchtquallen, Korallen und Tiefseefische, aber auch *Pilze* wie der Hallimasch. Das Leuchten dient ihnen zur Kommunikation, zum Anlocken von Beute oder Partnern oder zur Abwehr von Feinden. Ruderfußkrebse z. B. stoßen bei Gefahr durch spezielle Drüsen leuchtende Wolken aus. Das blendet den Angreifer und ermöglicht die Flucht.
Das Meeresleuchten an vielen Küsten wird von *Einzellern* (Plankton) hervorgerufen. Auch bestimmte *Bakterien* leuchten: Lässt man einen (toten) Salzhering liegen, beginnt er im Dunkeln zu leuchten – dank eines Bakteriums, das sich auf ihm vermehrt.

AUFGABEN

A1 Beschreibe, was man unter Chemolumineszenz versteht.

A2 Recherchiere verschiedene Bereiche, in denen Knicklichter eingesetzt werden. Bereite ein Kurzreferat zu einem Beispiel vor.

Grundgesetze bei chemischen Reaktionen

Wer schon einmal ein Lagerfeuer gemacht hat, kennt das Phänomen: Von dem großen Stapel Brennholz bleibt nur ein kleines Häufchen Asche übrig. Was geschieht während dieser exothermen Reaktion? Geht die Masse des Brennholzes verloren? Beim Abbrennen einer Wachskerze bleibt nichts mehr übrig. Oder vielleicht doch?

V1 Untersuchungen zur Masse bei chemischen Reaktionen

PROBLEM

Ein abgebranntes Streichholz scheint leichter zu sein als vorher. Direkt nach dem Auspusten sieht man aber noch Rauch aufsteigen. Kann es sein, dass ein Teil der Masse „in die Luft gegangen ist"?

DURCHFÜHRUNG

a) Gib vier Streichhölzer mit dem Kopf nach unten in ein Reagenzglas. Wiege und notiere die Masse. Erhitze das Reagenzglas mit dem Brenner, bis die Hölzchen zünden. Lass das Reagenzglas abkühlen und bestimme erneut die Masse.

b) Wiederhole den obigen Versuch. Nur verschließe vorher die Öffnung des Reagenzglases mit einem Luftballon. Bestimme ebenfalls jeweils vor und nach der Reaktion die Masse.

AUSWERTUNG

a) Vergleiche deine Messungen der Massen in **V1a** und **b**.

b) Begründe die unterschiedlichen Messergebnisse bei **V1a** und **b**. Nimm Bezug auf die Reaktionspartner und den Versuchsaufbau.

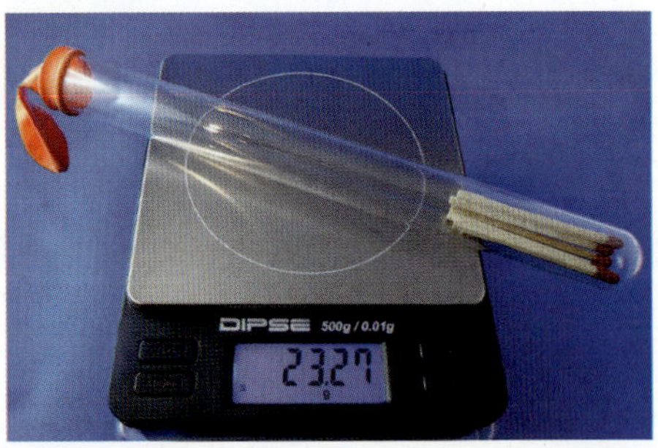

B1 Versuchsaufbau zu **V1b**

ENTSORGUNG R

LV2 Reaktion von Aktivkohle mit Sauerstoff

PROBLEM

Wo ist die Masse geblieben, wenn ein Stoff nach einer Reaktion nicht mehr zu sehen ist?

DURCHFÜHRUNG

Ein Rundkolben mit 200 mg Aktivkohle wird mit Sauerstoff (GHS 3|4) gespült und fest mit einem Stopfen (**B2**) verschlossen. Der Kolben wird genau gewogen und die Gesamtmasse notiert.

Der Kolben wird mit einer Stativklemme gefasst und gleichmäßig über der Brennerflamme erwärmt. Anschließend wird der Bereich mit den Kohlestückchen stark erhitzt bis alle glühen.

Nun wird der Kolbeninhalt so lange im Kreis geschwenkt, bis alle Kohlestückchen verglüht sind (evtl. vorher verdunkeln). Nachdem der Kolben abgekühlt ist, wird erneut gewogen.

AUSWERTUNG

a) Formuliere das Reaktionsschema zu **LV2** unter Berücksichtigung des Energieumsatzes.

b) Bei chemischen Reaktionen in einem geschlossenen System findet kein Stoffaustausch mit der Umgebung statt. Vergleiche anhand dieser Tatsache die Messergebnisse bei **V1b** und **LV2**.

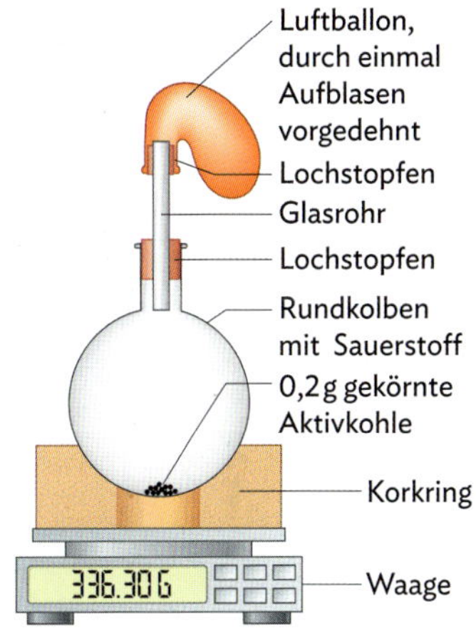

B2 Versuchsaufbau zu **LV2**

ENTSORGUNG R

LV3 Reaktion von Kupfer mit Schwefel

PROBLEM

Ähnlich wie die Zutaten bei einem Backrezept, können die Edukte bei chemischen Reaktionen in unterschiedlichen Mengen eingesetzt werden. Wie wirkt sich das auf die gebildeten Produkte aus?

DURCHFÜHRUNG

Es werden drei dünne Kupferstücke im Massenbereich 0,4 bis 1,0 Gramm abgeschnitten und gewogen. Die Massen m_1(Kupfer) bis m_3(Kupfer) werden notiert (siehe nebenstehende Tabelle). In drei markierte Reagenzgläser wird jeweils ein gehäufter Spatel Schwefel (GHS 7) eingefüllt.

Im Abzug wird jeweils ein Kupferblechstreifen ins Reagenzglas gegeben und das Gemisch mit dem Brenner erhitzt, bis der Streifen vollständig durchgeglüht ist. Aus dem flüssigen Schwefel wird der Streifen auf eine feuerfeste Unterlage ausgegossen. Eventuell noch anhaftender Schwefel kann durch Verbrennen mit der Tiegelzange im Brenner entfernt werden. Das abgekühlte Produkt wird dann erneut gewogen.

AUSWERTUNG

m(Kupfer)	*m*(Schwefel)	*m*(Kupfersulfid)	Verhältnis *m*(Kupfer) zu *m*(Schwefel)

a) Bei der Reaktion wird das Produkt Kupfersulfid gebildet. Formuliere das Reaktionsschema.

b) Berechne die Masse des umgesetzten Schwefels *m*(Schwefel) durch Subtraktion der Massen von Kupfersulfid und Kupfer.

c) Berechne das jeweilige Verhältnis der umgesetzten Massen von Kupfer und Schwefel.

d) Fasse die Versuchsergebnisse in einer allgemeinen Aussage zusammen.

ENTSORGUNG G2

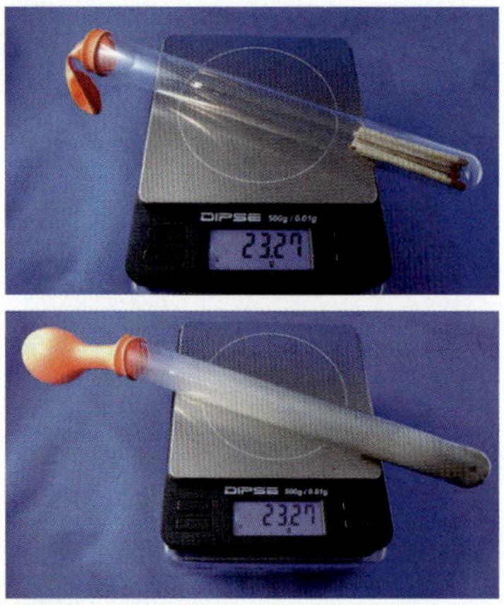

B1 Streichhölzer im geschlossenen System vor und nach der Verbrennung

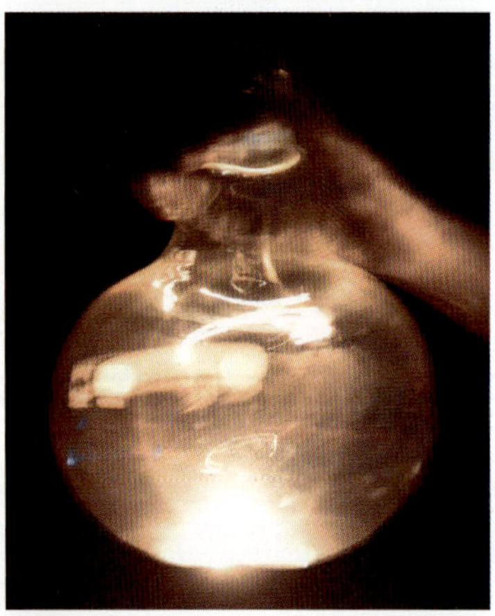

B2 Aktivkohle glüht bei ihrer Reaktion in reinem Sauerstoff auf.

Das Gesetz von der Erhaltung der Masse

Wenn ein Streichholz brennt, findet eine chemische Reaktion statt. Im Verlauf der Reaktion wird der Stoff Holz umgewandelt, bis nur noch Aschereste übrig sind. Diese haben eine geringere Masse als das ursprüngliche Streichholz (**V1a**). Warum ist das so?

Eine erste Erklärung liefert der Blick auf die Produkte der Reaktion. Neben einigen Metallsalzen, die als weiße Asche zurückbleiben, entstehen vor allem die Stoffe Kohlenstoffdioxid und Wasserdampf.

Das entstehende Kohlenstoffdioxid ist ein Gas, das im **offenen System** entweicht und schließlich auf der Waage nicht mitgewogen wird. Das Gleiche gilt für den gasförmigen Wasserdampf.

Eine Lösung des Problems versuchte bereits ANTOINE LAVOISIER im 18. Jahrhundert zu finden. Er untersuchte die Massenverhältnisse bei Verbrennungsreaktionen und führte dazu Untersuchungen in **geschlossenen Systemen** durch. Verbrennt man Streichhölzer in einem Reagenzglas, das mit einem Luftballon verschlossen ist, so bläht sich der Ballon auf und verhindert, dass Gase austreten. Bei genauer Beobachtung kann man auch kondensiertes Wasser am Reagenzglasrand erkennen. Die Waage dagegen zeigt keinerlei Veränderung der Masse an (**B1**, **V1b**). LAVOISIER erhielt dasselbe Ergebnis und formulierte das **Gesetz von der Erhaltung der Masse**:

> Bei chemischen Reaktionen im geschlossenen System bleibt die Gesamtmasse unverändert. Die Massen der Edukte entsprechen den Massen der Produkte.

In einem geschlossenen Versuchsaufbau wird Aktivkohle (reiner Kohlenstoff) mit Sauerstoff zur Reaktion gebracht (**B2**, **V2**). Der Kolben wird vorher und nachher gewogen. Nach der Reaktion beobachtet man, dass die Aktivkohle im Kolben verschwunden und die Masse unverändert ist. Das Gas im Kolben kann man als Kohlenstoffdioxid nachweisen.

Folgendes Reaktionsschema beschreibt die Reaktion:

Kohlenstoff (s) + Sauerstoff (g) ⟶ Kohlenstoffdioxid (g) | exotherm

Man liest: „Fester Kohlenstoff und gasförmiger Sauerstoff reagieren zu gasförmigem Kohlenstoffdioxid".

Auf der Teilchenebene kann der Massenerhalt so erklärt werden: Vor der Reaktion liegen Kohlenstoff-Atome im Feststoffverband vor. Sauerstoff-Moleküle bestehen jeweils aus zwei aneinander gebundenen Sauerstoff-Atomen. Bei der Reaktion bilden sich Kohlenstoffdioxid-Moleküle, die aus drei aneinander gebundenen Atomen zusammengesetzt sind: einem Kohlenstoff-Atom und zwei Sauerstoff-Atomen. Dabei bleibt die Gesamtzahl der Atome eines Elements vor und nach der Reaktion gleich und die Masse erhalten.

EK Das Forscherpaar LAVOISIER

ANTOINE LAVOISIER (1743 – 1794) war Rechtsanwalt und Chemiker. Seine experimentellen Arbeiten zu chemischen Reaktionen, an denen Gase beteiligt sind, sind der Beginn der modernen Chemie. Mit 28 Jahren heiratete ANTOINE LAVOISIER die erst dreizehnjährige ANNE PIERETTE PAULZE, die sich später MARIE LAVOISIER nannte. Das Ehepaar LAVOISIER richtete sich ein großes Labor ein und experimentierte gemeinsam. ANTOINE LAVOISIER ließ Apparaturen bauen, mit denen man genauer als je zuvor Gasvolumina messen und wiegen konnte. MARIE LAVOISIER führte das gemeinsame Laborbuch und übersetzte wissenschaftliche Werke. Auf das Forscherpaar LAVOISIER geht auch die methodische Aufteilung der Dokumentation der Laborversuche in Versuchsbeschreibung (*préparation de l'expérience*), Versuchsergebnis (*effet*) und Schlussfolgerung (*réflexions*) zurück.

B3 Das Ehepaar LAVOISIER in dem gemeinsamen Labor

AUFGABE

A1 Betrachte in **B4** die folgenden Darstellungen der Teilchenebene a) bis d) für die Reaktion von Kohlenstoff C mit Sauerstoff O_2 zu Kohlenstoffdioxid CO_2 (**V2**). Entscheide und begründe jeweils, ob die Darstellung korrekt ist oder nicht.

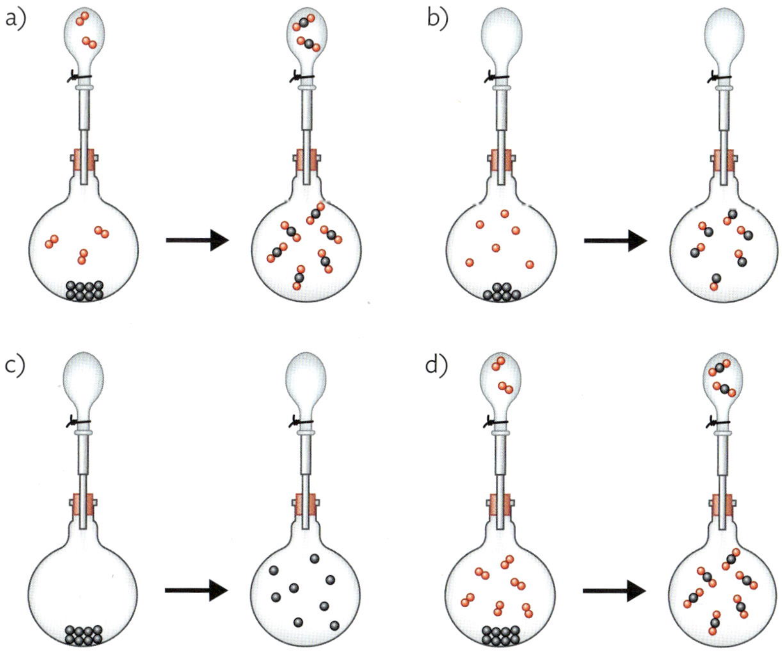

B4 Modelldarstellungen der Teilchenebene zu **A1**

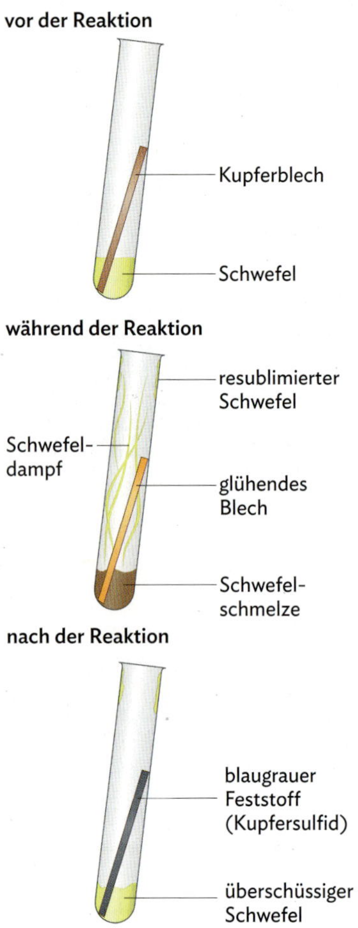

B5 Reaktion von Kupfer mit Schwefel in verschiedenen Stadien

Das Gesetz der konstanten Massenverhältnisse

Betrachtet man z. B. die Reaktion zwischen Kupfer und Schwefel, so stellt sich die Frage, ob die beiden Reaktionspartner immer im selben Verhältnis zu Kupfersulfid reagieren oder ob die Zusammensetzung dieses Produkts immer unterschiedlich ist:

Kupfer (s) + Schwefel (s) ⟶ Kupfersulfid (s) | exotherm

Diese Frage kann mit einer Versuchsreihe beantwortet werden, bei der Kupferstückchen unterschiedlicher Masse jeweils mit einem Überschuss an Schwefel (**B5**) zur Reaktion gebracht werden (**LV3**). Wenn man von der Masse des gebildeten Kupfersulfids die Masse des eingesetzten Kupfers abzieht, erhält man die Masse des reagierenden Schwefels, z. B.:

m(Kupfer)	*m*(Kupfersulfid)	*m*(Schwefel)	*m*(Kupfer) / *m*(Schwefel)
0,56 g	0,70 g	0,14 g	4
0,72 g	0,90 g	0,18 g	4
0,97 g	1,21 g	0,24 g	4,04

Wie man sieht, ist das Massenverhältnis der Reaktionspartner Kupfer und Schwefel praktisch konstant, nämlich 4 : 1. Es ist also kein Zufall, welche Massen miteinander reagieren. Entsprechende Ergebnisse lassen sich auch für alle anderen chemischen Reaktionen erzielen. Man erhält stets konstante Verhältnisse, allerdings mit anderen Verhältniszahlen. Es gilt daher das **Gesetz der konstanten Massenverhältnisse**:

Elemente reagieren immer in einem ganz bestimmten (konstanten) Massenverhältnis zu einer Verbindung.

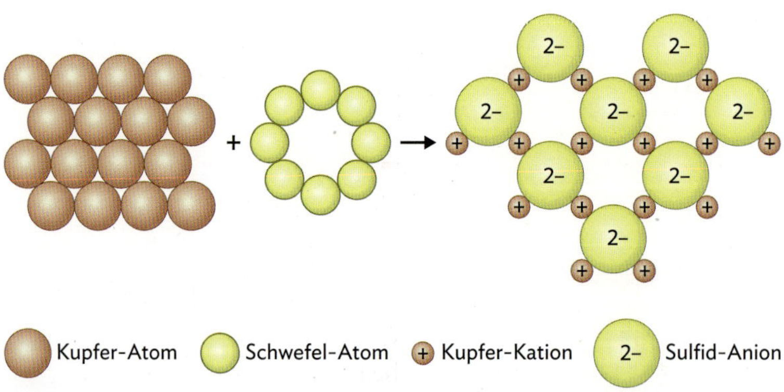

B6 Die Reaktion von Kupfer und Schwefel auf Teilchenebene: Kupfer-Atome sind in einem Metallgitter angeordnet und reagieren mit Schwefel-Molekülen zur einer Ionenverbindung. Kupfersulfid setzt sich aus einfach positiv geladenen Kupfer-Kationen und zweifach negativ geladenen Sulfid-Anionen im Verhältnis 2 : 1 zusammen.

Von den Massenverhältnissen zur Verhältnisformel

Die Atome eines Elements besitzen eine für sie typische Masse (vgl. S. 53). Diese entspricht der Massenzahl, die im Periodensystem der Elemente oben links angegeben wird. Demnach hat ein Kupfer-Atom ungefähr die doppelte Atommasse wie ein Schwefel-Atom (**B7**).
Bei der Reaktion entstehen Kupfer-Kationen und Sulfid-Anionen (**B6**). Da die Massen der beteiligten Elemente immer in einem bestimmten Verhältnis zueinander stehen, muss dies auf Teilchenebene auch für die Ionen gelten. Die **Verhältnisformel** von Kupfersulfid kann daher aus den Messergebnissen ermittelt werden:
Das gemessene Massenverhältnis von Kupfer zu Schwefel beträgt 4 zu 1. Ein Kupfer-Atom hat ungefähr die doppelte Masse eines Schwefel-Atoms. Da der Atomkern die gesamte Masse enthält, gilt die doppelte Masse demnach auch für ein Kupfer-Kation im Vergleich zu einem Sulfid-Anion. Das bedeutet, dass sich die Ionen im Anzahlverhältnis 2:1 verbinden. Dieses Verhältnis lässt sich auch mit den Ladungen der Ionen erklären. Die hier gebildeten Kupfer-Kationen Cu^{+} sind einfach positiv geladen und Sulfid-Anionen S^{2-} zweifach negativ. Damit das gebildete Salz elektrisch neutral ist, müssen sich die Ionen im Verhältnis 2:1 verbinden (**B6**). Dieses Verhältnis wird symbolisch durch eine Ziffer rechts unten am Elementsymbol ausgedrückt (Index). Die **Ionengruppe** des gebildeten Kupfersulfids lautet demnach $(Cu^{+})_2(S^{2-})_1$, wobei die Ziffer 1 weggelassen werden kann: $(Cu^{+})_2S^{2-}$. Lässt man in dieser Formel die Ladungen der Ionen weg, so erhält man die Verhältnisformel von Kupfersulfid:

$$Cu_2S$$

Solche Verhältnisformeln können demnach auch für unbekannte Ionenverbindungen vorhergesagt werden, wenn die Ladungen der beteiligten Kationen und Anionen bekannt sind (vgl. FM Verhältnisformeln aufstellen S. 96). Die Benennung von chemischen Verbindungen erfolgt ebenso nach bestimmten Regeln (vgl. FM Verbindungen benennen S. 97). So wird z. B. die Ladung des Kations häufig als römische Ziffer in Klammern angegeben: Kupfer(I)-sulfid.

B7 Elementsymbole und Atommassen von Kupfer und Schwefel

Info
Die Verhältnisformel gibt die Zahlenverhältnisse der Ionen in einer Ionenverbindung wieder.

AUFGABE

A1 Zink und Schwefel reagieren miteinander im Massenverhältnis 2:1.
a) Formuliere das Reaktionsschema der Reaktion.
b) Leite aus dem Massenverhältnis die Verhältnisformel des entstehenden Zinksulfids ab. Suche dazu die Atommasse von Zink im Periodensystem der Elemente (vorne im Buchdeckel).
c) Das Sulfid-Anion ist zweifach negativ geladen. Ermittle die Ladung des Zink-Kations.

FACHBEGRIFFE

Offenes und geschlossenes System, Gesetz von der Erhaltung der Masse, Gesetz der konstanten Massenverhältnisse, Verhältnisformel, Ionengruppe

Verhältnisformeln aufstellen

Unterschiedlich geladene Ionen ziehen sich an. Im Ionengitter wechseln sich Kationen und Anionen ab. Da Salze selbst nach außen hin ungeladen sind, müssen sich die elektrischen Ladungen von Kationen und Anionen im Ionengitter ausgleichen. Die Kationen und Anionen, aus denen ein Salz besteht, kommen daher je nach ihrer Ladung in einem ganz bestimmten Zahlenverhältnis vor. Dieses Verhältnis wird in der chemischen Formel angegeben, die deshalb auch Verhältnisformel heißt.

-Kation		-Anion	
Na^+	Natrium-	F^-	Fluorid-
K^+	Kalium-	Cl^-	Chlorid-
Ca^{2+}	Calcium-	Br^-	Bromid-
Al^{3+}	Aluminium-	I^-	Iodid-
Fe^{2+}	Eisen(II)-	O^{2-}	Oxid-
Fe^{3+}	Eisen(III)-	S^{2-}	Sulfid-
Cu^+	Kupfer(I)-	N^{3-}	Nitrid-
Cu^{2+}	Kupfer(II)-	P^{3-}	Phosphid-
Zn^{2+}	Zink-	C^{4-}	Carbid-

B1 Symbole und Namen für häufig vorkommende Kationen und Anionen

So geht's

1. Ermittle aus dem Verbindungsnamen die Ladungen der beteiligten Ionen (**B1**). Diese kannst du dem Periodensystem der Ionen (hinten im Buchdeckel) entnehmen, in dem häufig vorkommende Ionen gelistet sind. Bei einfach geladenen Ionen wird die Zahl 1 nicht dazu geschrieben.
2. Ermittle das Zahlenverhältnis der Ionen. Greife als Hilfe zu kariertem Papier und Farbstiften. Ein Kästchen steht für eine einfache Ladung, zwei Kästchen stehen für eine zweifache Ladung usw. Verwende für Kationen und Anionen jeweils unterschiedliche Farben und wähle benachbarte Kästchen. Nimm von der jeweiligen Ionensorte so viele Ionen (umrandete Kästcheneinheiten) bis die Kästchenanzahl beider Ionensorten übereinstimmt. Zähle dann die Ionen bzw. die umrandeten Kästcheneinheiten und du erhältst das Zahlenverhältnis (**B2**).
3. Schreibe die Ionengruppe auf. Nenne zuerst das Kation und dann das Anion. Die Ladung wird oben rechts vom Atomsymbol geschrieben. Die Anzahl der Ionen, also die Anzahl der umrandeten Kästcheneinheiten, wird unten rechts vom Atomsymbol als Index geschrieben.
4. Ermittle die Verhältnisformel. Von der Ionengruppe zur Verhältnisformel gelangst du, indem du die Ladungen weglässt. Auch die Zahl 1 wird in der chemischen Formel nicht geschrieben.

	Beispiel 1: Eisen(II)-chlorid	**Beispiel 2: Aluminiumoxid**
1.	Eisen(II)-Kation: Fe^{2+} **zweifach** positiv; Chlorid-Anion: Cl^- **einfach** negativ	Aluminium-Kation: Al^{3+} **dreifach** positiv; Oxid-Anion: O^{2-} **zweifach** negativ
2.	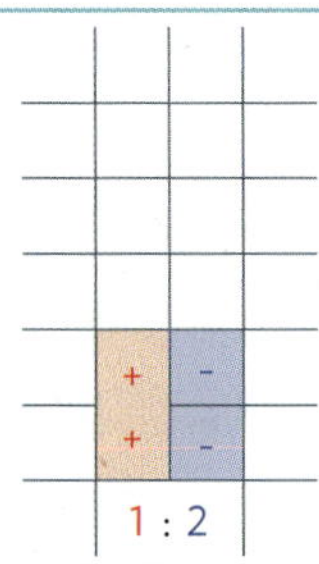	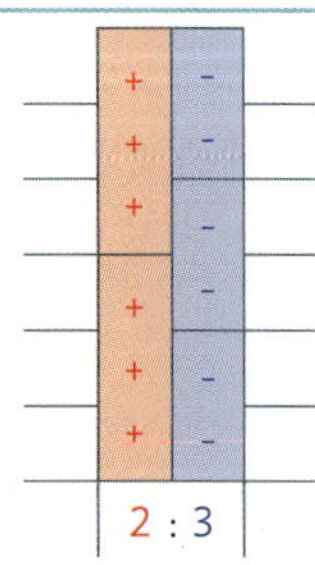
3.	$(Fe^{2+})_1(Cl^-)_2$	$(Al^{3+})_2(O^{2-})_3$
4.	$FeCl_2$	Al_2O_3

B2 Schritt 1 bis Schritt 4 zur Verhältnisformel

AUFGABE

A1 Stelle jeweils die Verhältnisformel für die Salze Aluminiumfluorid, Magnesiumoxid, Natriumoxid, Magnesiumchlorid, Calciumsulfid, Eisen(III)-chlorid und Zinkiodid auf (**B1**).

Verbindungen benennen

Aus den chemischen Formeln lassen sich die Namen von Verbindungen ableiten. Zunächst werden nur Verbindungen aus zwei Elementen betrachtet. Handelt es sich bei den beiden beteiligten Elementen um ein Metall und ein Nichtmetall, so liegt die Verhältnisformel einer Ionenverbindung bzw. eines Salzes vor (vgl. S. 60). Eine Verbindung aus zwei verschiedenen Nichtmetallelementen ist hingegen eine Molekülverbindung, die durch eine Molekülformel dargestellt wird (vgl. S. 61).

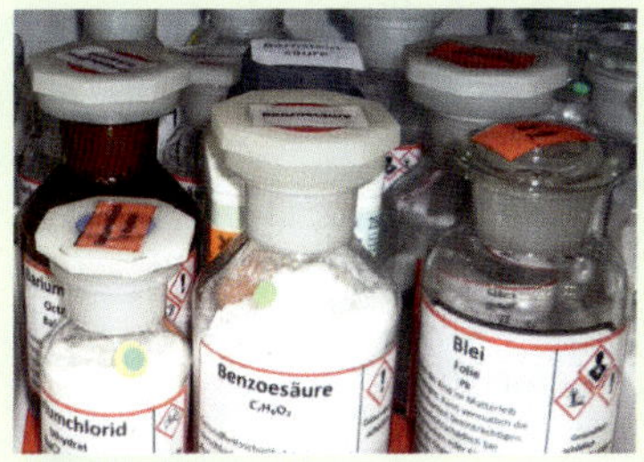

B1 Chemikaliensammlung

Eine Ionenverbindung benennen

Benenne folgende Verhältnisformeln: FeS und Fe_2S_3

So geht's

1. Suche die beteiligten Elemente und deren Namen im PSE (vorne im Buchdeckel). Handelt es sich um ein Metall und ein Nichtmetall, so liegt eine Verhältnisformel vor. Verwende zur Benennung den **deutschen Namen des Metalls**, von dem sich das Kation ableitet und den **lat./griech. Wortstamm des Nichtmetallnamens**, von dem sich das Anion ableitet.
   *FeS bzw. Fe_2S_3: **Eisen** und Schwefel: lat. **Sulfur***
2. Füge an den Wortstamm des Nichtmetallanions die Endung **–id** an. So erhältst du die Namen der Anionen, die auch in Tabelle **B1** auf S. 96 gelistet sind. Setze den Namen zusammen:
   Metallnameanionname
   *FeS bzw. Fe_2S_3: **Eisensulfid***
3. Ermittle für Metallkationen von Nebengruppenelementen außerdem die Ladung des Kations in der Verbindung (vgl. **B2**, S. 96). Nur so können diese Verbindungen eindeutig benannt werden. Schreibe die Ladung des Kations als **römische Zahl auf: I, II, III, IV, V, VI**. Setze sie in runde Klammern und anschließend einen Bindestrich.
   FeS: Eisen(II)-sulfid
   Fe_2S_3: Eisen(III)-sulfid

Eine Molekülverbindung benennen

Benenne folgende Molekülformeln: CO und CO_2

So geht's

1. Suche die beteiligten Elemente und deren Namen im Periodensystem (vorne im Buchdeckel). Handelt es sich um zwei Nichtmetalle, so liegt eine Molekülformel vor.
   Kohlenstoff und Sauerstoff sind Nichtmetalle.
2. Benenne das **erste Nichtmetall** der Formel mit dem Elementnamen. Verwende für das **zweite Nichtmetall** den Namen des entsprechenden Elementanions (siehe **B1**, S. 96).
   ***Kohlenstoff** und **Oxid** (Anion von Sauerstoff)*
3. Verwende nun **griechische Zahlworte**, um anzugeben, wie viele Atome einer Atomsorte im Molekül vorhanden und aneinander gebunden sind (siehe Index). Die griechischen Zahlworte lauten: **mono-, di-, tri-, tetra-, penta-, hexa-, hepta-, octa-, nona-, deca-**. Stelle das Zahlwort immer voran. Das Zahlwort mono- (eins) am Namensanfang kann weggelassen werden.
   CO: Kohlenstoffmonooxid
   CO_2: Kohlenstoffdioxid

   Weitere Beispiele:
   CS_2: Kohlenstoffdisulfid
   SF_6: Schwefelhexafluorid

AUFGABE

A1 Begründe für die folgenden Verbindungen jeweils, ob es sich um eine Ionenverbindung oder um eine molekulare Verbindung handelt. Benenne die Verbindungen anschließend entsprechend:
Li_2S, SO_2, SO_3, Ca_3P_2, Cr_2O_3, PBr_3, $ZnBr_2$, SCl_4, Sn_3N_4, N_2O, $PbCl_4$

Zum Üben und Weiterdenken

A1 Beschreibe unter Verwendung von Beispielen, wie die genannten Begriffe zueinander in Beziehung stehen.

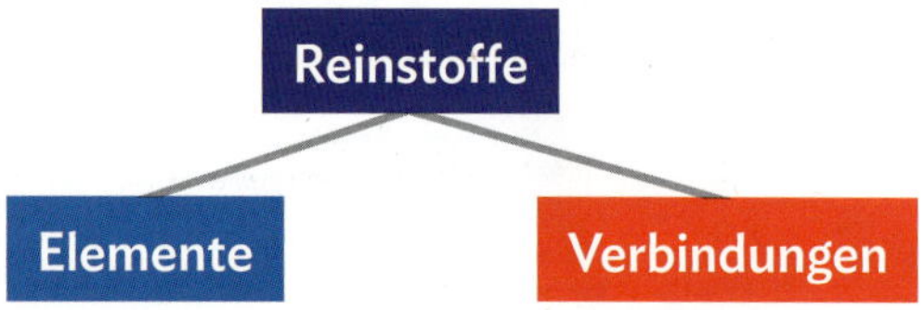

A2 Erläutere den Unterschied zwischen einer Destillation und einer endothermen Reaktion.

A3 Entscheide und begründe, bei welchen Vorgängen es sich um chemische Reaktionen handelt:
- Verbrennen von Holz
- Gären von Traubensaft zu Wein
- Lösen von Zucker in Wasser
- Rosten eines Autos
- Schmelzen von Eis
- Kochen eines Hühnereies
- Eindampfen von Salzwasser

A4 Formuliere die Reaktionsschemata für die Reaktionen von Aluminium, Magnesium bzw. Calcium mit Schwefel.

A5 Zinksulfid wird als Nachtleuchtpigment in den Zeigern von Uhren eingesetzt. Formuliere die Reaktionsschemata für die Synthese und die Analyse der Verbindung Zinksulfid.

A6 Die Abbildung visualisiert Prozesse bei der Synthese von Zinksulfid.
Nenne und erkläre die Unterschiede zwischen der linken und der rechten Bildhälfte.

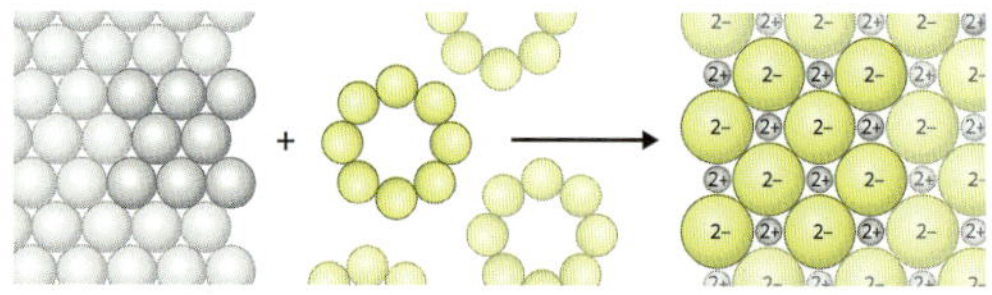

A7 Formuliere das Reaktionsschema, das in folgendem historischen Text beschrieben ist.

„Zum Arzneygebrauch erzeugt man sich jetzt das schwarze doppelt Schwefelquecksilber, gemengt mit überschüssigem Schwefel, durch Zusammenreiben von Schwefel und Quecksilber bey gewöhnlicher Temperatur, als sogenannten Quecksilbermohr...“
(Quelle: Franz Hruschauer, Elemente der medizinischen Chemie und Botanik, Gräz, 1839, S. 160)

A8 Die Fotos zeigen Prozesse (Fotosynthese bzw. Kochen), bei denen Energieumwandlungen stattfinden. Beschreibe, welche Energieformen in welche anderen Energieformen umgewandelt werden.

A9 An Silvester werden u. a. sogenannte Chinaböller gezündet.

a) Beschreibe mit Fachbegriffen, was aus energetischer Sicht geschieht, wenn du einen Böller zum Explodieren bringst.

b) Nenne die Energieformen, die bei dieser chemischen Reaktion ineinander umgewandelt werden.

A10 Die Synthesen von Kupfersulfid und Magnesiumsulfid aus ihren Elementen sind exotherme Reaktionen. Bei der Bildung von Magnesiumsulfid wird mehr Energie frei als bei der von Kupfersulfid. Stelle dies in einem Energiediagramm dar.

A11 Lavoisier formulierte in einer seiner Schriften: *„... denn nichts wird neu erschaffen, weder in den künstlichen Operationen noch in den natürlichen."*
Suche nach Gemeinsamkeiten dieser Formulierung mit dem Gesetz von der Erhaltung der Masse.

A12 Beschreibe die Diagramme A und B. Vergleiche sie hinsichtlich ihrer jeweiligen Aussagekraft.

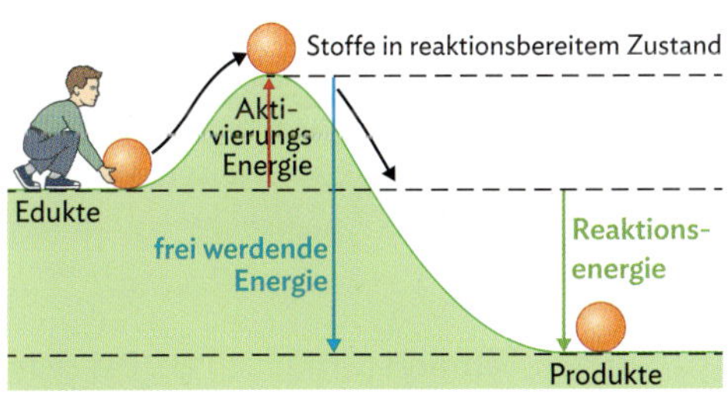

Diagramm A

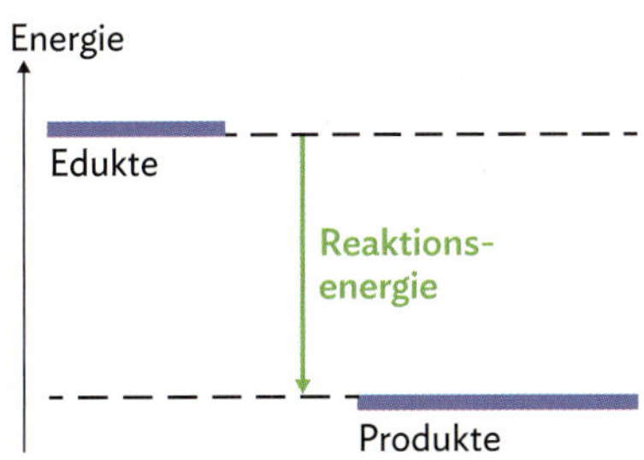

Diagramm B

A13 Beschreibe das folgende Energiediagramm und erläutere auf der Basis der Informationen aus dem Diagramm, wie man experimentell vorgehen muss, um Kupfersulfat herzustellen.

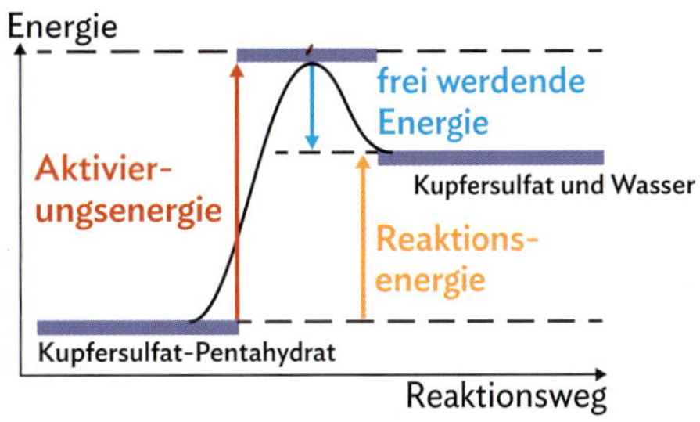

A14 Neben Kupfer(I)-sulfid existiert auch die Verbindung Kupfer(II)-sulfid. Leite die Verhältnisformel von Kupfer(II)-sulfid aus dem Namen ab und skizziere diesen Stoff ausschnittsweise auf Teilchenebene.

A15 Aus 65 Gramm Zink lassen sich durch Reaktion mit einem Überschuss an Schwefel 97 Gramm Zinksulfid gewinnen.

a) Berechne die Masse an Zinksulfid in Gramm, die aus 5 Tonnen Zink gewonnen werden kann.

b) Berechne die Masse an Schwefel, die bei der Herstellung von einem Kilogramm Zinksulfid umgesetzt wird.

A16 Stelle folgende Verhältnisformeln auf:

a) Natriumnitrid

b) Aluminiumsulfid

c) Kupfer(II)-chlorid

d) Magnesiumphosphid

A17 Benenne die folgenden Verbindungen:
NO, N_2O_4, Al_4C_3, PCl_5, $FeCl_2$, Cu_3P

M1 Der angelaufene Silberlöffel

Wenn man einen glänzenden Silberlöffel einige Minuten lang in ein hart gekochtes Ei steckt und ihn dann wieder herauszieht, kann man an dem Löffel Veränderungen sehen. Er ist an der Stelle dunkel angelaufen, die im Ei steckte. Dort ist der Löffel mit einer Silbersulfid-Schicht bedeckt. In gekochten Eiern befindet sich kein elementarer Schwefel, sondern eine Schwefelverbindung.

B1 Das Ei und der angelaufene Löffel

A1 Erkläre die Merkmale, die darauf hinweisen, dass eine chemische Reaktion abgelaufen ist.

A2 Begründe, ob sich die Masse des Löffels verändert hat.

A3 Stelle die Vorgänge beim „Anlaufen“ eines Silberlöffels im Ei auf Teilchenebene bildlich dar. Die Schwefelverbindung im Ei ist im Teilchenmodell bereits abgebildet. Übernimm die Tabelle in dein Heft.

Vor der Reaktion	Nach der Reaktion
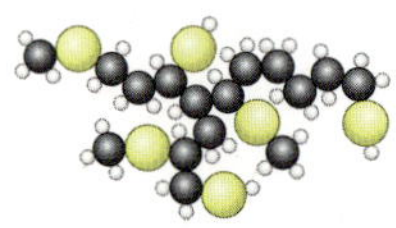 +	
Schwefelverbindung im Ei	Silbersulfid

A4 Mache einen Vorschlag, wie man den Silberlöffel wieder glänzend bekommt, ohne die obere Schicht einfach abzureiben.

M2 Aufarbeitung von Silberabfällen

Silberverbindungen sind wertvolle Abfälle, aus denen sich auf verschiedene Weise das Silber rückgewinnen lässt. Eine Methode ist die Thermolyse im Muffelofen, bei der Silbersulfide in die Elemente zerfallen. Die Schmelztemperatur von Silbersulfid beträgt 825 °C, während die Schmelztemperatur von Silber bei 1235 °C liegt. Geschmolzenes Silbersulfid kann nicht verdampft werden, da es vorher zerfällt.

B2 Silberrückgewinnung im Tiegel

A1 Stelle aufgrund des Namens eine Vermutung auf, welcher Prozess bei einer „Thermolyse“ stattfindet.

A2 Formuliere die Reaktionsschemata für die Synthese und die Analyse der Verbindung Silbersulfid.

A3 Gib den Temperaturbereich an, bei dem die Aufarbeitung im Muffelofen stattfinden sollte. Begründe.

A4 Die Thermolyse von Silbersulfid ist eine endotherme Reaktion. Zeichne dafür ein entsprechendes Energiediagramm.

M3 Zinnober

Bei Zinnober (als Mineral auch Cinnabarit genannt) handelt es sich um die chemische Verbindung Quecksilbersulfid. Im Gegensatz zum sehr giftigen Quecksilber ist diese Verbindung ungiftig. Durch seine scharlachrote Farbe eignet es sich als Farbpigment und wurde seit der Antike bis ins 20. Jahrhundert in der Malerei verwendet.

Theoretisch könnte man es auch aus den Elementen herstellen. In nachstehender Tabelle sind die Angaben für einige Syntheseversuche von Quecksilbersulfid unvollständig.

m(Quecksilber)	*m*(Quecksilbersulfid)	*m*(Schwefel)	Verhältnis *m*(Quecksilber) zu *m*(Schwefel)
5,0 g	5,8 g		
7,2 g	8,4 g		
9,6 g	11,1 g		

B3 Zinnober: als Mineral (links) und als Pigment (rechts)

A1 Übertrage die Tabelle in dein Heft. Berechne die fehlenden Werte und vervollständige die Angaben.

A2 Erläutere mit den Tabellendaten das Gesetz der konstanten Massenverhältnisse.

A3 Ermittle mithilfe der Angaben am Elementsymbol Hg und den Werten der vervollständigten Tabelle die Verhältnisformel von Quecksilbersulfid.

200,6
Hg
Quecksilber
80

M4 Verbrennung von Eisenwolle

Betrachte unter www.ccbuchner.de/medien (Eingabe 05011-07) die Bilderfolge zur Verbrennung von Eisenwolle.

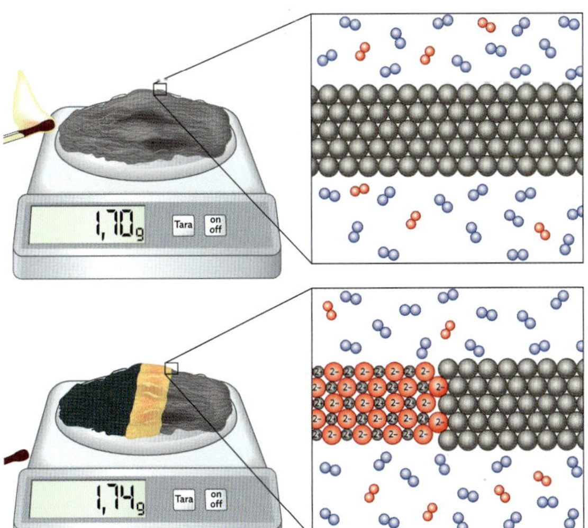

B4 Verbrennung von Eisenwolle

A1 Übertrage die Darstellungen auf Teilchenebene in dein Heft. Beschrifte die abgebildeten verschiedenen Teilchenarten. Benenne auch Teilchen, die nicht an der Reaktion beteiligt sind.
(Hinweis: Luft besteht zu ca. 78 % aus Stick stoff und zu ca. 21 % aus Sauerstoff. Weitere Bestandteile sind nicht abgebildet.)

A2 Formuliere ein Reaktionsschema zur dargestellten Reaktion.

A3 Begründe die unterschiedlichen Massen, die auf der Waage angezeigt werden.

A4 Begründe, ob bzw. inwiefern auch für diese Reaktion das Gesetz von der Erhaltung der Masse gilt.

Basiswissen Kapitel 3

W Chemische Reaktionen

Stoffumwandlungen, bei denen aus Edukten Produkte mit anderen Eigenschaften entstehen, nennt man **chemische Reaktionen**. Die Produkte haben bleibende Eigenschaften, die sich von den Eigenschaften der Edukte unterscheiden.

Edukte: Gemisch aus Eisen und Schwefel

Produkt: Eisensulfid

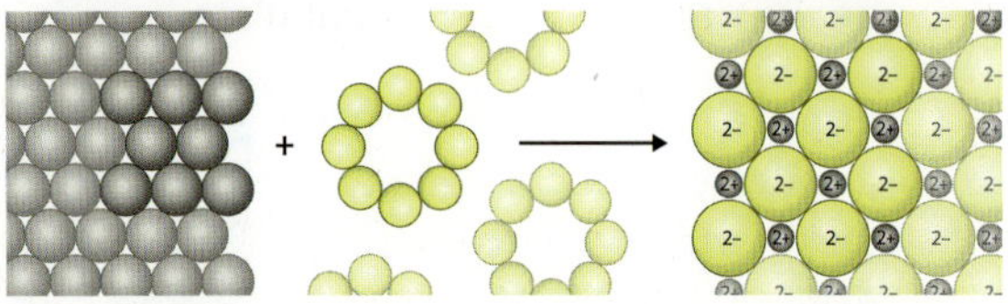

Eine chemische Reaktion schreibt man verkürzt als Reaktionsschema. Die Namen der Edukte stehen links, die Namen der Produkte rechts. Sie sind durch einen Reaktionspfeil (⟶) verbunden.

Beispiel:

Reaktion von Eisen und Schwefel zu Eisensulfid

Eisen (s) + Schwefel (s) ⟶ Eisensulfid (s)

Man liest: „Festes Eisen und fester Schwefel reagieren zu festem Eisensulfid“

Hinter den Stoffnamen wird in Klammern angegeben, ob es sich um einen Feststoff (s), eine Flüssigkeit (l), ein Gas (g) oder um einen gelösten Stoff (aq) handelt.

W Element und Verbindung

Elemente sind Reinstoffe, die sich nicht weiter zerlegen lassen. Sie bestehen nur aus einer Atomsorte. Zurzeit sind 118 verschiedene Elemente bekannt (vgl. Periodensystem der Elemente vorne im Buchdeckel). Aus Elementen kann man eine Vielzahl von Verbindungen herstellen.

Verbindungen sind Reinstoffe, die durch eine chemische Reaktion in andere Reinstoffe zerlegt werden können.

Beispiel: Die Elemente Silber und Schwefel reagieren und bilden die Verbindung Silbersulfid.

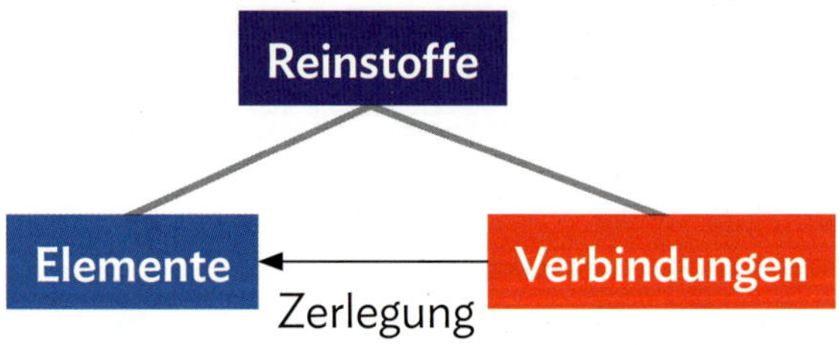

Die Verbindung Silbersulfid kann in einer chemischen Reaktion in die Elemente Silber und Schwefel zerlegt werden.

W Energiebeteiligung an chemischen Reaktionen

Energie wird weder erzeugt noch vernichtet. Energie kann von einer Energieform in andere Energieformen umgewandelt werden. Bei einer chemischen Reaktion findet neben der Stoffumwandlung auch immer ein Energieumsatz statt. Die dabei abgegebene oder aufgenommene Energie nennt man **Reaktionsenergie**.

W Exotherme und endotherme Reaktionen

Bei **exothermen Reaktionen** wird Energie abgegeben.

Bei **endothermen Reaktionen** muss ständig Energie zugeführt werden, um den Ablauf der Reaktion zu ermöglichen.

Die Begriffe exotherm oder endotherm schreibt man hinter das Reaktionsschema:

Eisen (s) + Schwefel (s) ⟶ Eisensulfid (s) | exotherm

Silbersulfid (s) ⟶ Silber (s) + Schwefel (s) | endotherm

Die meisten chemischen Reaktionen laufen nicht von selbst ab. Auch bei exothermen Reaktionen muss man häufig einen Energiebetrag, die **Aktivierungsenergie**, aufwenden, um die Reaktion zu starten.

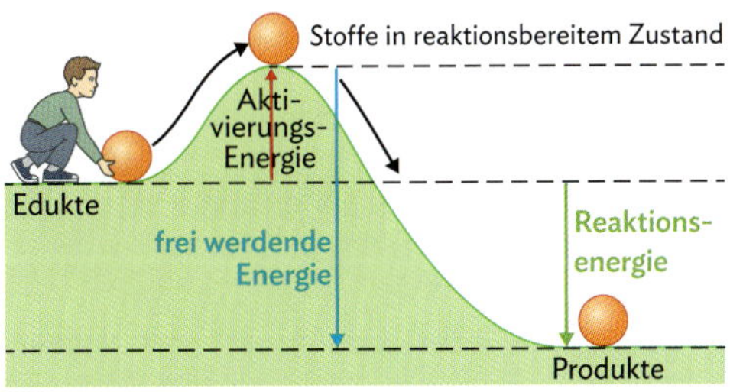

W Grundgesetze bei chemischen Reaktionen

Gesetz von der Erhaltung der Masse:

Bei chemischen Reaktionen in geschlossenen Systemen ändert sich die Gesamtmasse aller beteiligten Stoffe nicht. Die Massen der Edukte entsprechen den Massen der Produkte.

Gesetz der konstanten Massenverhältnisse:

Reaktionspartner reagieren immer in einem bestimmten Massenverhältnis miteinander. Da jedes Atom eine typische Masse hat, stehen auch die Massen der Elemente, aus denen eine Verbindung gebildet wird, in einem konstanten Verhältnis.

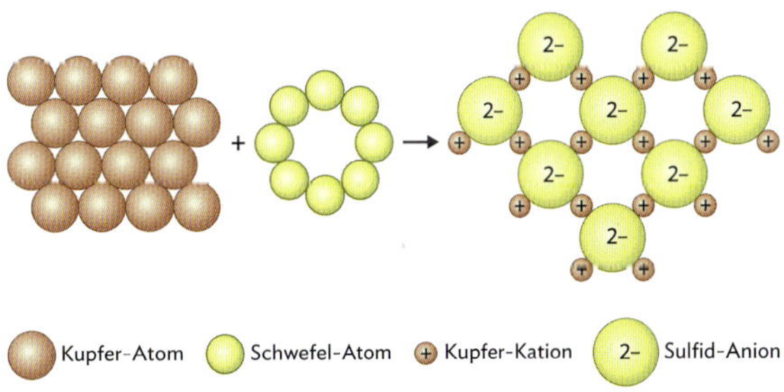

W Verhältnisformel und Molekülformel

Aus dem Verhältnis der Massen der Elemente, die eine Verbindung bilden, lässt sich die **Verhältnisformel** ableiten. Sie gibt die Zahlenverhältnisse der Ionen in einer salzartigen Verbindung wieder.

Beispiele:

$FeCl_2$: Im Eisen(II)-chlorid sind Eisen(II)-Kationen Fe^{2+} und Chlorid-Anionen Cl^- im Verhältnis 1 : 2 enthalten.

Al_2O_3: Im Aluminiumoxid sind Aluminium-Kationen Al^{3+} und Oxid-Anionen O^{2-} im Verhältnis 2 : 3 enthalten.

Die **Molekülformel** gibt die Zahlenverhältnisse der Atome in einer molekularen Verbindung wieder.

Beispiele:

H_2O: In einem Wasser-Molekül sind zwei Wasserstoff-Atome und ein Sauerstoff-Atom gebunden.

CO_2: In einem Kohlenstoffdioxid-Molekül sind ein Kohlenstoff-Atom und zwei Sauerstoff-Atome gebunden.

Ziel erreicht?

Überprüfung

Hast du das Ziel dieses Kapitels erreicht? Löse die entsprechenden Aufgaben. Ein Arbeitsblatt findest Du unter www.ccbuchner.de/medien (Eingabe 05011-08). Bewerte dich mithilfe der Tabelle rechts unten. Die Lösungen zu den Aufgaben stehen auf Seite 157.

Chemische Reaktionen erkennen und beschreiben

A1 Nenne die typischen Merkmale einer chemischen Reaktion.

A2 Entscheide, ob es sich bei den nachfolgenden Beobachtungen um chemische Reaktionen handeln kann und begründe deine Entscheidungen.

a) Beim Brennen einer Kerze schmilzt das Wachs.
b) Zucker karamellisiert beim Erhitzen.
c) Milch wird sauer.
d) Silberbesteck läuft schwarz an.
e) Ein Autoreifen platzt beim Fahren.

A3 Formuliere die Reaktionsschemata für folgende chemische Reaktionen:

a) Eisen reagiert mit Schwefel zu Eisensulfid.
b) Schwefel reagiert mit Sauerstoff zu Schwefeldioxid.

Teilchenmodelle anwenden

B1 Es wird die Reaktion von Eisen mit Schwefel zu Eisensulfid betrachtet: Stelle den Aufbau der Edukte und des Produkts mithilfe eines geeigneten Teilchenmodells dar und beschreibe die Vorgänge, die zur Bildung von Eisensulfid führen, auf Teilchenebene.

B2 Gib für die Reaktion, die hier auf der Teilchenebene dargestellt ist, das Reaktionsschema an.

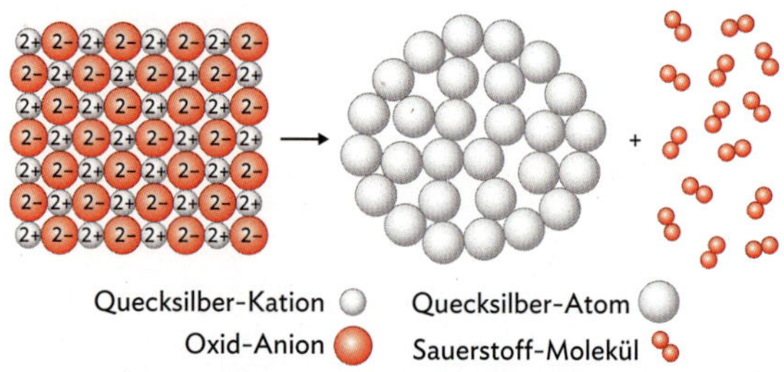

Reinstoffe in Elemente und Verbindungen einteilen

C1 Entscheide, ob es sich bei den folgenden Stoffen um ein Element oder eine Verbindung handelt. Ein Beispiel passt nicht in diese Reihe. Begründe deine Entscheidungen.

a) Eisen
b) Brausepulver
c) Kohlenstoffdioxid
d) Natriumchlorid
e) Schwefel

C2 Der griechische Naturphilosoph Empedokles (490 – 430 v. Chr.) bezeichnete Wasser als ein Element.

Beurteile diese Bezeichnung des Stoffes Wasser unter dem Aspekt des heutigen naturwissenschaftlichen Elementbegriffs.

C3 Erkläre den Unterschied zwischen einer Verbindung und einem Stoffgemisch.

C4 Alchemisten haben versucht, z. B. aus Quecksilber und Schwefel Gold herzustellen. Begründe die Tatsache, dass dies nicht gelingen konnte.

Energieumwandlungen bei chemischen Reaktionen charakterisieren

D1 Erkläre die folgenden Begriffe:

a) exotherme Reaktion
b) endotherme Reaktion
c) Aktivierungsenergie

D2 Nenne ein Beispiel für:

a) eine exotherme Reaktion
b) eine endotherme Reaktion.

D3 Bei der Reaktion von Eisen mit Schwefel wird viel chemische Energie in thermische Energie und Lichtenergie umgewandelt. Vor Beginn der Reaktion muss das Eisen-Schwefel-Gemisch jedoch zunächst erhitzt werden. Erkläre diesen Sachverhalt.

Die Massengesetze und eine Verhältnisformel aus einem Experiment ableiten

E1 In einem Versuch reagieren 6,92 g Kupfer und 1,74 g Schwefel zu Kupfersulfid.

a) Gib die Masse des Reaktionsproduktes Kupfersulfid an. Begründe dein Ergebnis.
b) Erläutere, wie sich aus den Messdaten die Verhältnisformel Cu_2S für Kupfersulfid ableiten lässt.

Verhältnis- und Molekülformeln aufstellen und Verbindungen benennen

F1 Stelle die Verhältnisformeln für die folgenden Verbindungen auf:
Natriumchlorid, Calciumphosphid, Aluminiumsulfid

F2 Gib die Molekülformeln für folgende molekulare Verbindungen an: Schwefeltrioxid und Heptaschwefeldioxid.

F3 Benenne die folgenden Verbindungen und begründe, ob es sich um eine Verhältnis- oder um eine Molekülformel handelt:
$AlCl_3$; MgS; N_2O_5; SO_2; ZnO

Auswertung

Vergleiche deine Antworten mit den Lösungen auf Seite 157 und kreuze auf dem Arbeitsblatt an.

	Ich kann ...	ja	nein	lies nach auf Seite
A	chemische Reaktionen erkennen und beschreiben.			78, 79
B	Teilchenmodelle anwenden.			78 - 80
C	Reinstoffe in Elemente und Verbindungen einteilen.			81
D	Energieumwandlungen bei chemischen Reaktionen charakterisieren.			84 - 88
E	die Massengesetze und eine Verhältnisformel aus einem Experiment ableiten.			92 - 95
F	Verhältnis- und Molekülformeln aufstellen und Verbindungen benennen.			96, 97

4 Luft und Reaktionen mit Sauerstoff

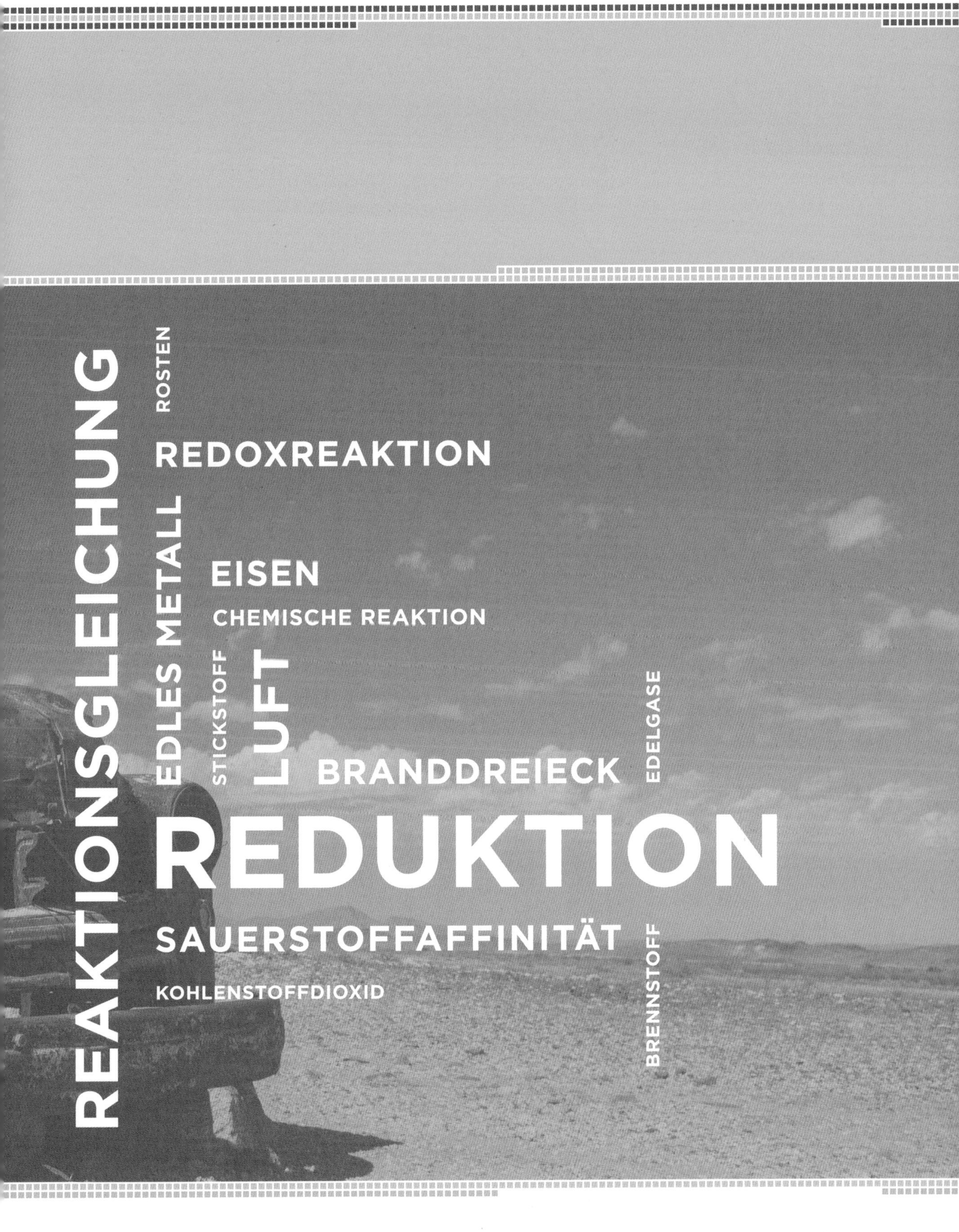
REAKTIONSGLEICHUNG
ROSTEN
REDOXREAKTION
EDLES METALL
EISEN
CHEMISCHE REAKTION
STICKSTOFF
LUFT
EDELGASE
BRANDDREIECK
REDUKTION
SAUERSTOFFAFFINITÄT
KOHLENSTOFFDIOXID
BRENNSTOFF

Startklar?

Selbsteinschätzung

Schätze dich selbst ein: Wie gut sind deine Kenntnisse in den Bereichen A bis D?
Kreuze auf dem Arbeitsblatt unter www.ccbuchner.de/medien (Eingabe 05011-09) an!

	Ich kann ..	prima	ganz gut	es fällt mir schwer
A	chemische Reaktionen erkennen und mit einem Reaktionsschema beschreiben.			
B	die Begriffe Element und Verbindung richtig verwenden.			
C	den Ablauf exothermer und endothermer Reaktionen erklären.			
D	den Zusammenhang von Verhältnisformel und Massenverhältnis erklären.			

Überprüfung

Liegst du richtig? Bearbeite die folgenden Aufgaben zu jedem Bereich.

Chemische Reaktionen erkennen und mit einem Reaktionsschema beschreiben

A1 Ein schwarzgelbes Eisen-Schwefel-Gemisch glüht nach dem Erhitzen selbständig weiter. Nach dem Abkühlen liegt ein blaugrau glänzender Feststoff vor. Nenne alle beobachtbaren Merkmale, die darauf hinweisen, dass eine chemische Reaktion stattgefunden hat.

A2 Gib für folgende chemische Reaktionen jeweils das Reaktionsschema an. Ordne den Reaktionen die Begriffe exotherm und endotherm zu.

a) Fester Kohlenstoff und gasförmiger Sauerstoff reagieren unter Wärmeentwicklung zu gasförmigem Kohlenstoffdioxid.
b) Aus festem Kupfersulfat-Pentahydrat entstehen durch ständiges Erhitzen festes Kupfersulfat und Wasserdampf.
c) Das Metall Zink reagiert mit Schwefel zu festem Zinksulfid. Dabei sind ein greller Lichtblitz und eine Verpuffung beobachtbar.

Die Begriffe Element und Verbindung richtig verwenden

B1 Ordne folgende Begriffe richtig in das Schema ein: Kupfersulfid, Reinstoffe, Elemente, Schwefel, Verbindungen, Kupfer.

B2 Ordne den Begriffen Element und Verbindung folgende Reinstoffe zu: Eisen, Wasser, Silbersulfid, Kohlenstoffdioxid, Sauerstoff. Begründe deine Zuordnung.

B3 Der Elementbegriff wird auf der Stoff- und auf der Teilchenebene verwendet.

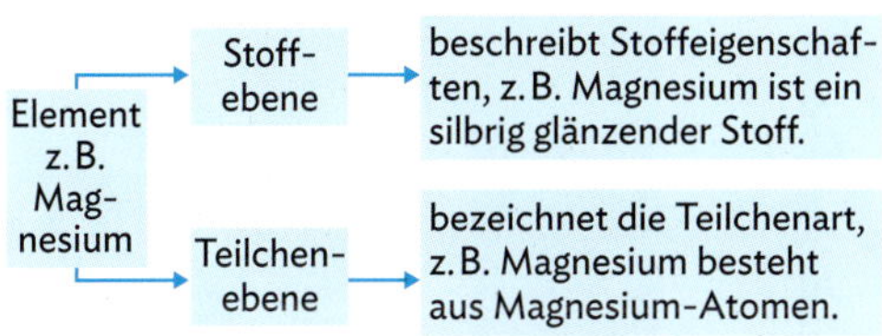

Kreuze in der Tabelle an, ob die Aussagen fachsprachlich richtig oder falsch sind. Berichtige die falschen Aussagen mit vollständigen Sätzen in deinem Heft. Gib für jede Aussage an, ob sie sich auf die Stoffebene oder auf die Teilchenebene bezieht.

Aussage	richtig	falsch
Kohlenstoff ist ein Element, das nur aus Kohlenstoff-Atomen besteht.		
Das Element Schwefel ist ein gelber Feststoff.		
Kupfersulfid ist ein Element.		
Kupfer-Atome sind rotbraun.		

Den Ablauf exothermer und endothermer Reaktionen erklären

C1 Festes Silbersulfid reagiert unter ständigem Erhitzen zu festem Silber und festem Schwefel. Zeichne für diese Reaktion das Energiediagramm.

C2 Die Reaktionen von Metallen mit Schwefel sind exotherme Reaktionen.

a) Begründe, dass ein Metall-Schwefel-Gemisch zu Beginn der Reaktion erhitzt werden muss.
b) Veranschauliche die heftigere Reaktion eines Zink-Schwefel-Gemisches im Vergleich zur Reaktion eines Eisen-Schwefel-Gemisches durch ein Energiediagramm.

Den Zusammenhang von Verhältnisformel und Massenverhältnis erklären

D1 Die Verhältnisformel von Magnesiumbromid lautet $MgBr_2$. Ermittle das Teilchen- und Massenverhältnis zwischen den Magnesium-Kationen und Bromid-Anionen.

Auswertung

Hast du dich richtig eingeschätzt? Vergleiche deine Antworten mit den Lösungen auf Seite 158.
Gib dir jeweils die entsprechende Punktzahl und trage sie auf dem Arbeitsblatt ein.

	Ich kann ..	prima	ganz gut	mit Hilfe	lies nach auf Seite
A	chemische Reaktionen erkennen und mit einem Reaktionsschema beschreiben.	11 - 9	8 - 6	5 - 3	78, 79
B	die Begriffe Element und Verbindung richtig verwenden.	14 - 11	10 - 8	7 - 3	81
C	den Ablauf exothermer und endothermer Reaktionen erklären.	11 - 9	8 - 6	5 - 3	84 - 88
D	den Zusammenhang von Verhältnisformel und Massenverhältnis erklären.	3	2	1	94 - 96

Verbrennungen als chemische Reaktionen

Ein flackerndes Kaminfeuer oder auch ein Lagerfeuer spenden Wärme und Licht. Eine Kerze brennt ab und das Wachs verschwindet. Als Brennstoffe nutzen wir zum Beispiel Holz, Erdgas, Erdöl oder Kohle. Was geschieht während der Verbrennung? Welche Verbrennungsprodukte entstehen?

V1 Verbrennung an der Luft

GHS 2, 7, 8, 9

PROBLEM

Der Begriff Verbrennung ist aus dem Alltag bekannt. Was bedeutet er? Was versteht man in der Chemie unter einer Verbrennung?

DURCHFÜHRUNG

a) Halte ein Stück Kohle mit einer Tiegelzange in die Brennerflamme, bis es anfängt zu brennen. Nimm die Kohle dann aus der Flamme und beobachte sie.

b) Wiederhole den Versuch mit jeweils einigen Tropfen Ethanol (Brennspiritus) (GHS 2|7), Octan (im Benzin) (GHS 2|7|8|9) und Speiseöl in einem Verbrennungslöffel.

c) Wiederhole den Versuch mit einem kleinen Büschel Eisenwolle und einem kleinen Stück Platindraht.

AUSWERTUNG

a) Trage die Beobachtungen zu **V1** in eine Tabelle ein.

Stoff und Aggregatzustand	Beobachtungen bei der Verbrennung, auch nach Entfernen des Brenners	Was bleibt übrig?

b) Vergleiche bei **V1c** die Eigenschaften der Stoffe bevor und nachdem du sie in die Flamme gehalten hast. Begründe jeweils, ob eine chemische Reaktion stattgefunden hat.

ENTSORGUNG R

V2 Verbrennungen von Eisen in verschiedener Form

PROBLEM

Gefahrstoffschränke, in denen entzündbare Stoffe gelagert werden, sind mit dicken Stahltüren (Eisen) gesichert. Bei einer Wunderkerze verbrennt Eisenpulver im Funkenregen. Unter welchen Bedingungen ist Eisen brennbar?

DURCHFÜHRUNG

a) Schmirgle ein Stück Eisenblech. Halte es mit einer Tiegelzange in die Brennerflamme und erhitze es.

b) Halte ein Knäuel aus entfetteter Eisenwolle mithilfe einer Tiegelzange solange in eine Brennerflamme, bis es glüht. Nimm es dann heraus und puste vorsichtig in die glühende Eisenwolle (**B1**)

c) Feuerfeste Unterlage! Spanne einen Gasbrenner schräg ein und entzünde ihn. Lass mithilfe eines Spatels etwas Eisenpulver (GHS 2) durch die blaue Brennerflamme auf die feuerfeste Unterlage rieseln (**B2**).

AUSWERTUNG

a) Notiere die Beobachtungen zu den Versuchen **V2a** bis **c**.

a) Vergleiche die Beschaffenheit der drei Eisenproben in **V2a** bis **c**. Stelle einen Zusammenhang zur Heftigkeit der Reaktion her.

ENTSORGUNG R

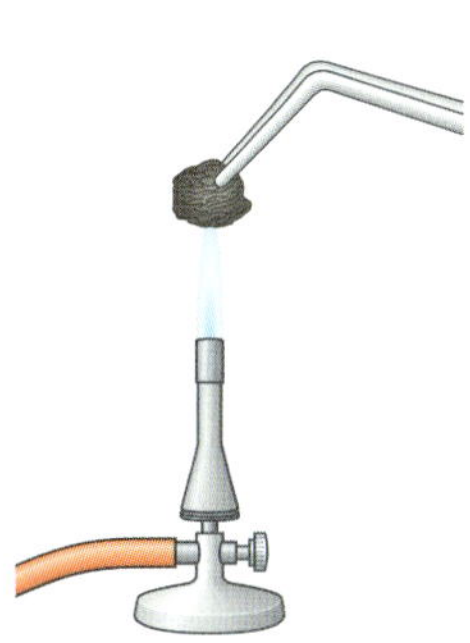

B1 Versuchsaufbau zu **V2b**

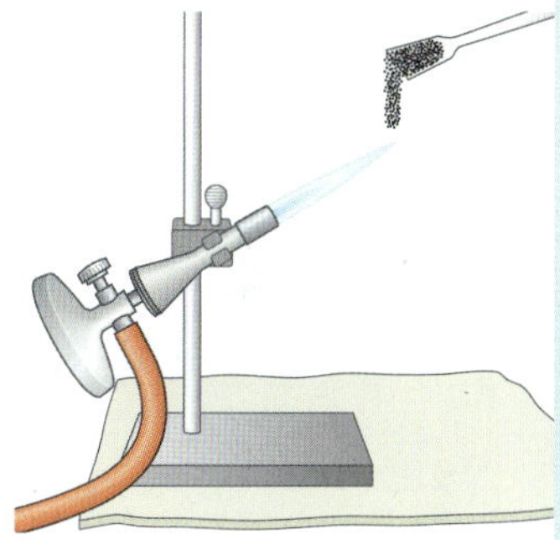

B2 Versuchsaufbau zu **V2c**

LV3 Verbrennung in reinem Sauerstoff

PROBLEM

Verbrennungsreaktionen von Stoffen an der Luft wurden in **V1** und **V2** untersucht. Wie reagieren Metalle und Nichtmetalle in reinem Sauerstoff?

DURCHFÜHRUNG

In drei Standzylinder, deren Boden mit Sand bedeckt ist, wird Sauerstoff (GHS 3|4) aus der Gasdruckflasche eingeleitet. Die folgenden Stoffe werden dann nacheinander in der Brennerflamme entzündet und brennend in je einen der mit Sauerstoff gefüllten Standzylinder gehalten (**B3**): Eisenwolle, Magnesiumband, Holzkohle (Kohlenstoff).
Hinweis: Nicht direkt in die Magnesiumflamme sehen!

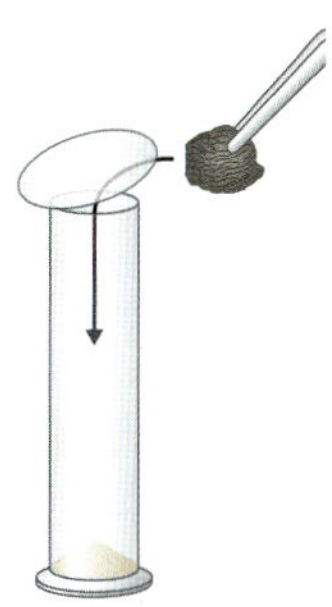

B3 Versuchsaufbau zu **LV3**

AUSWERTUNG

a) Beschreibe für die Stoffe aus **LV3** jeweils das Aussehen der Edukte und Produkte.

b) Vergleiche das Brennverhalten der drei Stoffe in Luft und in reinem Sauerstoff. Stelle jeweils einen Zusammenhang zur Heftigkeit der Reaktion her.

c) Aus den Elementen Eisen, Magnesium und Kohlenstoff bilden sich die jeweiligen Oxide (Eisen(II)-oxid, Magnesiumoxid, Kohlenstoffdioxid). Formuliere die Reaktionsschemata. Gib jeweils die chemischen Formeln der Produkte und Edukte an.

ENTSORGUNG R

B1 Grillkohle

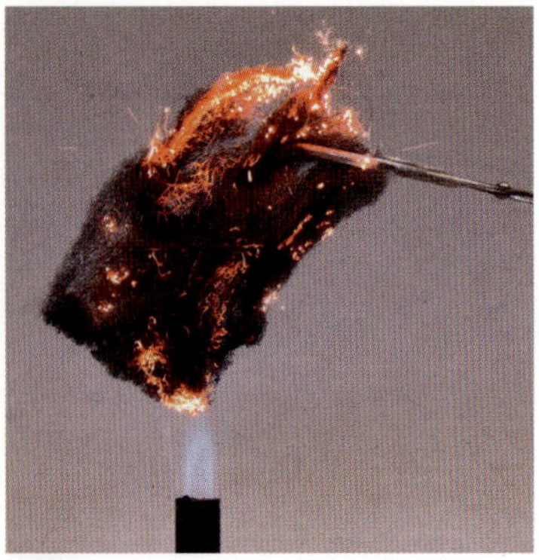

B2 Brennende Eisenwolle

Verbrennungen sind chemische Reaktionen mit Sauerstoff

Wenn eine Kerze abbrennt, verschwindet sie langsam. Dabei werden aber keine Stoffe vernichtet, sondern es entstehen neue gasförmige Stoffe. Kerzenwachs ist ein Brennstoff, genauso wie auch Holz, Grillkohle, Brennspiritus und Benzin. Die in den Brennstoffen gespeicherte Energie wird bei ihrer Verbrennung nutzbar gemacht (**B1**).
Verschiedene Stoffe sind unterschiedlich gut brennbar. Hält man Kohle in die Brennerflamme, so beginnt sie zu glühen und brennt dann auch außerhalb der Flamme weiter (**V1a**). Bei der Verbrennung von Brennspiritus (Ethanol), Benzin (mit dem Bestandteil Octan) bzw. Speiseöl verdampft die Flüssigkeit und die entstehenden Gase verbrennen mit einer leuchtenden Flamme (**V1b**). Bei diesen Verbrennungen werden hauptsächlich gasförmiges Kohlenstoffdioxid und Wasserdampf als Verbrennungsprodukte gebildet. Beide Produkte entstehen aus den Edukten Brennstoff und Sauerstoff. Sauerstoff ist ein Bestandteil der Luft, ohne den keine Verbrennung stattfinden kann. In reinem Sauerstoff verläuft die Verbrennung besonders heftig (**LV3**).
Das Metall Platin glüht in der Flamme. Nach dem Abkühlen ist keine Veränderung am Metall feststellbar (**V1c**). Es findet keine chemische Reaktion statt. Auch Eisen glüht auf. Dieser Feststoff verändert seine Eigenschaften und wird schwarz. Eisen reagiert mit Sauerstoff, d. h. es verbrennt. Wenn die Fäden von Eisenwolle entzündet werden, brennen sie selbstständig weiter (**B2**). Bei der Verbrennung von Eisen entstehen keine gasförmigen Produkte, sondern es entsteht festes Eisen(II)-oxid. Auch andere Metalle wie Magnesium und Aluminium können brennen und bilden Oxide.

Verbrennungen sind exotherme chemische Reaktionen mit Sauerstoff, bei denen Wärme und Licht frei werden.
Als Produkte entstehen Stoffe, die **Oxide** genannt werden, z. B. Kohlenstoffdioxid oder Eisen(II)-oxid.
Eine chemische Reaktion mit Sauerstoff unter Bildung von Oxiden nennt man **Oxidation**.
Die Verbrennung ist eine Oxidation.

Für die Oxidation von Elementen gilt: Nichtmetalle reagieren mit Sauerstoff zu Nichtmetalloxiden (molekularen Stoffen), Metalle zu Metalloxiden (Salzen):

Nichtmetall + Sauerstoff ⟶ Nichtmetalloxid

Metall + Sauerstoff ⟶ Metalloxid

Für die Reaktion von Kohlenstoff bzw. Eisen mit Sauerstoff kann man das Reaktionsschema leicht formulieren:

Kohlenstoff (s) + Sauerstoff (g) ⟶ Kohlenstoffdioxid (g) | exotherm

Eisen (s) + Sauerstoff (g) ⟶ Eisen(II)-oxid (s) | exotherm

Auf atomarer Ebene kann man diese beiden Oxidationen folgendermaßen darstellen:

Oxidation von Kohlenstoff:

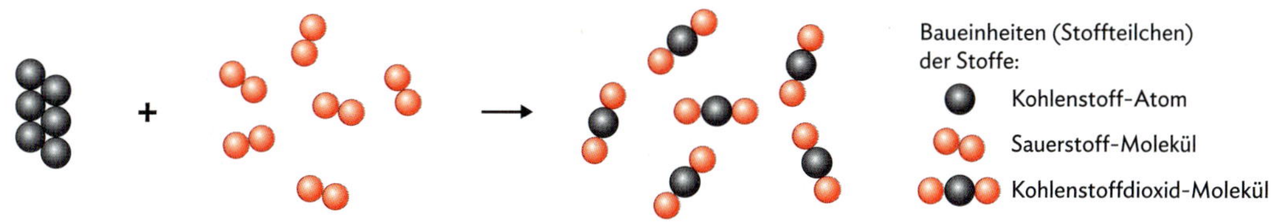

Vor der Oxidation von Kohlenstoff liegen Kohlenstoff-Atome im Feststoffverband vor. Der Sauerstoff aus der Luft besteht aus Sauerstoff-Molekülen. Jedes Sauerstoff-Molekül ist aus zwei miteinander verbundenen Sauerstoff-Atomen aufgebaut. Bei der Reaktion ordnen sich die Atome um und es bilden sich Kohlenstoffdioxid-Moleküle. Ihre Molekülformel lautet CO_2. Ein Kohlenstoffdioxid-Molekül besteht aus einem Kohlenstoff-Atom und zwei Sauerstoff-Atomen, die jeweils an das Kohlenstoff-Atom gebunden sind.

Oxidation von Eisen:

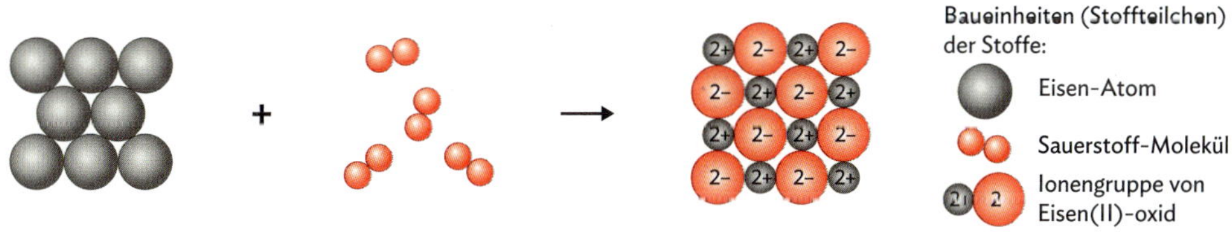

Vor der Oxidation von Eisen liegen Eisen-Atome in einem Metallgitter vor. Der Sauerstoff der Luft enthält Sauerstoff-Moleküle. Bei der chemischen Reaktion ordnen sich die Atome um und bilden Ionen. Im festen Produkt sind die Eisen(II)-Kationen Fe^{2+} und die Oxid-Anionen O^{2-} abwechselnd in einem regelmäßigen Ionengitter angeordnet. Baueinheit ist die Ionengruppe $Fe^{2+}O^{2-}$ und die Verhältnisformel ist FeO. Mit Kenntnis der chemischen Formeln von Edukten und Produkten kann man eine Reaktionsgleichung aufstellen (vgl. FM, S. 114, 115).

AUFGABEN

A1 Beim Anzünden eines Grillfeuers pustet man Luft in die Glut. Begründe dieses Vorgehen.

A2 Das Mädchen aus **B3** sagt zu seiner älteren Schwester: „Wenn eine Kerze verbrennt, wird das Wachs gasförmig und gelangt in die Luft. Wenn wir die Luft einatmen, wird das Wachs im Bauch wieder fest.“ Beurteile die Aussage. Formuliere eine Antwort der Schwester, die über die tatsächlich ablaufenden Vorgänge aufklärt.

B3 Wird das Kerzenwachs im Bauch wieder fest?

Reaktionsgleichungen aufstellen

Kennt man die Formeln der Edukte und Produkte einer chemischen Reaktion, so lässt sich diese symbolisch durch eine **Reaktionsgleichung** darstellen. Sie ist international verständlich (**B1**).

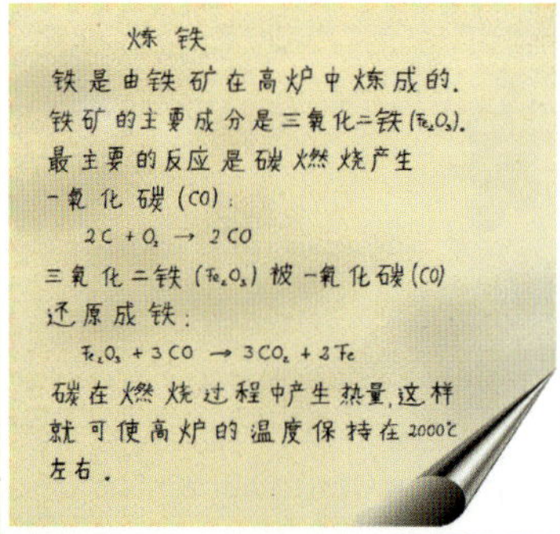

炼铁
铁是由铁矿在高炉中炼成的.
铁矿的主要成分是三氧化二铁(Fe_2O_3).
最主要的反应是碳燃烧产生
一氧化碳(CO):
$2C + O_2 \rightarrow 2CO$
三氧化二铁(Fe_2O_3)被一氧化碳(CO)
还原成铁:
$Fe_2O_3 + 3CO \rightarrow 3CO_2 + 2Fe$
碳在燃烧过程中产生热量,这样
就可使高炉的温度保持在2000℃
左右.

B1 Text aus einem chinesischen Chemieheft.

So geht's

Beispiel 1: Stelle die Reaktionsgleichung für die Bildung von Eisen(II)-oxid aus den Elementen Eisen und Sauerstoff Schritt für Schritt auf.

1. Formuliere das Reaktionsschema der Reaktion. Gib dabei auch die Aggregatzustände (g, l, s) der beteiligten Stoffe an:
   Eisen (s) + Sauerstoff (g) ⟶ Eisen(II)-oxid (s)
2. Schreibe die chemischen Formeln der Edukte und Produkte mit Platzhaltern davor auf. Beachte dabei, dass einige Elemente als zweiatomige Moleküle vorliegen (vgl. Info 2). Leite bei Verbindungen die Formel vom Namen des Stoffes ab (vgl. FM S. 97).
   $\_\_\_\ Fe + \_\_\_\ O_2 \longrightarrow \_\_\_\ FeO$
3. Setze schrittweise **Koeffizienten** (vgl. Info 1) zum Ausgleich der Zahl der angegebenen Atome bzw. Ionen vor den Formeln ein. Da das Gesetz von der Erhaltung der Masse gilt, muss die Anzahl der Atome bzw. Ionen eines bestimmten Elements auf beiden Seiten des Reaktionspfeils gleich sein. Zum Ausgleichen der Reaktionsgleichung ist es hilfreich nur die Baueinheiten (Stoffteilchen) der Stoffe (vgl. S. 113) zu betrachten und durch Änderung der Koeffizienten anzupassen. **Die Indizes der Formeln dürfen nicht geändert werden!**
   a) Auf der Eduktseite steht ein Sauerstoff-Molekül O_2, in dem zwei Sauerstoff-Atome gebunden sind (vgl. Info 2). Betrachte nun die Produktseite. In der Ionengruppe von Eisen(II)-oxid $Fe^{2+}O^{2-}$ ist nur ein Oxid-Ion gebunden. Setze daher vor die Verhältnisformel des Eisen(II)-oxids den Koeffizienten „2“ ein:
   $\_\_\_\ Fe + \_\_\_\ O_2 \longrightarrow \underline{\mathbf{2}}\ FeO$
   b) Nun liegen auf der Produktseite zwei Ionengruppen vor, also zwei Eisen(II)-Ionen und zwei Oxid-Ionen. Auf der Eduktseite stehen ebenfalls zwei gebundene Sauerstoff-Atome im Sauerstoff-Molekül O_2, aber nur ein Eisen-Atom Fe. Setze daher vor das Elementsymbol des Eisen-Atoms den Koeffizienten „2“ ein:
   $\underline{\mathbf{2}}\ Fe + \_\_\_\ O_2 \longrightarrow \underline{\mathbf{2}}\ FeO$
4. Kontrolliere, ob die Atombilanz ausgeglichen ist: Auf beiden Seiten des Reaktionspfeils liegen zwei Eisen-Atome bzw. Eisen(II)-Ionen und zwei Sauerstoff-Atome bzw. Oxid-Ionen gebunden vor.

Info 1

Als Koeffizient bezeichnet man die Zahl vor einer chemischen Formel. Diese bezieht sich auf die gesamte, dahinter stehende Formel und gibt an, wie oft die Baueinheit vorkommt. Der Koeffizient 1 wird weggelassen.

Info 2

Die folgenden Elemente kommen in der Natur in Form von zweiatomigen Molekülen vor: Wasserstoff $\mathbf{H_2}$, Sauerstoff $\mathbf{O_2}$, Stickstoff $\mathbf{N_2}$, Chlor $\mathbf{Cl_2}$, Brom $\mathbf{Br_2}$, Iod $\mathbf{I_2}$, Fluor $\mathbf{F_2}$.
Als Merkhilfe dient folgendes „Wort“, das aus den Elementsymbolen gebildet ist: „HONClBrIF“.

So geht's

Beispiel 2: Stelle die Reaktionsgleichung für die Bildung von Aluminiumoxid aus den Elementen Aluminium und Sauerstoff Schritt für Schritt auf.

1. Reaktionsschema der Reaktion:
   Aluminium (s) + Sauerstoff (g) ⟶ Aluminiumoxid (s)
2. Chemische Formeln der Edukte und Produkte mit Platzhaltern:
   ___ Al + ___ O_2 ⟶ ___ Al_2O_3
3. Ausgleichen der Reaktionsgleichung:
   a) Ausgleichen der Bilanz des Elements Sauerstoff:
   Eduktseite: zwei gebundene Sauerstoff-Atome
   Produktseite: drei Oxid-Ionen in der Ionengruppe $(Al^{3+})_2(O^{2-})_3$
   kleinstes gemeinsames Vielfaches: 2 · 3 = 6
   Ausgleichen: ___ Al + _3_ O_2 ⟶ _2_ Al_2O_3

   b) Ausgleichen der Bilanz des Elements Aluminium:
   Eduktseite: ein Aluminium-Atom
   Produktseite: vier Aluminium-Ionen (Produkt aus Koeffizient vor der Ionengruppe und Index des Symbols Al)
   Ausgleichen: _4_ Al + _3_ O_2 ⟶ _2_ Al_2O_3
4. Kontrolle der Atombilanz:
   Eduktseite: vier Aluminium-Atome, sechs gebundene Sauerstoff-Atome (in drei Sauerstoff-Molekülen)
   Produktseite: vier Aluminium-Ionen, sechs Oxid-Ionen
   Die Bilanz der beiden Elemente ist ausgeglichen.

In Wirklichkeit reagieren natürlich nicht nur vier Aluminium-Atome mit drei Sauerstoff-Molekülen, sondern viele Milliarden von Atomen bzw. Molekülen. Die Reaktionsgleichung verdeutlicht das Anzahlverhältnis, in dem die Atomsorten miteinander reagieren.

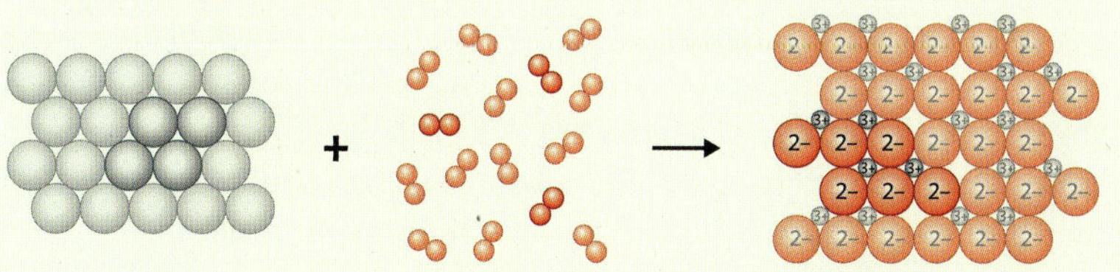

4 Al-Atome	+	3 O_2-Moleküle	→	2 Ionengruppen $(Al^{3+})_2(O^{2-})_3$
4 Al (s)	+	3 O_2 (g)	→	2 Al_2O_3 (s)

Info 3

Interpretiert man eine Reaktionsgleichung auf der Ebene von Teilchen, entfällt die Angabe des Aggregatzustands, da der Aggregatzustand eine Stoffeigenschaft ist.

AUFGABEN

A1 Stelle jeweils die Reaktionsgleichung für die Verbrennung von Kohlenstoff mit Sauerstoff zu Kohlenstoffdioxid sowie für die Verbrennung zu Kohlenstoffmonooxid auf. Erstelle für beide Reaktionen eine Skizze auf Teilchenebene und benenne die Baueinheiten aller beteiligten Stoffe.

A2 Stelle die Reaktionsgleichung für die Verbrennung von Wolfram mit Sauerstoff zu Wolfram(VI)-oxid schrittweise auf.

B4 Feuerspucker

Oxidationen mit unterschiedlicher Heftigkeit

Oxidationen können wie alle chemischen Reaktionen ganz unterschiedlich verlaufen. Sie können sehr schnell oder langsam sowie heftig oder träge ablaufen. Wovon ist das abhängig?
Wenn ein Feuerspucker eine brennbare Flüssigkeit in eine brennende Fackel pustet, entsteht eine sehr große, helle und heiße Flamme (**B4**). Die Flamme entsteht bei der Verbrennung der kleinen Flüssigkeitströpfchen in Gegenwart von Sauerstoff aus der Luft.
Während flüssiges Benzin in einer Porzellanschale ruhig mit heller Flamme verbrennt (**V1b**), explodiert ein fein verteiltes Gasgemisch aus Benzin und Luft nach der Zündung. Im Gasgemisch sind die beiden Edukte Benzin und Sauerstoff gut durchmischt. Obwohl sie vollkommen unterschiedlich heftig ablaufen, ist für beide Reaktionen dasselbe Reaktionsschema zu formulieren:

Octan (l) + Sauerstoff (g) $\longrightarrow$ Kohlenstoffdioxid (g) + Wasser (g)

$$2\,C_8H_{18}\,(l) + 25\,O_2\,(g) \longrightarrow 16\,CO_2\,(g) + 18\,H_2O\,(g)$$

Bei einer **Explosion** findet eine sehr **schnelle Oxidation** statt. Diese erfolgt unter einer starken Wärmeentwicklung sowie der Bildung gasförmiger Reaktionsprodukte. Der begleitende Knall ist auf eine Druckwelle zurückzuführen, die während der Explosion entsteht.
Wie die Verbrennung ist auch das **Rosten** (**B5**) von Eisen in feuchter Luft eine Oxidation. Es kann allerdings lange dauern, mitunter Jahre, bis ein Eisenteil an der Luft rostet. Das Rosten ist dementsprechend eine **langsame Oxidation**.

Oxidationen können je nach Reaktionsbedingungen unterschiedlich schnell ablaufen.

Info
Im Fernsehen werden oft Autos gezeigt, die nach einem Unfall explodieren. Aber Achtung, die Bilder täuschen! Wenn ein Auto bei einem Unfall in Brand gerät, kann sich auslaufendes Öl oder Benzin zwar am heißen Motor entzünden, es kommt aber nicht zu einer Explosion.

Der Einfluss des Zerteilungsgrades eines Stoffes

Die Reaktion von Eisenpulver in der Brennerflamme zeigt einen feuerwerkartigen Funkenregen. Eisen-Nanopartikel können mit Sauerstoff sogar explosionsartig reagieren (**B7**). Als Produkte entstehen wie auch beim Rosten Eisen(II)-oxid und Eisen(III)-oxid. Die folgende Reaktionsgleichung beschreibt die Bildung von Eisen(III)-oxid:

$$4\,Fe\,(s) + 3\,O_2\,(g) \longrightarrow 2\,Fe_2O_3\,(s)$$

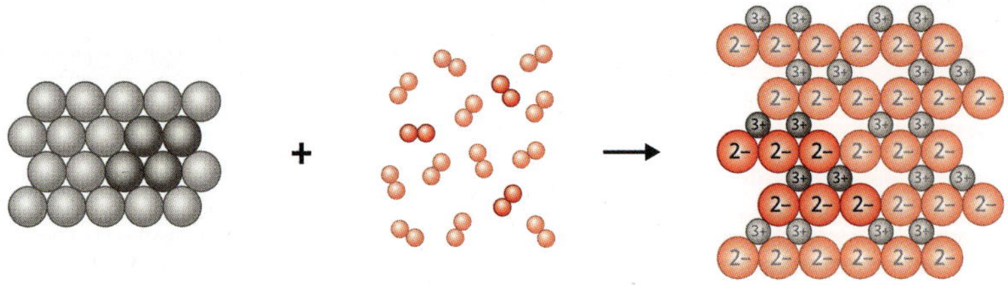

B5 Skulptur vor und nach der Rostbildung

In **V2** zeigt sich der Einfluss des **Zerteilungsgrades**, das heißt der Zerteilung eines Stoffes (Eisenblech, Eisenwolle, Eisenpulver, Eisen-Nanopartikel), auf den Verlauf einer Reaktion.
Dies kann folgendermaßen erklärt werden (**B6**): Die Eisen-Atome, aus denen der Feststoff besteht und die Sauerstoff-Moleküle müssen zusammenstoßen, damit es zu einer Reaktion kommt. Die Oxidation von Eisen in Pulverform verläuft deutlich heftiger, weil gleichzeitig mehr Eisen-Atome mit Sauerstoff-Molekülen Kontakt haben, als wenn Eisen als Blech oder Wolle vorliegt. Es befinden sich immer wesentlich mehr Eisen-Atome an der Oberfläche, wenn die Feststoffportion Eisen, die verbrannt wird, fein zerteilt ist, als wenn die Feststoffportion Eisen in einem Stück vorliegt (**B6**). Daher gilt:

Eine Oxidation verläuft umso heftiger, je größer der **Zerteilungsgrad** des brennbaren Stoffes ist. Bei einer feinen Zerteilung ist die Oberfläche größer, an der die chemische Reaktion mit Sauerstoff stattfinden kann.

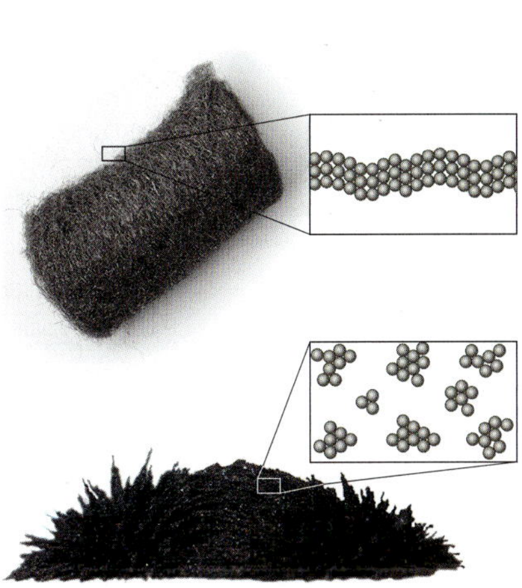

B6 Feststoffportion Eisenwolle und Eisenpulver sowie Darstellung im Teilchenmodell

Der Einfluss des Sauerstoffanteils

Die Heftigkeit einer Verbrennung hängt auch davon ab, wie viel Sauerstoff für die Reaktion zur Verfügung steht. Eisenwolle glüht in der Flamme an der Luft nur leicht. In einem mit Sauerstoff gefüllten Standzylinder glüht sie deutlich heller sowie heftiger und länger. Auch das ist auf Teilchenebene zu erklären:

Für eine Verbrennungsreaktion müssen die Atome des Brennstoffs Eisen mit den Sauerstoff-Molekülen zusammenstoßen. Je mehr Sauerstoff-Moleküle vorhanden sind, desto mehr Zusammenstöße können erfolgen und desto heftiger verläuft die Reaktion.

Sauerstoff ist nur ein Bestandteil der Luft. In einem Standzylinder mit reinem Sauerstoff brennt die Eisenwolle viel heller und länger als an der Luft (**LV3**). Allgemein gilt:

Eine Verbrennung ein und desselben Brennstoffs verläuft umso heftiger, je höher der Anteil des Sauerstoffs im Reaktionsraum ist, in dem die Verbrennung erfolgt.

B7 Feinst verteiltes, pyrophores Eisen, das aus Eisenoxalat gewonnen wurde, entzündet sich an der Luft.

AUFGABEN

A1 Stelle die Reaktionsgleichung für die Verbrennung von Schwefel mit Sauerstoff zu Schwefeldioxid auf. Erstelle dazu eine Skizze auf Teilchenebene. Beschreibe zu erwartende Unterschiede bei der Verbrennung von einer Schwefelstange und von Schwefelpulver.

FACHBEGRIFFE

Verbrennung, Oxide, Oxidation, Reaktionsgleichung, Explosion, Rosten, langsame bzw. schnelle Oxidation, Zerteilungsgrad eines Stoffes

Energiefreisetzung durch Atmung

Vermutlich hat sich jeder beim Sport schon einmal so richtig verausgabt. Während der Anstrengung muss man viel häufiger und tiefer einatmen. Hinterher hat man großen Durst und Hunger. Woran liegt das?

B1 Sauerstoffarmes (links) und sauerstoffreiches Blut (rechts) kann man an der Farbe unterscheiden.

Wir atmen etwa 20 000-mal am Tag, ganz automatisch. Selbst gut trainierte Taucher können die Luft maximal wenige Minuten anhalten, sonst verlieren sie das Bewusstsein und sterben. Vor allem unser Gehirn, aber auch jede einzelne Zelle des Körpers muss ständig mit Sauerstoff versorgt werden. Der Sauerstoff wird in den Körperzellen bei der sog. **Zellatmung** für Verbrennungsreaktionen benötigt. Das sind Oxidationen, wie auch andere Verbrennungen außerhalb des Körpers. Sie liefern Energie. Als Hauptbrennstoff dient Glucose $C_6H_{12}O_6$, auch bekannt als Traubenzucker:

$$C_6H_{12}O_6 + 6\,O_2 \longrightarrow 6\,CO_2 + 6\,H_2O \quad | \text{ exotherm}$$

Die Versorgung der Zellen mit den benötigten Stoffen und der Abtransport der Abfallstoffe wird durch das Transportsystem Blut gewährleistet. In den feinen Haargefäßen, den Kapillaren, kommt es zum Gasaustausch. Diese befinden sich z. B. in der Lunge, wo Sauerstoff aufgenommen und Kohlenstoffdioxid abgegeben wird. Umgekehrtes geschieht in den Körperkapillaren.
Dort wird der Sauerstoff an die Zellen abgegeben und Kohlenstoffdioxid ins Blut aufgenommen. Das Transportmolekül, an das die Sauerstoff-Moleküle binden, heißt Hämoglobin und befindet sich in den roten Blutkörperchen. Es ist auch für die rote Farbe des Bluts verantwortlich. Frisches, sauerstoffreiches Blut ist viel heller als sauerstoffarmes (**B1**). Das Transportsystem Blut wird angetrieben durch eine Pumpe, das Herz. Das Herz muss ein Leben lang ununterbrochen schlagen, eine phantastische Leistung. Es treibt den Blutkreislauf an, so dass jede einzelne Zelle des Körpers erreicht wird und ständig neuer Nachschub an Sauerstoff erfolgt. Die Brennstoffe für die Oxidation werden ebenfalls mit dem Blut transportiert. Sie stammen aus der Nahrung. Da die Nahrungsteilchen zu groß und oft wasserunlöslich sind, können sie nicht direkt mit dem Blutstrom fließen. Sie müssen erst durch Verdauungsprozesse mechanisch zerkleinert (Kauen) und chemisch (durch sogenannte Enzyme) zersetzt werden. Im Dünndarm gelangen die transportablen Teilchen, wie z. B. Glucose, dann ins Blut. In den Zellen findet schließlich die Oxidation in winzigen „Kraftwerken", den sogenannten Mitochondrien, statt.
Mit Hunger signalisiert der Körper, dass Nährstoffnachschub erfolgen sollte. Durst zeigt an, dass Flüssigkeit nachgefüllt werden muss, denn die Reaktionen im Körper laufen in wässrigen Lösungen ab.

AUFGABE

A1 Vergleiche die Verbrennung in den Zellen mit der Verbrennung von Eisen und der Verbrennung von Kohlenstoff.

A2 Miss eine Minute die Zahl deiner Herzschläge. Berechne daraus die Anzahl an Herzschlägen in einem 80-jährigen Leben.

Die „Bio"-Solarzelle

Solarenergie ist eine umweltfreundliche Alternative zu Energie aus fossilen Brennstoffen. Das Sonnenlicht muss aber erst „eingefangen" und energetisch nutzbar gemacht werden. Das gelingt in Solarzellen. Auch grüne Pflanzen nutzen das Sonnenlicht. Sind sie die „natürlichen" Solarzellen?

B1 Energie des Sonnenlichts – technisch und natürlich genutzt

Eine (technische) Solarzelle und das grüne Blatt einer Pflanze haben tatsächlich etwas gemeinsam: Beide wandeln die Lichtenergie der Sonne in eine andere Energieform um.
Es gibt aber Unterschiede:
In der *Solarzelle* wird die Energie der Sonnenstrahlung (Lichtenergie) in elektrische Energie umgewandelt. Die kann dann z. B. zum Antrieb eines Motors oder zur Versorgung eines Haushalts mit Strom genutzt werden. In einer Solarzelle wird die elektrische Energie aber nicht gespeichert.
In einem *grünen Blatt* wird Lichtenergie der Sonne in chemische Energie umgewandelt. Dabei entstehen aus Wasser und Kohlenstoffdioxid Glucose (Traubenzucker) und Sauerstoff. Im Zucker ist die Energie als chemische Energie gespeichert.

Den Prozess der Umwandlung von Lichtenergie in chemische Energie in grünen Pflanzen nennt man **Fotosynthese**.
Das Wasser für die Fotosynthese nimmt die Pflanze über die Wurzeln auf, das Kohlenstoffdioxid stammt aus der Luft und wird über die Spaltöffnungen der Blätter aufgenommen.

Als wichtiges Nebenprodukt der Fotosynthese entsteht Sauerstoff, der an die Luft abgegeben wird. Er ermöglicht Menschen, Tieren und Pflanzen das Atmen.
Das Produkt Glucose nutzt eine Pflanze sowohl zur Zellatmung als auch zum Aufbau der Verbindungen Stärke (= Speicherstoff) und Cellulose (= Gerüststoff). Cellulose ist der Hauptbestandteil der pflanzlichen Zellwand und damit der mengenmäßig wichtigste Naturstoff auf der Erde.
Wenn trockene Zweige oder Äste verbrannt werden, wird die in Zucker, Stärke und Cellulose gespeicherte chemische Energie erneut umgewandelt, diesmal in thermische Energie und in Lichtenergie.

Das folgende Schema stellt den Zusammenhang zwischen Fotosynthese und Zellatmung (Oxidation) modellhaft und vereinfacht dar:

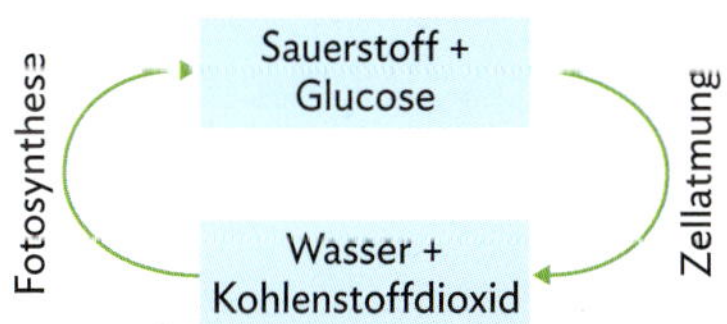

Die Fotosynthese findet nicht im gesamten Blatt einer Pflanze statt, sondern nur in den Chloroplasten, die den grünen Blattfarbstoff Chlorophyll enthalten. Chloroplasten kann man sich vereinfacht als Zuckerfabrik der Blattzellen in den Blättern vorstellen: Die Edukte Wasser und Kohlenstoffdioxid gelangen hinein und Glucose und Sauerstoff als Produkte wieder hinaus.

AUFGABEN

A1 Ordne die Begriffe exotherm und endotherm begründet der Fotosynthese bzw. Zellatmung zu.

A2 Erkläre, worin ein Blatt einer Solarzelle überlegen ist.

Bestandteile der Luft

Die Luftqualität wird in Deutschland ständig überwacht. Experten führen bundesweit regelmäßig Messungen durch und veröffentlichen Karten zur Luftqualität. Der Anteil einiger Luftbestandteile hat sich über die Jahrzehnte verändert – mit fatalen Auswirkungen. Aber was ist Luft eigentlich?

V1 Sauerstoffanteil in der Luft

PROBLEM

Im Alltag spricht man oft von „verbrauchter Luft“ und meint damit, dass sie wenig Sauerstoff enthält. Doch wie hoch ist der Anteil dieses Gases normalerweise?

DURCHFÜHRUNG

Baue die Apparatur aus **B1** zusammen. Fülle in das Quarzrohr mittig etwas Kupferwolle. Ziehe zu Beginn in eine Spritze 50 mL Luft. Anschließend erhitze mit dem Brenner die Kupferwolle und bewege die Spritzen mehrmals hin- und her. Lass die Apparatur abkühlen und lies die Gasmenge in der Spritze ab.

AUSWERTUNG

a) Halte deine Beobachtungen im Quarzrohr und zur Veränderung des Gasvolumens während des Versuchs fest.

b) Erläutere die Beobachtungen, indem du die Reaktionsgleichung für die Oxidation von Kupfer aufstellst.

c) Bestimme das Volumen des verbrauchten Luftanteils.

d) Das Restgas aus der Spritze soll langsam auf einen glimmenden Holzspan gedrückt werden. Stelle eine Hypothese zur Versuchsbeobachtung auf und führe den Versuch dann durch.

ENTSORGUNG G2

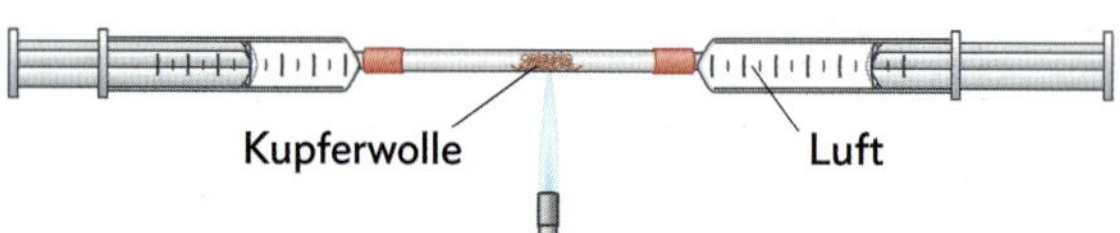

B1 Versuchsaufbau zu V1

FM Sauerstoff nachweisen – die Glimmspanprobe

Chemiker benötigen einfache und schnelle Methoden um bestimmte Stoffe nachzuweisen. Die Glimmspanprobe ist eine einfache Methode, um Sauerstoff nachzuweisen.

So geht's Entzünde einen langen Holzspan und puste ihn sogleich aus. Führe den noch glimmenden Holzspan in ein mit Sauerstoff gefülltes Reagenzglas. Ist Sauerstoff im Reagenzglas vorhanden, flammt der Span wieder auf: Die Glimmspanprobe verläuft positiv.

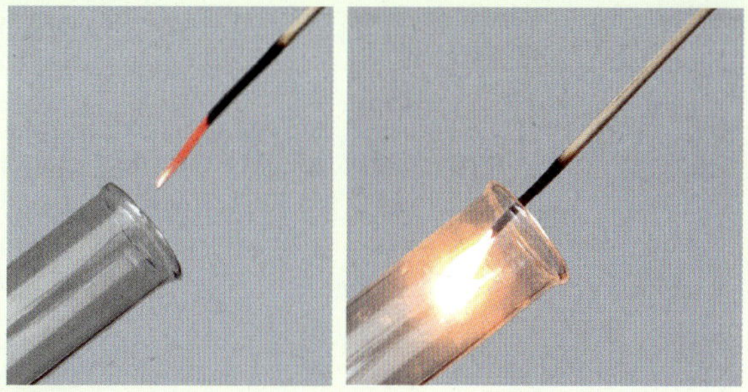

B2 Positiv verlaufende Glimmspanprobe

V2 Bestimmung der Dichte von Gasen

PROBLEM

Ein mit Helium gefüllter Ballon steigt aufgrund seiner geringen Dichte nach oben. Wie kann man die Dichte eines Gases experimentell bestimmen?

DURCHFÜHRUNG

Verschließe eine 50 mL Spritze mit einem Blindstopfen. Ziehe sie bis auf 50 mL heraus und fixiere den Stempel mit einem Nagel (B3) (zuvor wurde schon ein Loch mit einem heißen Nagel in den Stempel geschmolzen). Lege die luftleere Spritze auf eine Waage mit einer Genauigkeit von 0,001 g. Danach wird die Spritze mit je 50 mL des zu untersuchenden Gases (z. B. Helium (GHS 4), Sauerstoff (GHS 3|4), Kohlenstoffdioxid (GHS 4), Stickstoff (GHS 4)) gefüllt und die Masse erneut bestimmt.

AUSWERTUNG

a) Stelle mithilfe der Messergebnisse Aussagen zur Dichte der untersuchten Gase auf.

b) Die Dichte wird oft in der Einheit g/L angegeben. Ermittle die Dichten der untersuchten Gase.

ENTSORGUNG –

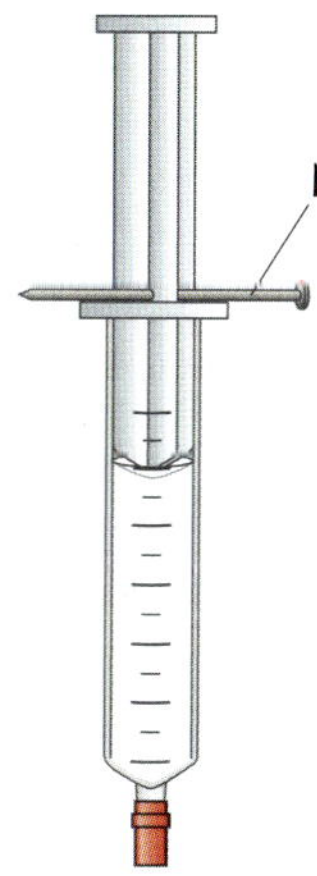

B3 Versuchsaufbau zu **V2**

V3 Die Kalkwasserprobe

PROBLEM

In der Ausatemluft ist Kohlenstoffdioxid enthalten. Wie lässt sich dieses Gas identifizieren?

DURCHFÜHRUNG

Drücke eine mit Kohlenstoffdioxid (GHS 4) gefüllte Spritze langsam in ein mit Kalkwasser (GHS 5) gefülltes Becherglas. Wiederhole das Experiment mit Sauerstoff (GHS 3|4) und Stickstoff (GHS 4).

AUSWERTUNG

a) Recherchiere die chemische Zusammensetzung von Kalkwasser.

b) Begründe, dass Kalkwasser zum Nachweis von Kohlenstoffdioxid geeignet ist.

c) Entwirf einen Versuch zum Nachweis von Kohlenstoffdioxid in der Ausatemluft.

ENTSORGUNG A

Bestandteil	Volumen-anteil
Stickstoff	78,08 %
Sauerstoff	20,95 %
Argon	0,93 %
Kohlenstoffdioxid	0,038 %
Neon	0,0018 %
Helium	0,0005 %
Methan	0,00016 %
Krypton	0,00011 %
Wasserstoff	0,00005 %
Distickstoffmonooxid	0,00003 %
Kohlenstoffmonooxid	0,00002 %
Xenon	0,000009 %

B1 Bestandteile trockener Luft in Meereshöhe, geordnet nach Volumenanteilen

Die Zusammensetzung von Luft

Nach einem langen Schultag ist die Luft im Klassenzimmer oft „verbraucht" und man muss lüften, um „frische" Luft reinzulassen. Die Alltagsbegriffe „verbraucht" und „frisch" beziehen sich hauptsächlich auf den Sauerstoffanteil der Luft.
Um den Anteil von **Sauerstoff** in der Luft zu bestimmen, oxidiert man Kupfer mit Luftsauerstoff in einer geschlossenen Apparatur, in der sich 50 mL Luft befinden (**V1**):

Kupfer (s) + Sauerstoff (g) ⟶ Kupfer(II)-oxid (s)

$2\,Cu\,(s) + O_2\,(g) \longrightarrow 2\,CuO\,(s)$

Sobald der gesamte Sauerstoff in der Apparatur verbraucht ist, stoppt die Reaktion. Von den 50 mL Luft bleiben nach der Reaktion noch ca. 40 mL übrig. Mit dem Experiment lässt sich somit ermitteln, dass der Sauerstoffanteil in der Luft ca. 20 % (vgl. **B1**) beträgt. Das Restvolumen besteht vor allem aus einem Gas, das aufgrund seiner erstickenden Wirkung den Namen **Stickstoff** erhielt. Drückt man es auf einen glimmenden Holzspan, so geht dieser aus.
Allerdings ist das Restgas kein reiner Stickstoff, sondern immer noch ein Gasgemisch (**B1**). Mit schulischen Mitteln können weitere Gase jedoch nicht nachgewiesen werden. In geringer Menge sind zum Beispiel **Kohlenstoffdioxid** (die Menge reicht für eine Kalkwasserprobe nicht aus), Argon, weitere **Edelgase** und in feuchter Luft Wasserdampf enthalten, jeweils in unterschiedlichen Volumenanteilen.

Luft ist kein Reinstoff, sondern ein homogenes Stoffgemisch aus Stickstoff, Sauerstoff und anderen Gasen.

Trennung der Luft in ihre Bestandteile

Viele Bestandteile der Luft werden für Industrie, Medizin und Forschung in reiner Form benötigt. Dazu muss man die Luft zunächst verflüssigen und anschließend durch Destillation trennen.

CARL VON LINDE entwickelte im Jahr 1876 ein Verfahren zur Luftverflüssigung, das nach ihm benannt wurde:
Ein Kompressor drückt die Luft zusammen. Die komprimierte (zusammengedrückte) Luft erwärmt sich dabei. Die warme Luft wird durch einen Kühler geleitet. Dabei nimmt das Kühlmittel die Wärme auf. Anschließend lässt man die komprimierte, abgekühlte Luft sich wieder ausdehnen. Dabei kühlt sie sich noch weiter ab. Das Zusammendrücken, Abführen der Wärme und Ausdehnen wird einige Male hintereinander durchgeführt, bis schließlich eine Temperatur von ca. –200 °C erreicht ist. Bei dieser Temperatur kondensiert die Luft und wird flüssig.

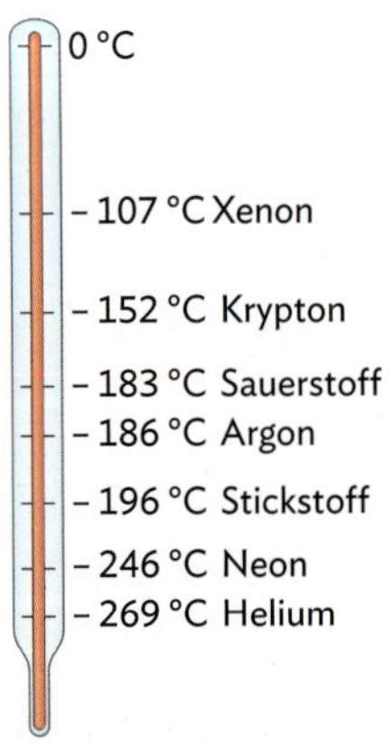

B2 Siedetemperaturen einiger Gase der Luft

Bestandteile der Luft und ihre Eigenschaften

Luft ist ein Stoffgemisch und die Stoffe, aus denen das Gemisch besteht, haben verschiedene Stoffeigenschaften. Diese Eigenschaften kann man experimentell bestimmen und untersuchen.

Bestimmt man zunächst die Masse einer leeren Spritze, zieht dann 50 mL Stickstoff auf und bestimmt danach die Masse mit einer Präzisionswaage erneut, beträgt die Massendifferenz ca. 0,06 g (**V2**). Aus dem physikalischen Zusammenhang $\rho = \frac{m}{V}$ errechnet (vgl. Info, S. 31) sich dann eine Dichte ρ von 1,2 g/L für den Stickstoff bei Zimmertemperatur. Gleiches Vorgehen kann für andere Gase der Luft wiederholt werden.

Stickstoff

Der Hauptbestandteil der Luft ist Stickstoff. Stickstoff ist ein farb- und geruchloses, ungiftiges Gas. Lebewesen ersticken darin, da Stickstoff die Atmung nicht unterstützt. Bei -196 °C kondensiert Stickstoff zu einer farblosen Flüssigkeit (**B4**). Er ist nicht brennbar und erstickt Flammen. Stickstoff ist reaktionsträge und reagiert bei Raumtemperatur nur mit wenigen Stoffen. Bei 0 °C beträgt die Dichte von Stickstoff 1,25 g/L. Einen Hinweis auf das Vorhandensein von Stickstoff liefert ein glimmender Holzspan, der erlischt, wenn er in das Gas gehalten wird.

STECKBRIEF

Stickstoff

- geruchloses, geschmackloses, farbloses Gas; Dichte bei 0 °C: ρ = 1,25 g/L
- Siedetemperatur T= −196 °C
- Schmelztemperatur T= −218 °C
- brennt nicht, unterhält die Verbrennung nicht; ist bei Raumtemperatur sehr reaktionsträge
- Wichtige Stickstoffverbindungen sind Ammoniak und Salpetersäure

B3 Eigenschaften von Stickstoff

B4 Flüssiger Stickstoff

AUFGABEN

A1 Beschreibe und erkläre ein Experiment, mit dem man nachweisen kann, dass Luft kein Reinstoff ist.

A2 Stelle die Anteile der Luftbestandteile Stickstoff, Sauerstoff, Kohlenstoffdioxid und Edelgase in einem Kreisdiagramm dar.

A3 Beim Aufpumpen eines Fahrradreifens spürt man eine deutliche Erwärmung der Luftpumpe. Erkläre diese Analogie zum Linde-Verfahren.

STECKBRIEF

Sauerstoff

- geruchloses, geschmackloses, farbloses Gas, leichter als Luft; Dichte bei 0 °C: ρ = 1,43 g/L
- Siedetemperatur T= −183 °C
- Schmelztemperatur T= −219 °C
- brennt nicht, unterhält die Verbrennung; bildet mit fast allen Elementen Verbindungen
- Nachweis: Glimmspanprobe

B5 Eigenschaften von Sauerstoff

Sauerstoff

Sauerstoff ist ein farb- und geruchloses, ungiftiges Gas. Sauerstoff ist lebensnotwendig. Menschen und Tiere benötigen ihn für die Atmung. Bei -183 °C kondensiert Sauerstoff zu einer bläulichen Flüssigkeit. Jede Verbrennung benötigt Sauerstoff. Man sagt, er unterhält die Verbrennung. Bei Reaktionen mit Sauerstoff entstehen Oxide. Die Dichte beträgt bei 0 °C 1,43 g/L. Sauerstoff kann mit der **Glimmspanprobe** nachgewiesen werden. Hierzu hält man einen glimmenden Holzspan in das zu untersuchende Gas. Glüht der Holzspan hell auf, so ist dies ein Nachweis für das Vorhandensein von Sauerstoff (vgl. FM, S. 121).

Edelgase

Edelgase (vgl. Übersicht zu den Stoffen, S. 176) sind zu etwa 0,93 % in der Luft enthalten, Argon zu 0,9 %. Helium, Neon, Krypton und Radon machen zusammen etwa 0,03 % aus. Die Edelgase sind farb- und geruchlos. Da sie reaktionsträge sind, wurden sie erst spät entdeckt. Es gibt nur sehr wenige Verbindungen mit Edelgasen.

Kohlenstoffdioxid

Die Atemluft von Menschen und Tieren enthält das farb-und geruchlose Gas Kohlenstoffdioxid. Pflanzen benötigen es für die Fotosynthese (vgl. S. 119). Das Gas kann für Menschen und Tiere gefährlich werden. Schon ab einem Volumenanteil von 8 % Kohlenstoffdioxid in der Luft können Menschen bewusstlos werden. Die Dichte von Kohlenstoffdioxid beträgt 1,98 g/L bei 0 °C. Kohlenstoffdioxid kann durch die **Kalkwasserprobe** (vgl. FM links) nachgewiesen werden. Hierbei wird etwas Kalkwasser (eine Lösung von Calciumhydroxid in Wasser) in ein Reagenzglas gegeben. Leitet man dann Kohlenstoffdioxidgas hindurch, bildet sich der weiße Feststoff Calciumcarbonat und die Lösung wird trüb (**V3**). In der normalen Raumluft sind etwa 0,04 % Kohlenstoffdioxid enthalten, in ausgeatmeter Luft sind es 4 %.

FM Kohlenstoffdioxid nachweisen – die Kalkwasserprobe

Die Kalkwasserprobe wird zum Nachweis von Kohlenstoffdioxid durchgeführt.

So geht's Nimm eine frisch hergestellte, gesättigte und dekantierte Lösung von Calciumhydroxid (Kalkwasser) und leite das Gas vorsichtig ein. Wenn sich das Kalkwasser weiß trübt, ist der Nachweis positiv: Das eingeleitete Gas ist Kohlenstoffdioxid.

B6 Kalkwasser vor und nach dem Einleiten von Kohlenstoffdioxid

Globale Auswirkungen des veränderten Kohlenstoffdioxid-Anteils

Durch Menschen verursachte Kohlenstoffdioxid-Emissionen verändern in zunehmendem Maße unser Klima. Der **Klimawandel** zeigt sich dabei sowohl in langfristigen Klimaänderungen wie in langsam steigenden Durchschnitttemperaturen, als auch in stärkeren Klimaschwankungen und häufigeren Extremwetterereignissen wie Stürmen, Dürren oder Hitzesommern. Die Folge sind ein Ansteigen der Meeresspiegel sowie ein Rückgang von Schnee- und Eisvorkommen.

Der Treibhauseffekt

Von der Sonne erreichen Licht und Wärmestrahlung die Erdoberfläche. Ein Teil der Wärmestrahlung wird von der Erde reflektiert. Nur ein Teil davon kann ins Weltall entweichen, der Rest wird von atmosphärischen Gasen, den sogenannten Treibhausgasen, absorbiert und wiederum in Richtung Erdoberfläche reflektiert. Die Atmosphäre wärmt sich auf. Da dies ganz ähnlich auch in einem Treibhaus geschieht, nennt man den Effekt Treibhauseffekt. Man unterscheidet zwischen dem **natürlichen** und dem von Menschen hervorgerufenen (**anthropogenen**) **Treibhauseffekt**. Ohne den natürlichen Treibhauseffekt wäre auf der Erde kein Leben möglich, da die Temperatur auf der Erde bei durchschnittlich -18 °C liegen würde. Die Erde wäre regelrecht eingefroren. Die Treibhausgase der Atmosphäre sind u. a. Kohlenstoffdioxid, Methan und Wasserdampf.

Durch menschlichen Einfluss, vor allem durch die Verbrennung fossiler Energieträger (Kohle, Erdöl und Erdgas) und eine veränderte Landnutzung (wie die Rodung von Wäldern) erhöhte sich die Konzentration der Treibhausgase wie z. B. Kohlenstoffdioxid in der Atmosphäre in den letzten 150 Jahren sehr stark: Die Atmosphäre speichert jetzt zu viel Wärme und die durchschnittliche Temperatur steigt an.

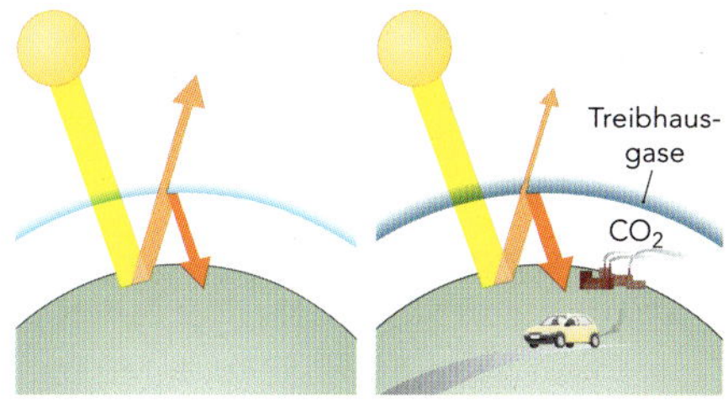

B7 Treibhauseffekt: natürlich (links) und anthropogen (rechts)

Zeitliche Entwicklung der Kohlendioxidstoff-Konzentration in der Luft

Den Anstieg der Kohlenstoffdioxid-Konzentration belegt am besten die sogenannte KEELING-Kurve (**B8**), die auf Hawaii gemessen wurde. 1960 lag die Kohlenstoffdioxid-Konzentration in der Luft im Mittel noch bei ca. 312 ppm und stieg bis 2017 auf ca. 405 ppm.

Dabei ist die Kohlenstoffdioxid-Konzentration regelmäßigen Schwankungen während eines Jahres unterworfen. Von Mai bis Oktober sinken die Werte auf der Nordhalbkugel. Pflanzen benötigen Kohlenstoffdioxid für die Fotosynthese (vgl. S. 119). Den Rest des Jahres steigen die Werte wieder.

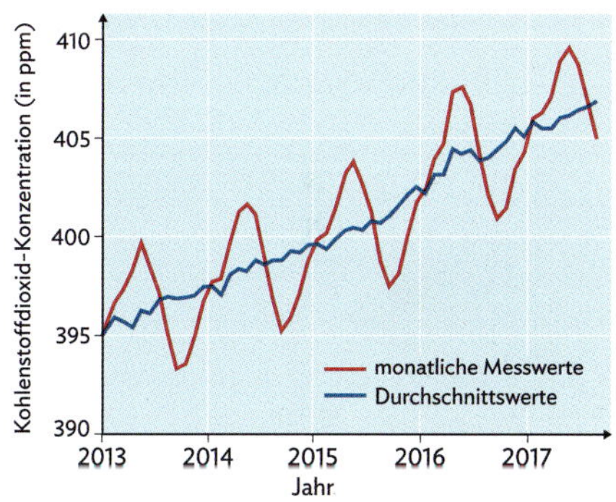

B8 Anstieg der gemessenen Kohlenstoffdioxid-Konzentration auf dem Mauna Loa (Hawaii) von 2012 bis 2017

Info

Die Einheit ppm bedeutet „parts per million“. 1 ppm entspricht einem Teilchen aus einer Millionen Teilchen.

AUFGABEN

A1 Erstelle einen Steckbrief für Kohlenstoffdioxid.

A2 Viele Pflanzen werden in einem Glashaus, auch „Treibhaus“ genannt, kultiviert. Erkläre den Begriff „Treibhaus“ in diesem Zusammenhang.

A3 Stelle die Ursachen und Folgen des vermehrten Kohlenstoffdioxid-Ausstoßes der letzten Jahrzehnte zusammen.
Überlege dir Maßnahmen, mit denen du zur Vermeidung unnötigen Kohlenstoffdioxid-Ausstoßes beitragen kannst.

FACHBEGRIFFE

Sauerstoff, Stickstoff, Kohlenstoffdioxid, Edelgase, Glimmspanprobe, Kalkwasserprobe, Klimawandel, natürlicher und anthropogener Treibhauseffekt

Kohlenstoffmonooxid – eine unsichtbare Gefahr

Kohlenstoffmonooxid (CO) ist neben Kohlenstoffdioxid (CO_2) ein weiteres Nichtmetalloxid aus den Elementen Kohlenstoff und Sauerstoff. Es findet in den Medien hauptsächlich im Zusammenhang mit tragischen Unfällen Erwähnung. Kohlenstoffmonooxid ist ein äußerst gefährliches Atemgift. Aber es gibt auch nützliche Anwendungen.

B1 Ein Holzkohle-Grill gehört ins Freie

Vor einiger Zeit erschütterte der Tod von sechs Jugendlichen die Menschen in Unterfranken. Sie hatten in einem Gartenhaus eine Party gefeiert. Todesursache war eine Kohlenstoffmonooxid-Vergiftung, verursacht durch ein Stromaggregat, das mit Benzin betrieben wurde und eigentlich nicht in Innenräumen verwendet werden durfte. Kohlenstoffmonooxid kann schnell zur tödlichen Gefahr werden. Besonders von alten, schlecht gewarteten Heizanlagen und Kaminöfen geht ein unmittelbares Risiko aus. Auch ein Holzkohlegrill hat in geschlossenen Räumen nichts zu suchen (**B1**).

Das Gas Kohlenstoffmonooxid entsteht zum Beispiel bei unvollständigen Verbrennungen von fossilen Brennstoffen. Neben Auspuffgasen enthält auch der Rauch von Tabak Kohlenstoffmonooxid. Das Gas ist farblos, geruchlos und geschmacklos und damit für die menschlichen Sinne nicht wahrnehmbar.

Kohlenstoffmonooxid ist giftig beim Einatmen, da es viel stärker an das Transportmolekül Hämoglobin bindet als Sauerstoff (vgl. S. 118). Kohlenstoffmonooxid verdrängt den Sauerstoff vom Hämoglobin, was zu einem verminderten Sauerstoffgehalt im Blut führt. Bereits ab einer Kohlenstoffmonooxid-Konzentration von nur 0,0035 % (35 ppm) kann es innerhalb von 6 bis 8 Stunden zu ersten Symptomen kommen. Eine Konzentration von 0,08 % führt innerhalb von zwei Stunden zur Bewusstlosigkeit. Bei einem Atemluftanteil von 1,28 % tritt innerhalb weniger Minuten der Tod ein.

Die Todes- und Unfallzahlen mit Kohlenstoffmonooxid konnten durch die Einführung von Detektoren deutlich reduziert werden.

Obschon so giftig, produziert unser Körper selbst geringe Mengen an Kohlenstoffmonooxid. Er reguliert mit dem Gas den Kontakt unter den Nervenzellen und den Durchmesser von Blutgefäßen.

Eine technische Anwendung ist die Herstellung von Synthesegas. Die Edukte Kohlenstoff und Wasser reagieren dabei zu den Produkten Kohlenstoffmonooxid und Wasserstoff.

Synthesegas wird u. a. zur Herstellung von künstlichem Benzin oder Methanol verwendet.

AUFGABE

A1 Recherchiere die Zusammensetzung von Stadtgas und seine historische Bedeutung. Begründe, warum Stadtgas inzwischen durch Erdgas ersetzt wurde.

Stickstoffoxide - Schadstoffe und Helfer

Die Sammelbezeichnung Stickstoffoxide steht für verschiedene gasförmige Verbindungen aus den Elementen Stickstoff und Sauerstoff. Dazu zählen die beiden Verbindungen Stickstoffmonooxid (NO) und Stickstoffdioxid (NO_2), zusammen als NO_X bezeichnet. Sie sind als Luftschadstoffe bekannt. Ein weiteres Stickstoffoxid spielt eine wichtige Rolle in der Narkosemedizin. Sein chemischer Name lautet Distickstoffmonooxid (N_2O).

B1 Verkehrsstau in einer Großstadt

Schon die Hitze einer Kerzenflamme reicht zur Bildung von sehr geringen Mengen Stickstoffmonooxid aus. Mit weiterem Sauerstoff und noch höherer Temperatur reagiert dieses weiter zu Stickstoffdioxid. Die bedeutendste Quelle dieser sogenannten „Stickoxide" sind Verbrennungsmotoren von Kraftfahrzeugen im Straßenverkehr (**B1**). Der Einsatz von Katalysatoren soll den Ausstoß von Stickoxiden vermeiden, da an der Katalysatoroberfläche u. a. Stickoxide in Stickstoff umgewandelt werden. Vor allem in Großstädten und Ballungsgebieten kann es durch Stickoxide zur Beeinträchtigung der Gesundheit kommen. Stickoxide dringen beim Einatmen tief in die Lungenbläschen ein und greifen die Schleimhäute an. Darüber hinaus sorgen sie für die Bildung von gesundheitsschädlichem, bodennahem Ozon. Bei Pflanzen führen sie zum Gelbwerden der Blätter und Kümmerwuchs.

Eine weitere Stickstoff-Sauerstoff-Verbindung ist Distickstoffmonooxid, auch unter dem Namen Lachgas bekannt. Patienten, die normalerweise große Angst vor dem Zahnarzt haben, können damit gelassener auf dem Behandlungsstuhl liegen. Die Anwendung von Lachgas ermöglicht eine entspannte und angstfreie Behandlung, wobei der Patient die ganze Zeit ansprechbar bleibt. Die Patienten inhalieren ein Gemisch aus Sauerstoff und Lachgas (**B2**). Bei fachgerechter Anwendung gilt Lachgas als nebenwirkungsfrei, da das Gas wieder abgeatmet wird. Lachgas wirkt beruhigend und schmerzreduzierend. Außerdem unterdrückt es den Würgereiz und reduziert die Zeitwahrnehmung des Patienten.

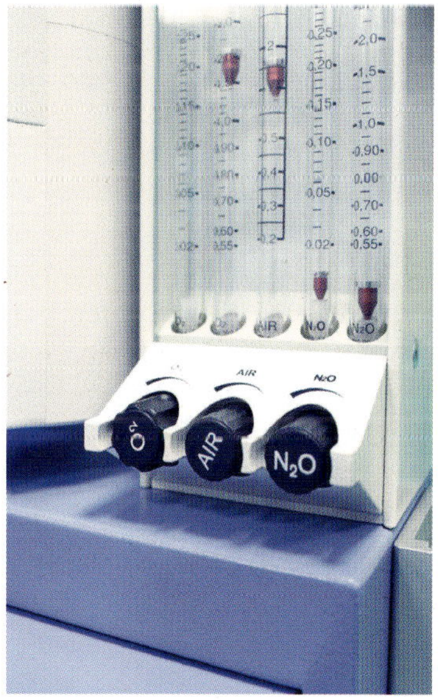

B2 Steuerung eines Narkosegeräts

AUFGABE

A1 Informiere dich in den Medien über Möglichkeiten und Maßnahmen, die zur Verminderung der Stickstoffoxide beitragen und finde weitere Einsatzmöglichkeiten für Lachgas.

Brandursachen und Brandbekämpfung

Pressemitteilung: Feueralarm in Backnang. Am Freitagabend ist es in den Räumen eines Metallrecyclingbetriebs zu einer Selbstentzündung gekommen. Ein Haufen Metallschleifspäne hatte Feuer gefangen. Welche Umstände führten zu diesem Brand? Wie löscht man richtig?

V1 Löschmethoden

PROBLEM

Um ein Feuer zu bekämpfen, muss man wissen, was genau brennt. Danach wählt man eine Löschmethode aus. Wie kann solch ein Löschversuch aussehen?

DURCHFÜHRUNG

a) Befülle den Erlenmeyerkolben mit zwei Spatelspitzen Natriumhydrogencarbonat, die Spritze mit 10 mL Essig. Stelle nun die Apparatur wie in **B1** zusammen. Drücke den Inhalt der Spritze in den Kolben und halte das Glasrohr in ein Becherglas, in dem ein brennendes Teelicht steht.

b) Führe das Experiment nun mit einem brennenden Papierknäuel in einer Porzellanschale (**B1**), einer Lösung von Natriumhydrogencarbonat, Essig und einigen Tropfen Spülmittel durch.

AUSWERTUNG

a) Begründe mithilfe der Versuchsbeobachtungen die unterschiedlichen Löschmethoden.

b) Nenne das Gas, das in **V1** zum Löschen eingesetzt wird.

ENTSORGUNG A, R

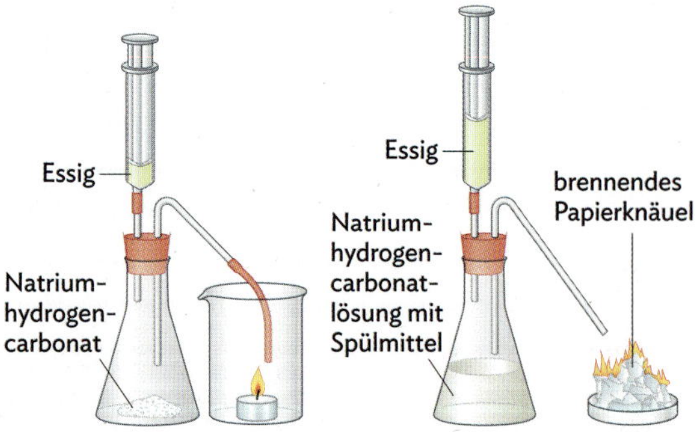

B1 Skizze zur Durchführung von **V1a** und **V1b**

LV2 Brennstoff kalt gestellt

PROBLEM

Auf brennbaren Stoffen findet man häufig den Sicherheitshinweis „Kühl lagern". Wozu das?

DURCHFÜHRUNG

a) Etwa 20 mL Aceton (GHS 2|7) werden in eine Porzellanschale gefüllt und die Temperatur der Flüssigkeit gemessen. Ein brennendes Holzstäbchen wird von oben genähert, bis sich das Aceton entzündet. Anschließend wird die Porzellanschale mit einem Deckel abgedeckt und längere Zeit in eine Schale mit Kältemischung (aus 100 g Eis und 33 g Kochsalz) gestellt. Die Temperatur wird erneut gemessen und das Aceton (GHS 2|7) nochmals wie oben beschrieben entzündet.

b) Wiederhole den Versuch mit Brennspiritus (GHS 2|7) und mit Octan (GHS 2|7|8|9).

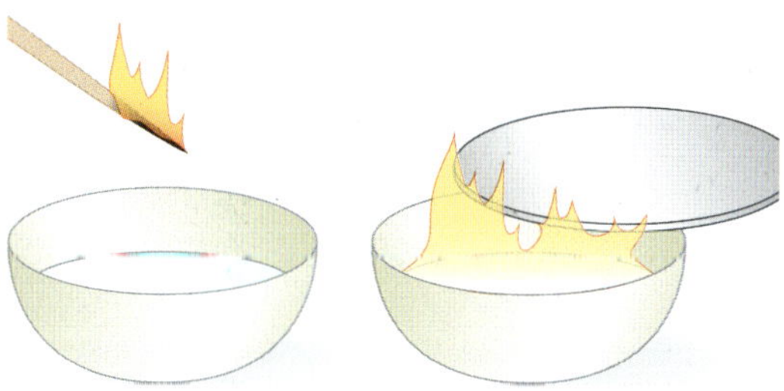

B2 Skizze zur Durchführung von **LV2**

AUSWERTUNG

a) Vergleiche die Entzündbarkeit von raumtemperiertem Aceton und von gekühltem Aceton (**LV2a**).
b) Vergleiche die Beobachtungen bei **LV2a** und **b**.
c) Recherchiere den Fachbegriff Flammtemperatur. Erkläre damit deine Versuchsbeobachtungen bei **LV2a** und **b**.
d) Stelle in einer Tabelle weitere Stoffe und deren Flammtemperatur zusammen.

ENTSORGUNG G3

LV3 Löschen eines Metallbrands

PROBLEM

Bleistiftanspitzer werden oft aus Magnesium hergestellt. Kommt es dabei zu einem Brand, so ist Vorsicht geboten. Wie löscht die Feuerwehr einen Metallbrand?

DURCHFÜHRUNG

a) Auf einer feuerfesten Unterlage wird ein Spitzer aus Magnesium (GHS 2) entzündet. Anschließend wird versucht, den Brand aus sicherer Entfernung mit Wasser aus einer Spritzflasche zu löschen. **Hinweis: Nicht direkt in die Flamme sehen!**

b) Brennendes Magnesiumband wird in einen mit Kohlenstoffdioxid (GHS 4) gefüllten Standzylinder gegeben.

AUSWERTUNG

a) Ein Magnesiumbrand sollte weder mit Wasser noch mit Kohlenstoffdioxid gelöscht werden. Begründe anhand der Beobachtungen bei **LV3a** und **b**, dass diese Löschmittel nicht geeignet sind.
b) Magnesium brennt an der Luft und reagiert mit dem darin enthaltenen elementaren Sauerstoff. Magnesium ist aber auch in der Lage, mit gebundenem Sauerstoff zu reagieren.
Erkläre die Beobachtungen bei **LV3a** und **b** unter Zuhilfenahme eines entsprechenden Reaktionsschemas.
c) Recherchiere die Vorgehensweise der Feuerwehr zur Löschung eines Metallbrands.

ENTSORGUNG R

B1 Überspringen der Streichholzflamme auf das gasförmige Aceton

Ermittlung der Brandursache

Das Ermitteln einer Brandursache gehört zu den schwierigsten Bereichen in der Kriminalistik. Die Entstehung eines Brandes kann verschiedener Natur sein: elektrischer Kurzschluss mit Funkenbildung, aber auch elektrostatische Entladungen, Selbstentzündung z. B. eines Leinöllappens, Blitzschlag, Überhitzung elektrischer Geräte, Sonneneinstrahlung, achtlos weggeworfene Zigarettenkippen, Feuerwerkskörper oder auch „vergessene" Grills. Grundsätzlich müssen jedoch für die Entstehung eines jeden Brandes bestimmte Voraussetzungen erfüllt sein.
Um einen Brand zu vermeiden, muss man wissen, unter welchen Bedingungen Feuer überhaupt entstehen kann. Zwei Voraussetzungen für einen Brand sind schon bekannt (vgl. S. 112): Für eine Verbrennung müssen ein **Brennstoff** und **Sauerstoff** vorhanden sein.

Nähert man einen brennenden Holzstab einer mit Aceton gefüllten Schale, so entflammt dieser Brennstoff schon weit bevor man die Flüssigkeitsoberfläche erreicht hat (**B1**), da sich ein Teil des Acetons im gasförmigen Zustand über der Flüssigkeit befindet.

Ähnlich ist es beim Entzünden von Brennspiritus und Holz. Erwärmt man im Reagenzglas wenige Milliliter Brennspiritus, kann man am oberen Rand die Brennspiritusdämpfe entzünden. Ein Stück Holz brennt erst dann mit einer Flamme, wenn Bestandteile aus dem Holz gasförmig geworden sind.

Brennstoffe können fest wie Holz, flüssig wie Brennspiritus und Benzin oder gasförmig wie Erdgas sein. Vor der Verbrennung entstehen durch Erhitzen der festen und flüssigen Brennstoffe brennbare Gase (Ausnahme: Metalle).

Man spricht von **Feuer**, wenn bei der Reaktion Flammen beobachtet werden. Manche Stoffe brennen nicht unter Flammenerscheinung, sondern glühen wie z. B. ein Kupferblech oder ein Büschel Eisenwolle.

Einfluss der Temperatur auf das Entstehen von Bränden

Das Vorhandensein von Brennstoff und Sauerstoff reicht allerdings nicht für das Entstehen eines Feuers aus. Kalter Brennspiritus lässt sich nicht entzünden, bis seine **Flammtemperatur** erreicht ist. Bei der Flammtemperatur eines Brennstoffs lässt sich der Teil des Stoffes, der gasförmig ist, mit einer Flamme oder einem Funken entzünden. Daher lässt sich durch Kühlen des Brennstoffs unter die Flammtemperatur auch ein Brand verhindern (**LV2**).

Von **Selbstentzündung** spricht man, wenn der Brennstoff an der Luft ohne weiteres Zutun, also ohne Zündquelle, zu brennen beginnt. Dazu muss eine bestimmte Temperatur, die **Zündtemperatur** (B2) des Brennstoffs erreicht werden.

Die Voraussetzungen für das Entstehen von Bränden sind

- das Vorhandensein von Sauerstoff
- das Vorhandensein eines Brennstoffs
- das Erreichen der Zündtemperatur des Brennstoffs oder das Erreichen der Flammtemperatur bei Vorhandensein einer Zündquelle

Die drei Bedingungen für das Entstehen von Bränden werden in einem **Branddreieck** (B3) dargestellt.

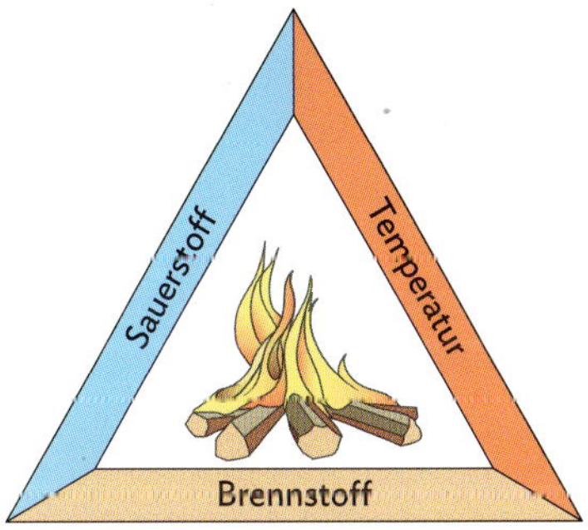

B3 Das Branddreieck zeigt die Voraussetzungen für das Entstehen von Bränden.

Brennbarer Stoff	Flammtemperatur in °C	Zündtemperatur in °C
Streichholzkopf	-	ca. 60
Benzin	-45 bis 10	220 bis 300
Diesel	>55	ca. 220
Paraffin (Kerzenwachs)	150	250
Papier	-	ca. 250
Trockenes Holz	-	ca. 300
Butangas (Flüssiggas für Feuerzeuge)	-60	400
Spiritus (Ethanol)	13	425
Propangas	-42	460
Aceton	-18	540

B2 Stoffe haben unterschiedliche Flamm- und Zündtemperaturen.

AUFGABEN

A1 Ordne die im Branddreieck angegebenen Bedingungen für die Entstehung eines Brands den entsprechenden Textstellen zum „Feuerbohren" (B4) zu. Stelle deine Ergebnisse in einer Tabelle dar.

„Feuer bohren" – statt zünden mit dem Streichholz!

Man nimmt zwei Hölzer und reibt sie unter großem Druck aneinander. Es entsteht Holzstaub. Die Reibung wird erhöht, wenn etwas Sand auf die Reibfläche gegeben wird. Je länger und intensiver man die Hölzer aneinander reibt, desto wärmer wird der Holzstaub. Dieser Holzstaub glimmt zunächst und entzündet sich dann durch Anblasen. In Verbindung mit einem leicht brennbaren Material wie trockenem Heu entstehen dann irgendwann Flammen.

A2 Bei Feueralarm in der Schule sind vor dem zügigen Verlassen des Klassenraumes Fenster und Türen zu schließen (nicht abzuschließen). Begründe diese Anweisung.

B4 Hier wird Feuer „gebohrt".

Löschen von Bränden

Wenn ein Feuer ausgebrochen ist, muss man schnell handeln, damit es sich nicht ausbreitet. Das Branddreieck (**B2**, S. 130) zeigt nicht nur die Bedingungen für das Entstehen eines Brandes. Aus dem Branddreieck lassen sich auch die Möglichkeiten ablesen, ein Feuer zu löschen:

1. Entfernen des Brennstoffs
2. Entzug des Sauerstoffs
3. Kühlung des Brennstoffs unter die Flammtemperatur

Das Löschen eines kleinen Brands kann in einem einfachen Modellexperiment (**V1a**) demonstriert werden:
Versetzt man Natriumhydrogencarbonat mit Essig, entsteht gasförmiges Kohlenstoffdioxid. Es hat eine größere Dichte als Luft und erstickt z. B. das Feuer einer brennenden Kerze. Bei dieser Art des Löschens wird dem Feuer also der Sauerstoff entzogen. Zusätzliches Wasser („Schaumlöscher") (**V1b**) kühlt den Brand unter die Zündtemperatur des Brennstoffs.
In öffentlichen Gebäuden, in Zügen und Bussen und auch im Chemieraum müssen Feuerlöscher vorhanden sein (**B5**). Große Gebäude wie Flughäfen sind mit Löschsystemen in den Decken ausgestattet. Häufig wird als Löschmittel das Gas Kohlenstoffdioxid eingesetzt. In Feuerlöschern mit Kohlenstoffdioxid befindet sich das Gas in einem Druckgasbehälter. Durch das Aktivieren des Löschers kann es ausströmen.

Brennbarer Stoff	**Feste, glutbildende Stoffe. z. B. Holz, Textilien**	**Flüssige oder flüssig werdende Stoffe, z. B. Benzin, Öle**	**Gasförmige, auch unter Druck stehende Stoffe, z. B. Propan**	**Brennbare Metalle wie z. B. Aluminium, Magnesium**	**Speiseöle und -fette (pflanzlich oder tierisch)**
Brandklassen	A	B	C	D	F
Pulverlöscher mit Glutbrandpulver	✓	✓	✓		
Pulverlöscher mit Metallbrandpulver				✓	
Schaumlöscher	✓	✓			
Wasserlöscher	✓				
Kohlenstoffdioxidlöscher		✓			
Fettbrandlöscher	✓	✓			✓

B5 Kennbuchstaben verweisen auf die Brennstoffe, die mit geeigneten Feuerlöschern zu löschen sind.

Kohlenstoffdioxid oder Wasser sind als Löschmittel jedoch nicht immer die richtige Wahl. Gibt man ein brennendes Stück Magnesium in einen Standzylinder, der vollständig mit Kohlenstoffdioxid gefüllt ist, so brennt dieses weiter (**LV3b**). An der Glaswand des Standzylinders sind nach der Reaktion schwarze Körnchen aus Kohlenstoff sichtbar (**B6**). Das Bestreben von Magnesium, sich mit Sauerstoff zu verbinden, ist so hoch, dass es mit dem im Kohlenstoffdioxid gebundenen Sauerstoff reagiert und weiter brennt.

$$2\,Mg\,(s) + CO_2\,(g) \longrightarrow 2\,MgO\,(s) + C\,(s) \qquad |\ \text{exotherm}$$

Auch mit Wasser lässt sich brennendes Magnesium nicht löschen (**LV3a**). Im Gegenteil, Wasser fördert die Verbrennung sogar noch. Durch die hohen Temperaturen reagiert das Magnesium mit dem Wasserdampf und entzieht diesem den gebundenen Sauerstoff, so dass brennbarer Wasserstoff entsteht.

$$Mg\,(s) + H_2O\,(g) \longrightarrow MgO\,(s) + H_2\,(g) \qquad |\ \text{exotherm}$$

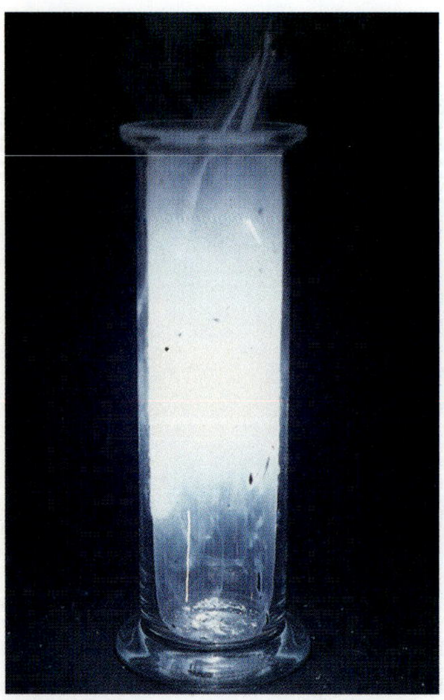

B6 Verbrennung von Magnesium in Kohlenstoffdioxid; nach dem Versuch kann man Kohlenstoff von der Gefäßwand abwischen.

Allgemein dürfen Metallbrände nicht mit Kohlenstoffdioxid oder Wasser gelöscht werden. Sie werden mit Sand oder mit Pulverfeuerlöschern (**B5**) bekämpft.

Der Versuch, einen Fettbrand mit Wasser zu löschen, kann gefährlich werden (**B7**). Das Wasser verdampft explosionsartig und reißt brennende Fetttröpfchen mit. Verheerende Brände mit riesigen Flammen sind die Folge. Einen Fettbrand löscht man durch Abdecken mit einem Deckel oder mit einer dicken Feuerlöschdecke bzw. mit einem Fettbrandlöscher (**B5**).

B7 Versuch, einen Fettbrand mit Wasser zu löschen

> Metallbrände und Fettbrände müssen durch Sauerstoffentzug gelöscht werden, z. B. mit Sand oder durch Abdecken. Wasser darf dafür nicht eingesetzt werden.

Kennzeichnung von feuergefährlichen Stoffen

Feuergefährliche Stoffe werden durch verschiedene Piktogramme gekennzeichnet. Dabei werden drei verschiedene Klassen unterschieden:

1. **Entzündbare Stoffe** wie Benzin, Aceton, Brennspiritus oder Erdgas werden mit einem Flammensymbol gekennzeichnet.
2. **Brandfördernde Stoffe** wie Sauerstoff, Lachgas, Peroxide oder Fluor brennen selbst nicht, wirken aber brandfördernd oder oxidierend.
3. **Explosive Stoffe** oder Stoffgemische wie TNT (Trinitrotoluol), TATP (Triacetontriperoxid) oder Schwarzpulver setzen durch eine enorme Oxidationsgeschwindigkeit des Brennstoffs viel Energie und Gase frei.

2

3

1

AUFGABEN

A1 Begründe die Aussage: „Fettbrände dürfen nicht mit Wasser gelöscht werden."

A2 Sucht in kleinen Teams in der Schule einen Feuerlöscher und beschreibt seinen Standort. Stellt fest, um welche Art von Feuerlöscher es sich handelt und diskutiert seine Einsatzmöglichkeit.

A3 Eine Brandschneise (**B8**) ist ein kaum bewachsender Streifen in Vegetationsflächen wie Wäldern und Wiesen oder anderen brandgefährdeten Anlagen. Bewerte das Anlegen einer solchen Schneise im Vorfeld und bei Ausbruch eines Brands.

A3 Die ersten Zündhölzer um 1830 konnten durch Reiben auf beliebigen Flächen entzündet werden. Sowohl die Herstellung der Zündmasse, als auch der Umgang mit den ersten Streichhölzern erforderte höchste Vorsicht. Beurteile die Risiken der damaligen Hölzer im Vergleich zu den heutigen Sicherheitsstreichhölzern.

B8 Brandschneise

FACHBEGRIFFE

Brennstoff, Sauerstoff, Feuer, Flammtemperatur, Selbstentzündung, Zündtemperatur, Branddreieck

Gewinnung von Metallen aus Metalloxiden

Ein Meteorit aus Eisen ist ein echter Alien. Das Eisen solcher Funde nutzten schon die Sumerer und Ägypter etwa 4000 v. Chr. zur Herstellung von Schmuck und Speerspitzen. Aufgrund der vielen Anwendungen ist der Bedarf an Eisen heute sehr groß. Da reichen die Meteoriten längst nicht, man muss Eisen noch auf andere Weise gewinnen können. Wie erhält man Eisen aus seinen Verbindungen?

V1 Untersuchung von Metallen

PROBLEM

Die meisten Metalle kommen in der Natur gebunden in Erzen, z. B. als Oxidverbindungen vor. Wie reagieren unterschiedliche Metalle mit Sauerstoff?

DURCHFÜHRUNG

Feuerfeste Unterlage! Nimm jeweils eine Probe eines Metallpulvers (Eisen- (GHS 2), Magnesium- (GHS 2), Kupferpulver (GHS 2|9) mit einer gegebenenfalls abgeschnittenen Plastikpipette auf. Drücke die Pulver nacheinander mit Sicherheitsabstand in die rauschende Brennerflamme.

AUSWERTUNG

a) Ordne die getesteten Metalle nach zunehmender Heftigkeit der Verbrennung.

b) Ein aussagekräftiger Vergleich der Heftigkeit der Verbrennung ist nur möglich, wenn die Metallpulver mit gleicher Korngröße eingesetzt werden. Erkläre diese Notwendigkeit.

c) Formuliere für die Reaktionen in **V1** die Reaktionsschemata und die Reaktionsgleichungen. (*Hinweis*: Es entsteht Kupfer(II)-oxid bzw. Eisen(II)-oxid).

d) Nimm an, der Versuch würde nochmals mit Goldstaub durchgeführt. Beschreibe die erwartete Beobachtung und begründe diese.

ENTSORGUNG G2

V2 Erhitzen von Silberoxid

PROBLEM

Können Metalloxide wieder zerlegt werden?

DURCHFÜHRUNG

Gib in ein Reagenzglas eine kleine Menge Silberoxid (GHS 3|5|9) und verschließe mit einem durchbohrten Stopfen mit gebogenem Glasrohr, das in eine Wasserwanne taucht. Erhitze das Reagenzglas schwach mit der Brennerflamme und fange entstehendes Gas pneumatisch auf (vgl. FM). Führe mit dem Gas die Glimmspanprobe durch. Entnimm den Feststoff nach dem Abkühlen aus dem Reagenzglas und drücke ihn mit einem Spatel fest auf ein Stück Papier.

AUSWERTUNG

a) Schließe aus den Beobachtungen auf gebildete Produkte und formuliere eine Reaktionsgleichung.

b) Ordne den Reaktionen in **V1** und **V2** die Begriffe *Synthese* und *Analyse* zu.

ENTSORGUNG G2

FM Gase pneumatisch auffangen

Eine Methode, wasserunlösliche Gase einzufüllen, ist das pneumatische Auffangen.

So geht's Hänge ein Gasableitungsrohr (1) in eine mit Wasser gefüllte pneumatische Wanne (2) ein. Stelle einen Gummistopfen auf den Boden neben das Rohrende (3). Lass zunächst so viel Gas entweichen, bis die Luft aus der Apparatur verdrängt ist. Setze dann ein komplett mit Wasser gefülltes Reagenzglas (4) auf das Rohr. Leite das gewünschte Gas in das Reagenzglas ein. Wenn das Wasser vollständig durch das Gas aus dem Reagenzglas verdrängt ist, verschließe das Reagenzglas unter Wasser mit dem Stopfen.

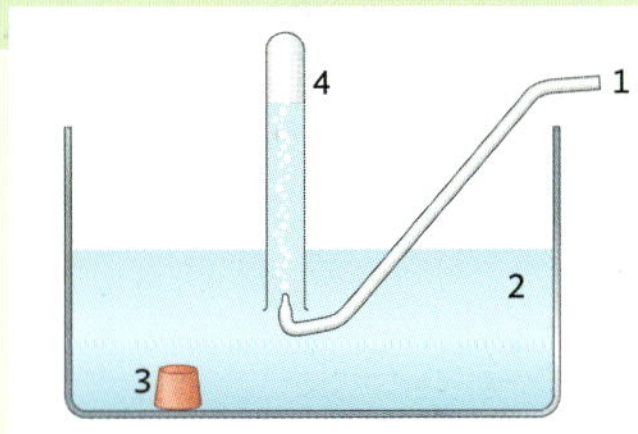

V3 Gewinnung von Metallen

PROBLEM

Kupfer und Eisen reagieren beide mit Sauerstoff zu Metalloxiden. Was passiert, wenn man ein Metall mit dem Metalloxid eines anderen Metalls erhitzt?

DURCHFÜHRUNG

a) Vermische in einer Porzellanschale einen Spatel Kupfer(II)-oxid (GHS 7|9) und einen halben Spatel Eisenpulver (GHS 2). Fülle das Gemisch mit Hilfe eines einmal gefalteten Filterpapiers in ein Reagenzglas. Erhitze das Reagenzglas an einem Punkt bis zum Aufglühen des Gemisches und entferne dann den Brenner. Gib den Inhalt des Reagenzglases nach dem Abkühlen auf ein Uhrglas.

b) Vermische einen halben Spatel Eisen(II)-oxid und einen halben Spatel Kupferpulver (GHS 2|9), fülle das Gemisch in ein Reagenzglas und erhitze kräftig. Gib den Inhalt des Reagenzglases nach dem Abkühlen auf ein Uhrglas.

AUSWERTUNG

a) Vergleiche das Aussehen aller Feststoffe vor und nach dem Erhitzen.

b) Entscheide jeweils, ob eine chemische Reaktion stattgefunden hat. Stelle gegebenenfalls das entsprechende Reaktionsschema und die Reaktionsgleichung auf.

c) Formuliere eine Aussage, die beide Versuchsergebnisse zusammenfasst.

ENTSORGUNG G2

B1 Ein Zeuge aus der Vergangenheit

Metalle und ihre Affinität zu Sauerstoff

Manche Metalle wie z. B. Eisen rosten (**B1**) bzw. verlieren ihren Glanz und laufen an. Andere Metalle dagegen behalten ihren Glanz dauerhaft wie z. B. Gold. Dies hat dazu geführt, dass die Metalle in zwei Gruppen eingeteilt wurden: in **unedle Metalle**, die ihren Glanz verlieren, und in **edle Metalle**, die ihren Glanz behalten. Doch warum ist das so?

Unterschiede in der Oxidierbarkeit

Bringt man verschiedene Metallpulver wie Eisen, Magnesium oder Kupfer in die Brennerflamme, kann man Funkenbildung beobachten (**V1**, B2). Allerdings nicht in gleichem Maße: bei Magnesium ist der Funkenschlag am heftigsten und grellsten, während er beim Kupfer kaum erfolgt. Die Funken zeigen an, dass eine exotherme chemische Reaktion stattfindet. Es handelt sich dabei jeweils um eine Oxidation des Metalls. Die Oxidationen verlaufen von Kupfer über Eisen nach Magnesium immer heftiger. Das liegt daran, dass Magnesium eine hohe Affinität zu Sauerstoff besitzt. Unter der **Affinität zu Sauerstoff** versteht man das Bestreben eines Stoffes, sich mit Sauerstoff zu einem Oxid zu verbinden. Unedle Metalle wie Magnesium oder Aluminium haben im Gegensatz zu Edelmetallen wie Kupfer oder Silber eine besonders hohe Sauerstoffaffinität. Unedle Metalle verlieren durch Oxidation ihren Glanz, während edle Metalle **inert** (reaktionsträge) sind und ihn behalten.

> Je leichter ein Metall mit Sauerstoff reagiert, desto größer ist die Affinität des Metalls zu Sauerstoff und desto unedler ist das Metall.

B2 Metallfunken in der Gasbrennerflamme

Aus der Heftigkeit der Verbrennung kann man schließen, dass bei der Reaktion von Magnesium mit Sauerstoff viel mehr Energie freigesetzt wird als bei der Verbrennung von Kupfer.

$2\ Mg\ (s) + O_2\ (g) \longrightarrow 2\ MgO\ (s)$ | (stärker) exotherm

$2\ Cu\ (s) + O_2\ (g) \longrightarrow 2\ CuO\ (s)$ | (schwächer) exotherm

Die Menge an Energie, die bei der Verbrennung von Metallpulvern gleicher Korngrößen freigesetzt wird, liefert also einen Hinweis auf die Affinität des Metalls zu Sauerstoff. Bei der Reaktion entsteht aus einem Metall (Atome) und Sauerstoff (Moleküle) ein Metalloxid (Ionen) (vgl. S. 113).

Reduktion

Erhitzt man schwarzes Silberoxid (**V2**), entstehen während des Erhitzens ein farbloses Gas und ein grauer Feststoff. Drückt man diesen mit einem Spatel fest auf eine Unterlage, ist ein silberner Glanz erkennbar. Fängt man das Gas pneumatisch auf (**B3**, vgl. FM S. 135) und hält einen Glimmspan hinein, glüht der Span deutlich und flammt auf. In einer endothermen Reaktion entstehen aus Silberoxid elementares Silber und Sauerstoff.
Durch Erwärmen kann also Silberoxid in die Elemente Silber und Sauerstoff zerlegt werden. Da Silber zu den Edelmetallen zählt und keine hohe Affinität zu Sauerstoff hat, kann der Sauerstoff recht leicht abgespalten werden. Die im Silberoxid gebundenen Silber-Kationen werden bei der Reaktion wieder in den elementaren Zustand „zurückgeführt", also in Silber-Atome umgewandelt. Eine solche Reaktion bezeichnet man als **Reduktion** (von lat. reducere = zurückführen):

$$2\,Ag_2O\,(s) \longrightarrow 4\,Ag\,(s) + O_2\,(g) \quad |\ \text{endotherm}$$

Reduktion

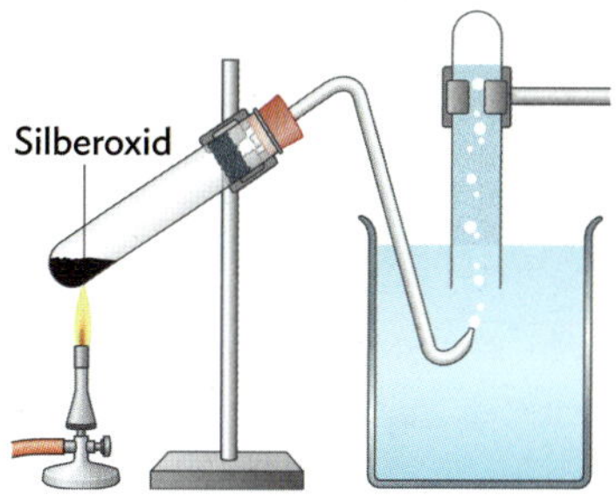

B3 Silberoxid lässt sich durch Erwärmen in Silber und Sauerstoff zerlegen.

> Eine chemische Reaktion, bei der ein Metalloxid unter Sauerstoffabgabe zum Metall zurückgeführt wird, bezeichnet man als Reduktion.

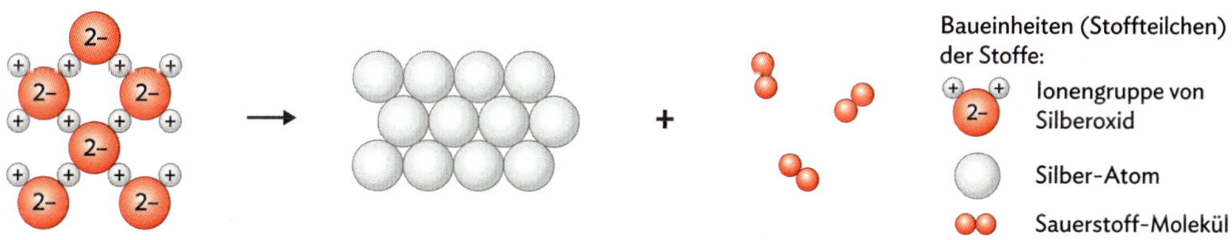

Bei dieser Reaktion werden Silber-Kationen Ag^+ in ungeladene Silber-Atome Ag umgewandelt. Aus jeweils zwei Oxid-Anionen O^{2-} entstehen Sauerstoff-Moleküle O_2.

AUFGABEN

A1 Man sagt, Kleinkinder besitzen eine Affinität für Süßigkeiten. Erkläre die Bedeutung des Begriffs Affinität an diesem Alltagsbeispiel sowie an einem Beispiel aus der Chemie.

A2 Aluminium ist ein Element, das fast so unedel ist wie Magnesium. Beschreibe die zu erwartende Beobachtung, wenn man Aluminiumpulver in die Brennerflamme pustet.

A3 Kupfer ist ein Halbedelmetall. Entscheide und begründe, ob Kupferoxid oder Silberoxid leichter zum entsprechenden Metall reduziert werden kann.

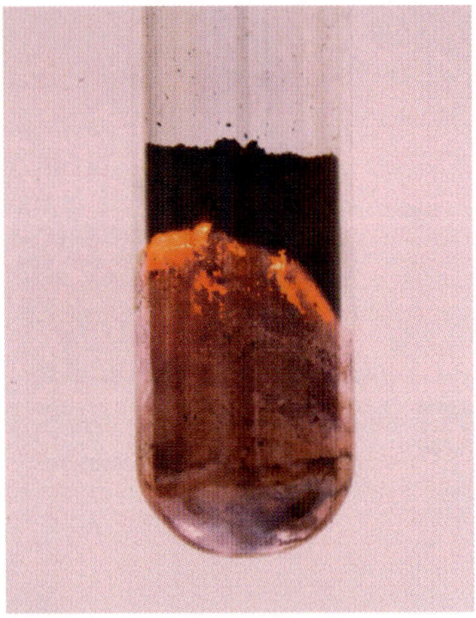

B4 Ein Gemisch von Kupfer(II)-oxid und Eisen glüht während der Reaktion auf.

Info
Nach einer erweiterten Definition geben Teilchen bei einer Oxidation Elektronen ab und nehmen bei einer Reduktion Elektronen auf. Im Beispiel geben Eisen-Atome Elektronen ab und bilden Eisen(II)-Ionen. Kupfer(II)-Ionen nehmen Elektronen auf und bilden Kupfer-Atome.
Entsprechend kann eine Redoxreaktion als Reaktion definiert werden, bei der Elektronen zwischen Reaktionspartnern übertragen werden.
Diese Definition ist weitgreifender und lässt sich auch auf Reaktionen anwenden, an denen kein Sauerstoff beteiligt ist.

Redoxreaktionen

Mischt man Kupfer(II)-oxid mit Eisenpulver und erhitzt das grauschwarze Gemisch (**V3a**), glüht es auf und reagiert selbsttätig weiter (**B4**). Anschließend befindet sich im Reagenzglas ein rotes Feststoffgemisch, das teilweise glänzt. Der Glanz ist ein Hinweis dafür, dass Kupfer entstanden ist. Dieses muss aus dem Kupferoxid stammen. Kupferoxid hat Sauerstoff abgegeben, ist also **reduziert** worden. Gleichzeitig ist auch die graue Farbe des Eisens verschwunden. Bei der Reaktion ist schwarzes Eisen(II)-oxid entstanden. Da Eisen mit Sauerstoff reagiert hat, ist es **oxidiert** worden.

Bei der Reaktion zwischen Kupferoxid und Eisen finden gleichzeitig eine Oxidation und eine Reduktion statt. Dabei geht gebundener Sauerstoff vom Kupferoxid auf das Eisen über. Solche Sauerstoffübertragungsreaktionen nennt man **Redoxreaktionen**.

Bei einer **Redoxreaktion** finden gleichzeitig eine Oxidation und eine Reduktion statt.

Reduktion

$$CuO\,(s) + Fe\,(s) \longrightarrow Cu\,(s) + FeO\,(s)$$

Oxidation

Führt man die umgekehrte Reaktion durch und erhitzt ein Eisenoxid-Kupfer-Gemisch (**V3b**), so beobachtet man weder Stoff- noch Energieumsatz – es findet keine chemische Reaktion statt.

Eisen kann Kupferoxid reduzieren, wohingegen Kupfer aber das Eisenoxid nicht reduzieren kann. Eisen hat demnach ein stärkeres Reduktionsvermögen als Kupfer. Der Grund dafür ist die höhere Affinität des Eisens zu Sauerstoff. Aus Eisenoxid wird nicht so leicht Sauerstoff abgespalten wie aus Kupferoxid.

Entsprechende Versuche können mit allen denkbaren Kombinationen von unterschiedlichen Metallen und Metalloxiden durchgeführt werden. Als Ergebnis einer solchen Versuchsreihe erhält man die folgende Rangfolge zum Reduktionsvermögen wichtiger Metalle.

Reduktionsvermögen nimmt zu ←

Magnesium	Aluminium	Zink	Eisen	Kupfer	Silber	Gold
Mg	**Al**	**Zn**	**Fe**	**Cu**	**Ag**	**Au**

Je weiter links ein Metall in dieser Reihe steht, desto
- unedler ist es,
- höher ist seine Affinität zu Sauerstoff
- größer ist sein Reduktionsvermögen.

Reduktionsmittel

In der Redoxreaktion aus **V3a** entzieht das Eisen dem Kupfer(II)-oxid den gebundenen Sauerstoff. Eisen bewirkt also, dass Kupferoxid reduziert wird. Stoffe, die andere Stoffe reduzieren, heißen **Reduktionsmittel**. Sie werden dabei selbst oxidiert.

Bei der Gewinnung von Eisen aus Eisenoxid ist der Einsatz eines geeigneten Reduktionsmittels unerlässlich. Im Gegensatz zu Silberoxid kann Eisenoxid nämlich nicht durch bloßes Erhitzen in die Elemente zerlegt werden. Als Reduktionsmittel kommen Stoffe infrage, die unedler als Eisen sind. Deshalb findet beim Erhitzen eines Gemisches von Eisenoxid und Kupfer (**V3b**) keine Reaktion statt. Die unedlen Metalle Zink, Aluminium und Magnesium mit größerem Reduktionsvermögen als Eisen sind hingegen als Reduktionsmittel geeignet.

Auch bei der großtechnischen Gewinnung von Metallen aus ihren oxidischen Erzen werden Reduktionsmittel eingesetzt (vgl. S. 143).

Oxidationsmittel

Während der Redoxreaktion von Eisen und Kupferoxid liefert das Kupferoxid den Sauerstoff, der für die Oxidation des Eisens nötig ist. Stoffe, die andere Stoffe oxidieren können, heißen **Oxidationsmittel**. Sie werden dabei selbst reduziert.

Oxidationen werden im Alltag z. B. für das Bleichen von Papier, Haaren (**B5**) und Zähnen oder bei der Wasseraufbereitung unter Beteiligung von Oxidationsmitteln durchgeführt. In ihren Molekülen ist gebundener Sauerstoff enthalten, der bei der jeweiligen Redoxreaktion übertragen wird. Beispiele für Oxidationsmittel sind Wasserstoffperoxid H_2O_2, Ozon O_3, Salpetersäure HNO_3 oder Kaliumpermanganat $KMnO_4$.

B5 Oxidationsmittel werden auch zum Bleichen von Haaren eingesetzt.

AUFGABEN

A1 Vervollständige die Reaktion nur, wenn sie tatsächlich stattfindet. Kennzeichne Oxidation und Reduktion und benenne jeweils das Oxidations- und das Reduktionsmittel:

a) Aluminiumoxid + Magnesium b) Eisen(II)-oxid + Zink
c) Zinkoxid + Silber d) Kupfer(II)-oxid + Gold

A2 Formuliere für die möglichen Reaktionen aus **A1** die Reaktionsgleichungen.

A3 Beschreibe eine experimentelle Vorgehensweise, um für das Element Blei die Stellung in der Rangfolge des Reduktionsvermögens zu bestimmen.

FACHBEGRIFFE

edles Metall, unedles Metall, Affinität zu Sauerstoff, inert, Reduktion, reduzieren, oxidieren, Redoxreaktion, Reduktionsmittel, Oxidationsmittel

Gewinnung von Eisen und Stahl – der Hochofenprozess

Ohne die massenhafte Herstellung von Eisen und Stahl wäre die industrielle Revolution undenkbar gewesen. Doch was ist eigentlich der Unterschied zwischen den beiden? – Welche Rohstoffe und chemischen Reaktionen nutzt man, um sie herzustellen?

LV1 Modellversuch zum Thermit-Verfahren

PROBLEM

Zum Verschweißen von Eisenbahnschienen wird Eisenoxid mit Aluminium umgesetzt. Was passiert bei diesem sogenannten Thermit-Verfahren?

DURCHFÜHRUNG

Gemisch im Freien zünden!

30 g fein gemahlenes Eisen(III)-oxid, 10 g Aluminiumgrieß (GHS 2) und 1,3 g Aluminiumpulver (GHS 2) werden in einer Schale vermischt (Thermit-Gemisch) und in die Apparatur aus **B1** gegeben.

Mit dem notwendigen Sicherheitsabstand der Beobachter wird das Magnesiumband bzw. das Zündstäbchen entzündet.

Die erhaltene Schlackekugel kann nach dem Erkalten aufgeschlagen und der darin enthaltene Feststoff mit einem Magneten geprüft werden.

AUSWERTUNG

a) Vergleiche das Aussehen des Thermit-Gemisches und des Stoffes, der in den Sand tropft.

b) Schließe aus den Beobachtungen auf Reaktionsprodukte und entwickle die Reaktionsgleichung.

c) Formuliere eine Vermutung über Bedeutung des Magnesiums für den Versuch.

d) Recherchiere die Schmelztemperatur von Eisen.

ENTSORGUNG

G2

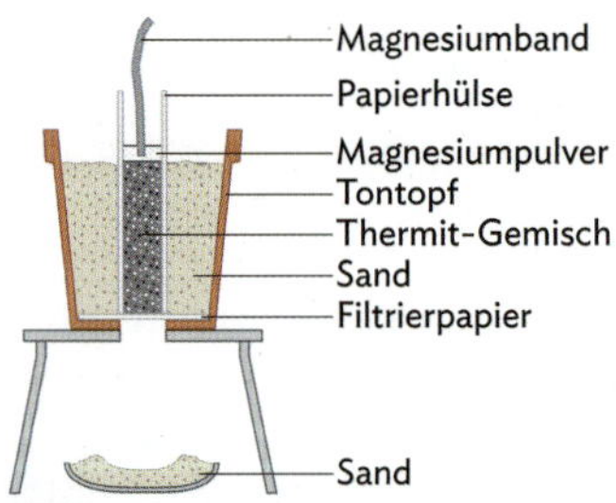

B1 Thermit-Schweißen **LV1**

V2 Reaktion von Metalloxid und Nichtmetall

PROBLEM

Die meisten Metalle kommen in der Natur gebunden in Erzen, z. B. als Oxidverbindungen vor. Für die Reduktion benötigt man kostengünstige Reduktionsmittel. Was eignet sich dafür?

DURCHFÜHRUNG

Wiege 0,3 g feines Holzkohlepulver und etwa 2 g schwarzes Kupfer(II)-oxidpulver (GHS 7|9) ab und vermische die Substanzen gründlich im Mörser. Fülle das Gemisch mit Hilfe eines einmal gefalteten Filterpapiers in ein dickwandiges Reagenzglas. Verschließe dieses mit einem durchbohrten Stopfen, in dem ein gebogenes Glasrohr steckt. Erhitze das Gemisch in der rauschenden Brennerflamme. Fängt es an zu glühen, entferne die Flamme und halte das Ende des Glasrohrs in Kalkwasser. Entferne das Gasrohr wieder aus dem Kalkwasser, wenn das Gemisch durchgeglüht ist. Lass danach das Gemisch abkühlen und schütte es auf ein Filterpapier.

AUSWERTUNG

a) Begründe, dass eine chemische Reaktion stattgefunden hat.

b) Leite aus deinen Beobachtungen ab, welche Produkte sich gebildet haben.

c) Formuliere für die Reaktion das Reaktionsschema und die Reaktionsgleichung.

d) Begründe, dass es sich um eine Redoxreaktion handelt.

e) Nimm an, man würde einen glimmenden Holzspan während der Reaktion in das Reagenzglas halten. Stelle eine begründete Vermutung über das zu erwartende Ergebnis auf.

ENTSORGUNG G2

M3 Der Rennofen

Seit der Eisenzeit haben Menschen Werkzeuge und Waffen aus Eisen verwendet. Das Eisen mussten sie aber erst aus Eisenerzen gewinnen. Schon die Kelten, Römer und Germanen bauten sogenannte „Rennöfen“ für die Verarbeitung von Eisenerz. Sie verwendeten Materialien, die sie in der Natur finden konnten und kombinierten sie in geschickter Weise. Der Rennofen war bis ca. 2 m hoch und bestand aus Lehm oder Steinen (Schema **B2**). Er wurde schichtweise mit Holzkohle und zerkleinertem Eisenerz befüllt. Über Löcher im unteren Bereich konnte Luft in den Ofen gelangen. Während des Betriebs musste der Rennofen immer wieder mit Kohle und Eisenerz nachgefüllt werden. Die Ausbeute war relativ gering und betrug maximal 50 %.

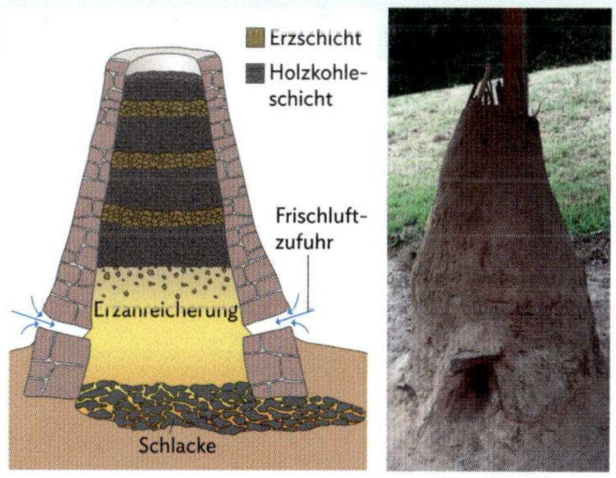

B2 Schema eines Rennofens und nachgebautes Modell

AUSWERTUNG

a) Erkläre die Funktion der Holzkohle und stelle eine Vermutung zu den Produkten beim Betrieb des Rennofens auf.

b) Erkläre den Vorteil der schichtweisen Einfüllung von Erz und Holzkohle.

c) Begründe, dass Erze und Holzkohle im Betrieb nachgefüllt werden mussten.

B1 Verschweißen von Bahngleisen

Thermit-Verfahren zur Eisengewinnung

In manchen Fällen benötigt man kleine Mengen Eisen, um z. B. Eisenbahnschienen zu verschweißen. Dafür wird Eisen(III)-oxid mit Aluminium als Reduktionsmittel umgesetzt. In einer Redoxreaktion entsteht dann direkt vor Ort flüssiges Eisen (**B1**), das man in die gewünschte Form gießt.

$$Fe_2O_3\,(s) + 2\,Al\,(s) \longrightarrow 2\,Fe\,(l) + Al_2O_3\,(s) \qquad |\ \text{exotherm}$$

Man nennt das Verfahren **Thermit-Verfahren** oder aluminothermisches Schweißen. Die Reaktion von Eisenoxid mit Aluminium verläuft sehr heftig und es entstehen Temperaturen von über 2 400 °C. Da Eisen bei 1 538 °C schmilzt, ist es möglich, dass Eisenbahnschienen mit dem flüssigen Eisen verschmolzen werden können. Um das unedlere Aluminium herzustellen, wird sehr viel Energie benötigt. Deshalb ist die Gewinnung von Eisen mit Aluminium im großen Maßstab unwirtschaftlich.

Metallgewinnung mit Nichtmetallen

Erhitzt man ein schwarzes Feststoffgemisch aus feinem Kohlenstoffstaub und Kupfer(II)-oxid (**V2**), entsteht unter Durchglühen ein rötlicher Feststoff. Außerdem entsteht ein farbloses Gas, das Kalkwasser trübt (**B2**). Die typische rote Farbe zeigt entstandenes Kupfer an, während die Kalkwassertrübung Kohlenstoffdioxid nachweist. Das Kupfer(II)-oxid ist also zum Kupfer reduziert worden, während der Kohlenstoff zum Kohlenstoffdioxid oxidiert worden ist.

$$2\,CuO\,(s) + C\,(s) \longrightarrow 2\,Cu\,(s) + CO_2\,(g)$$

Bei dieser Redoxreaktion hat das Nichtmetall Kohlenstoff das Metalloxid reduziert. Man kann daher auch Nichtmetalle in die Rangfolge des Reduktionsvermögens aufnehmen. Kohlenstoff findet sich hierbei zwischen Aluminium und Zink (vgl. S. 138). Auch mit Wasserstoffgas kann man Kupferoxid zu Kupfer reduzieren.

> Die Nichtmetalle Kohlenstoff und Wasserstoff reagieren mit vielen Metalloxiden in einer Redoxreaktion und reduzieren diese zum elementaren Metall.

Der Vorteil der Verwendung dieser Nichtmetalle als **Reduktionsmittel** ist, dass deren Oxidationsprodukte keine Feststoffe sind und so nicht aufwändig vom entstandenen Metall getrennt werden müssen. Kohlenstoff ist wesentlich preiswerter als Wasserstoff und wird darum für großtechnische Prozesse bevorzugt eingesetzt.

B2 Reaktion von schwarzem Kupfer(II)-oxid mit Kohlenstoff (oben) und Produkt (unten)

Der Hochofen

Weltweit ist Eisen das wichtigste Gebrauchsmetall. In Hochöfen werden jährlich mehr als zwanzig Millionen Tonnen Roheisen produziert. Ein Hochofen ist ein 20 – 30 m hohes Bauwerk (**B3**), das von innen mit Schamottesteinen ausgemauert ist. Der **Hochofen** kann auch nicht einfach ein- oder ausgeschaltet werden, sondern läuft kontinuierlich für etwa 10 – 20 Jahre, bis er gewartet werden muss. Während des Betriebs müssen ständig Eisenerz und Koks zugeführt und Eisen entfernt werden. Weiterhin sind eine stabile Energieversorgung und ausreichend Kühlwasser notwendig. Um Verunreinigungen zu binden, wird Kalkstein beigemengt, der als Schlacke auf dem flüssigen Eisen schwimmt und sich leicht abtrennen lässt. Gigantische Winderhitzer führen Heißluft zu. In ihnen wird auch die Abluft zum Heizen der Luft verwendet.

B3 Hochofen in der Industrie

Gewinnung von Eisen im Hochofenprozess

Als Rohstoffe werden im Hochofen Eisenerze, die vor allem Eisen(III)-oxid enthalten, und Koks (Kohlenstoff) eingesetzt. Das Eisenoxid lässt sich aber nicht direkt mit dem Kohlenstoff reduzieren. Der Kohlenstoff wird bei hohen Temperaturen (**B4**) über den „Umweg" der Bildung von Kohlenstoffdioxid in Kohlenstoffmonooxid überführt.

(1) Kohlenstoff (s) + Sauerstoff (g) ⟶ Kohlenstoffdioxid (g)

$C (s) + O_2 (g) \longrightarrow CO_2 (g)$ | exotherm

(2) Kohlenstoff (s) + Kohlenstoffdioxid (g) ⟶ Kohlenstoffmonooxid (g)

$C (s) + CO_2 (g) \longrightarrow 2\,CO (g)$ | endotherm

Das gasförmige Kohlenstoffmonooxid steigt dann im Hochofen auf und reduziert das von oben nach unten sackende Eisen(III)-oxid zu flüssigem Eisen. Dabei spielen sich folgende Reaktionen ab:

(3) Eisen(III)-oxid (s) + Kohlenstoffmonooxid (g) ⟶ Eisen (l) + Kohlenstoffdioxid (g)

$Fe_2O_3 (s) + 3\,CO (g) \longrightarrow 2\,Fe (l) + 3\,CO_2 (g)$ | exotherm

Das gewonnene Roheisen enthält zu ca. 95 % Eisen. Es wird in regelmäßigen Abständen „abgestochen" und kann dann weiter verarbeitet und veredelt werden.

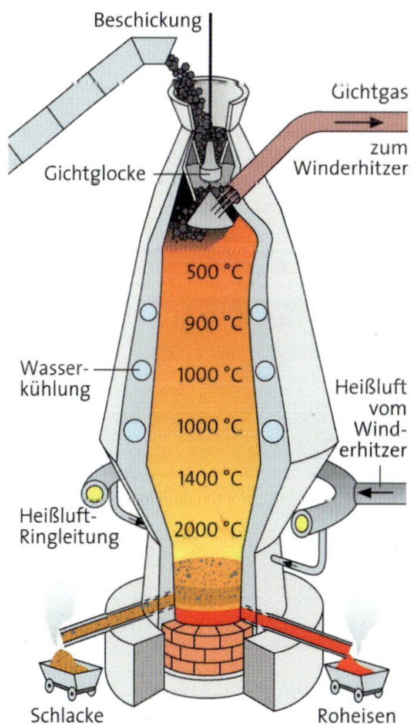

B4 Schema eines Hochofens zur Roheisenherstellung

AUFGABEN

A1 Erkläre, welcher Stoff beim Hochofenprozess das Reduktionsmittel ist.

A2 Vergleiche die Eisenherstellung im Hochofen mit der im Rennofen (**M3**, S. 141).

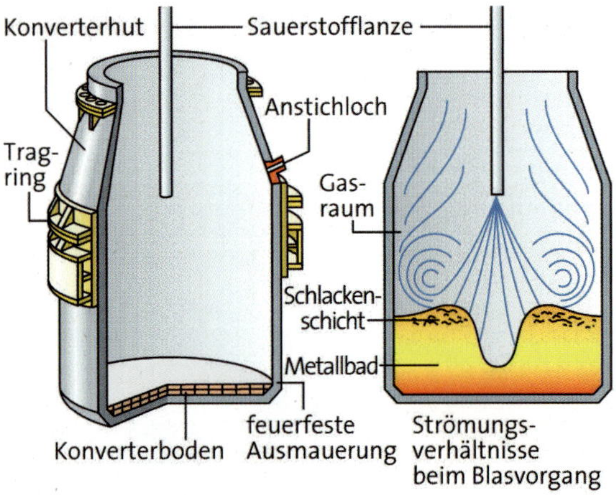

B5 Stahlherstellung nach dem Sauerstoff-Aufblasverfahren

Vom Roheisen zum Stahl

Ganz selbstverständlich verwenden wir die Begriffe Eisen, Stahl und Edelstahl, oft sogar synonym. Doch worin unterscheiden sie sich?

Das **Roheisen** aus dem Hochofen ist noch verunreinigt, vor allem mit Kohlenstoff (ca. 4%). Es hat noch nicht die Eigenschaften, die man sich für zahlreiche Anwendungen wünscht. Es rostet schnell, ist spröde und schwer zu verarbeiten. Darum wird **Stahl** hergestellt. Bei der Stahlherstellung werden überschüssiger Kohlenstoff und andere störende Elemente wie Phosphor, Schwefel, Silizium und Mangan aus dem Roheisen entfernt. Stahl ist eine schmiedbare **Legierung**, die weniger als 2 % Kohlenstoff enthält. Durch Zugabe verschiedener Zusätze wie z. B. Chrom, Nickel, Molybdän oder Vanadium lassen sich verschiedenste Stahlvarianten mit einer für den jeweiligen Verwendungszweck abgestimmten Rezeptur erzeugen. Die Atome der zugesetzten Metalle lagern sich auf Gitterplätzen im Eisengitter ein.

Das gezielte Verringern des Kohlenstoffgehalts von Roheisen gelang erst Mitte des 19. Jahrhunderts. Der britische Ingenieur HENRY BESSEMER blies in einem von ihm erfundenen Verfahren Luft in das noch flüssige Roheisen. Er stellte fest, dass bei seinem **Sauerstoff-Aufblasverfahren** (**B5**) fast nur der Kohlenstoff und die anderen Begleitelemente, nicht aber das Eisen oxidiert wurden.

Stahl ist einer der ganz wenigen Werkstoffe, die sich unbegrenzt oft einschmelzen lassen. Dies macht man sich beim **Recycling** von Stahlschrott zunutze. Entweder wird Schrott beim Sauerstoff-Aufblasverfahren zugesetzt oder direkt im Lichtbogen eingeschmolzen. Der Anteil von Stahlschrott bei der Stahlerzeugung in Deutschland beträgt heute fast 50 %.

Edelstähle sind Stähle, deren Schwefel- und Phosphorgehalt (sogenannte Eisenbegleiter) 0,025 % nicht überschreitet. Sie werden für rostfreie Anwendungsprodukte verwendet.

B6 Messer aus Damaszener-Stahl

AUFGABEN

A1 Informiere dich über die Stahlsorten, die für Besteck bzw. Werkzeug verwendet werden. Suche dazu nach Angaben auf den Objekten.

A2 Es gibt viele Legenden über besondere Schwerter. Eine davon ist die über die Schwerter aus Damaszener Stahl (**B6**). Angeblich wurden sie aus Gänsekot geschmiedet und mit Blut gehärtet. Eine weitere Legende rankt sich um das Samurai-Schwert. Es wird angeblich beim Schmieden gefaltet. Recherchiere jeweils den Hintergrund dieser Legenden.

FACHBEGRIFFE

Thermit-Verfahren, Reduktionsmittel, Hochofen, Roheisen, Stahl, Legierung, Sauerstoff-Aufblasverfahren, Recycling, Edelstahl

Geschichte der Metallgewinnung

Bronzezeit, Eisenzeit – sicher hast du diese Begriffe schon einmal gehört. Doch wann war das genau und warum werden Zeiten überhaupt nach Metallen benannt? Welche Bedeutung kommt diesen Metallen zu und lassen sich Zeugen dieser Zeiten auch in der Nähe deiner Heimat finden?

B1 Die Himmelsscheibe von Nebra besteht aus einer Bronzeplatte und Einlegearbeiten aus Gold.

B2 Kupferbeil der Gletschermumie aus den Ötztaler Alpen

Im Städchen Nebra in Sachsen-Anhalt war im Juli 1999 die Begeisterung groß, als dort die Himmelsscheibe (**B1**) als zweitälteste Himmelsdarstellung überhaupt gefunden wurde. Man schätzt ihr Alter auf etwa 4000 Jahre. Damit ist sie das wichtigste Fundstück aus der frühen Bronzezeit in Mitteleuropa.
Gold und Kupfer sind Metalle, die an wenigen Stellen elementar in der Natur auffindbar sind. Gebunden kommen Kupfer und andere unedlere Metalle in Erzen vor. Die Gewinnung von Kupfer aus oxidischen Erzen wie Malachit oder Cuprit und aus sulfidischen Erzen wie Kupferkies und Kupferglanz waren die ersten Verhüttungen. Neben dem bislang verwendeten Stein wurde Kupfer bereits gegen Ende der Steinzeit für die Herstellung von Werkzeugen verwendet. Das berühmteste Beispiel ist das Beil von „Ötzi" (**B2**).
Bedeutend härter als Kupfer ist Bronze. Bronze ist eine Legierung aus 90 % Kupfer und 10 % Zinn. Sie wurde vor allem für Waffen und Schmuck verwendet. Die zur Bronzeherstellung benötigten Kupfer- und Zinnerze kommen im Gestein nicht zusammen vor. Während das Kupfer der Himmelsscheibe aus den Ostalpen stammt, kommen das Zinn und das Gold vermutlich aus Südengland. Um Rohstoffe zu erhalten, mussten Handel betrieben und Handelswege organisiert werden. Es entwickelten sich erste Zahlungssysteme und es war so erstmals möglich, Reichtum anzuhäufen.
Eisenerze waren dagegen leichter verfügbar und mit sog. Rennöfen (vgl. S. 141) konnte Eisen gewonnen werden. Mit Entwicklung der Schmiedekunst und besserer Formbarkeit setzte sich das Eisen als Werkstoff durch, der durch die Kelten weit verbreitet wurde.

Steinzeit	Bronzezeit	Eisenzeit
mehr als 3 Millionen Jahre	2200 – 800 v. Chr.	800 – 15 v. Chr. in Mitteleuropa

AUFGABE

A1 Recherchiere und erkläre folgende Begriffe:
Mineral, Erz, Kupferglanz, Cuprit, Rennofen, Kelten

A2 Nebra liegt im Osten Deutschlands. Recherchiere die Bedeutung folgender Orte in deinem Bundesland: Hohenasperg, Heuneburg, Hochdorf/Enz, Magdalenenberg, Unteruhldingen

A3 Beim Einsatz von sulfidischen Erzen für die Metallgewinnung müssen die Erze zunächst in Oxide umgewandelt werden (Rösten). Dies geschieht durch Erhitzen an der Luft, wobei Schwefeldioxid freigesetzt wird. Dann erfolgt die Reduktion mit Kohlenstoff. Formuliere für ein selbst gewähltes Beispielerz die Reaktionsgleichung zum Röstvorgang.

Zum Üben und Weiterdenken

A1 Formuliere jeweils das Reaktionsschema und die Reaktionsgleichung für die Verbrennung von Eisen und für die Verbrennung von Schwefel.

A2 Angefeuchtete Eisenwolle in einem mit Luft gefüllten Reagenzglas überzieht sich innerhalb einiger Tage mit einer Rostschicht. Erkläre den dabei beobachtbaren Wasseranstieg im Reagenzglas (grün angefärbt).

A3 ANTOINE LAURENT LAVOISIER zerlegte im Jahr 1775 rotes Quecksilber(II)-oxid mit einer Apparatur wie sie unten abgebildet ist.

a) Beschreibe, welche Beobachtung er machen konnte.
b) Formuliere das Reaktionsschema und danach die Reaktionsgleichung.
c) Erkläre, wofür die einzelnen Teile der Apparatur notwendig sind.
d) Fertige eine Skizze einer Versuchsanordnung mit Laborgeräten aus dem Chemieraum an, die man verwenden kann, um diesen Versuch nachzubauen.

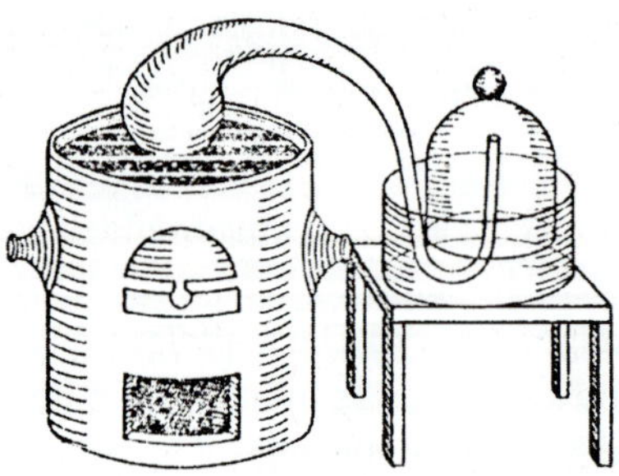

A4 Erkläre die Tatsache, dass sich pyrophores Eisen an der Luft sofort entzündet.

Hinweis: Wenn Eisenoxalat erhitzt wird, entsteht feinstes Eisenpulver, das sich nach dem Ausschütten aus dem Reagenzglas an der Luft entzündet (vgl. **B7**, S. 117).

A5 Lebewesen benötigen Energie: Energie zur Fortbewegung, zur Fortpflanzung oder zum Wachstum. Die Energie, die sie benötigen, ist in den Nährstoffen (z. B. in Kohlenhydraten, Eiweißen und Fetten) der Nahrung enthalten. Diese Nährstoffe reagieren in den Körperzellen mit dem eingeatmeten Sauerstoff zu Kohlenstoffdioxid und Wasser. Bei dieser Oxidation wird viel Energie umgewandelt. Da diese Reaktion in den Zellen stattfindet, wird sie auch als Zellatmung bezeichnet.

a) Formuliere das Reaktionsschema für die Zellatmung mit dem Nährstoff Glucose.
b) Erkläre die Abbildung mit Bezug auf den Begriff Verbrennung.

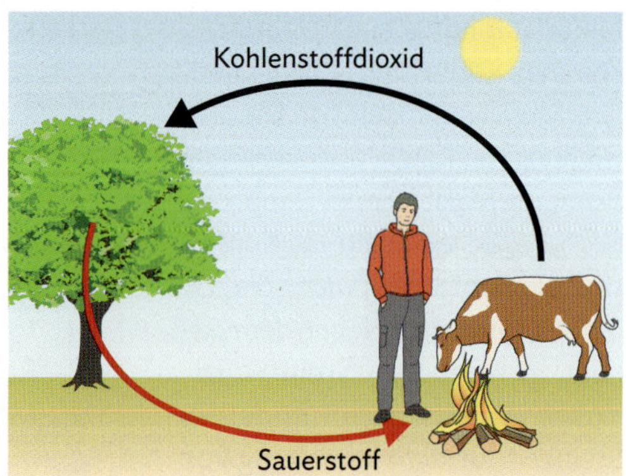

A6 Ein Behälter mit flüssiger Luft wird geöffnet. Ein Glimmspan wird sofort dicht über den Behälter gehalten und erlischt. Nach einigen Minuten wird erneut ein Glimmspan über den Behälter gehalten und entflammt. Nenne die beiden Hauptbestandteile der Luft und begründe die gemachten Beobachtungen.

A7 Recherchiere die Bedeutung des Namens Argon und erkläre damit die späte Entdeckung der Edelgase.

A8 Verwende die folgenden Satzteile, um eine Beschreibung der Durchführung der Glimmspanprobe zu formulieren.

Sauerstoff vorhanden – nimm einen Holzspan – puste den Holzspan aus – in das Gas – der Holzspan glimmt – der Holzspan flammt auf – entzünde ihn – fülle Gas in ein Gefäß – die Glimmspanprobe verläuft positiv – halte den glimmenden Holzspan

A9 Erkläre, bei welchen Wetterverhältnissen ein Waldbrand besonders schwer zu bekämpfen ist.

A10 Im Handel sind Magnesiumfackeln erhältlich, die auch unter Wasser „brennen". Für die Bildung von Magnesiumoxid aus Magnesium steht dabei nicht freier Sauerstoff wie an der Luft zur Verfügung, sondern ausschließlich Wasser. Formuliere zunächst ein Reaktionsschema und entwickle danach die Reaktionsgleichung.

A11 Die Metalle Zink und Blei werden durch Reduktion ihrer Oxide hergestellt.

a) Gib geeignete Reduktionsmittel für Zinkoxid ZnO und Bleioxid PbO an.
b) Entwickle für beide Redoxreaktionen die Reaktionsgleichung.
c) Nenne einen Stoff, mit dem nur eines der beiden Oxide reduziert werden kann. Begründe deine Entscheidung. Hinweis: Blei steht in der Rangfolge zum Reduktionsvermögen wichtiger Metalle zwischen Eisen und Kupfer.

A12 In einen Tiegel wurden Holzkohlepulver (Kohlenstoff) und gelbes Blei(II)-oxid übereinander geschichtet. Erhitzt man diesen einige Zeit in der Brennerflamme, so bildet sich im Tiegel ein blaugrauer, metallisch glänzender, flüssiger Stoff, der beim Abkühlen erstarrt.

a) Benenne den gebildeten Stoff im Tiegel.
b) Formuliere die Reaktionsgleichung.
c) Kennzeichne Oxidation und Reduktion innerhalb der Reaktionsgleichung.

A13 Lies die folgenden Begriffsreihen. Jeweils ein Begriff passt nicht. Finde ihn und begründe deine Entscheidung.

a) Gold – Eisen – Silber – Platin
b) Rost – Zinkoxid – Magnesiumoxid – Silber
c) Stahl – Aluminium – Bronze – Messing
d) Blei – Eisen – Magnesium – Quecksilber
e) Silber – Zink – Magnesium – Eisen

A14 Koks (Kohlenstoff) und das Gas Kohlenstoffmonooxid sind beide geeignete Reduktionsmittel für die Reduktion von Eisenoxiden. Mit Kohlenstoffmonooxid verläuft die Reduktion von Eisenoxiden jedoch schneller. Begründe diesen Sachverhalt.

A15 Die nachfolgende Tabelle enthält unvollständige Reaktionsgleichungen. Ergänze die fehlenden Angaben mithilfe der Rangfolge zum Reduktionsvermögen wichtiger Metalle. Kontrolliere jeweils die Atombilanz auf der Edukt- und der Produktseite und gleiche gegebenenfalls aus.

Oxidationsmittel	+	Reduktionsmittel	→	Reduktionsprodukt	+	Oxidationsprodukt
CuO	+		→		+	ZnO
	+		→	Zn	+	
	+	Al	→	Fe	+	
PbO	+		→		+	CO_2

M1 Farbpulver als Gefahrenquelle

B1 Holi-Festival

Taipeh. Bei einer Explosion von leicht entzündbarem Farbpulver in einem Freizeitpark auf Taiwan sind mehr als 500 Menschen verletzt worden. Fast 200 Besucher erlitten teils schlimmste Verbrennungen. Die Explosion ereignete sich am Samstagabend im „Formosa Water Park", wo etwa 1000 Menschen bei einer Tanzparty namens „Color Play Asia" feierten. Dabei wurde farbiges Pulver auf die Menge gesprüht. Auf einer Hauptbühne sei dann aus zunächst unbekannter Ursache ein Feuer ausgebrochen – dies habe die Explosion des gelagerten Farbpulvers ausgelöst.

Bei dem Unglück könnte es sich um eine Staubexplosion gehandelt haben. Diese haben immer wieder verheerende Konsequenzen. Häufig reicht ein Funke, um brennbaren Staub im Gemisch mit Luft explodieren zu lassen.

Die asiatischen Farbfeste gehen auf den indischen Holi-Brauch zurück und sind inzwischen weltweit beliebt. In Deutschland wird Holi-Farbpulver hergestellt, das zu mehr als 99 Prozent aus Maismehl und dazu aus Lebensmittelfarbe besteht.

A1 Nenne die Voraussetzungen für eine Explosion und gib weitere Beispiele an.

A2 Stelle, basierend auf der Zeitungsmeldung, eine Vermutung über die Ursache des Unglücks an.

A3 Erläutere den Zusammenhang zwischen der Brennbarkeit eines Stoffes und seinem Zerteilungsgrad.

M2 Historischer Versuch mit weißem Phosphor

Dieser historische Versuch darf im Schullabor nicht durchgeführt werden, weil der dafür benötigte weiße Phosphor sehr giftig ist und an der Luft Selbstentzündung eintreten kann!

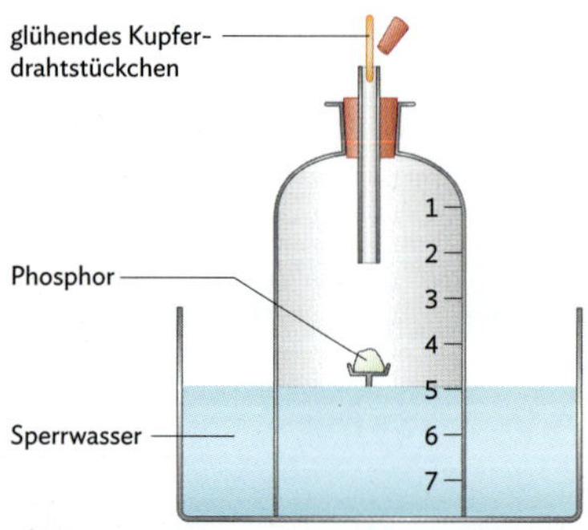

B2 Versuchsaufbau zur Verbrennung von Phosphor

Beobachtung: Wenn das Stückchen Phosphor im Tiegel auf dem Schwimmer mit glühendem Kupferdraht gezündet und der Raum unter der Glasglocke sofort mit dem kleinen Stopfen verschlossen wird, verbrennt der Phosphor und es bildet sich ein weißer Rauch, der sich im Wasser löst. Das Wasser in der Glasglocke steigt nach dem Verbrennen und Abkühlen auf Zimmertemperatur bis zur Marke 4 deutlich nach oben. Das Restgas unter der Glocke bringt einen brennenden Holzspan zum Erlöschen.

A1 Erkläre die beschriebenen Beobachtungen zu dem abgebildeten Versuch.

A2 Stelle die Reaktionsgleichung für die Verbrennung von Phosphor auf. Hinweis: Es bildet sich festes P_4O_{10}.

A3 Plane ein Experiment, mit dem man zeigen kann, dass das entstandene Oxid im Wasser gelöst vorliegt.

M3 Die schwere Kerzenflamme – Widerspruch zur Massenerhaltung?

Versuchsdurchführung:

a) Ein brennendes Teelicht wird auf die Waage gestellt und die Massenveränderung über einen kurzen Zeitraum beobachtet.

b) Anschließend wird das Teelicht mit einem „Gasfang" (**B3**) versehen, der Ätznatron (Natriumhydroxid) als Absorptionsmittel enthält. Dieses dient dazu, die Verbrennungsprodukte aufzufangen. Auf der Waage ist nun eine kontinuierliche Massenzunahme zu beobachten.

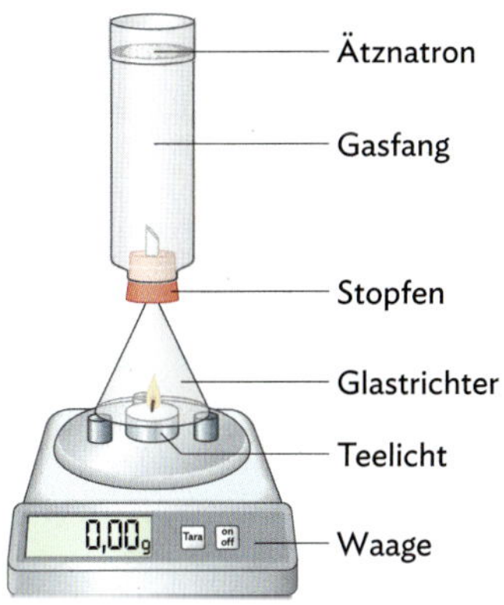

B3 Versuchsaufbau b)

A1 Bei der Verbrennung von Kerzenwachs entstehen Kohlenstoffdioxid und Wasser. Stelle eine Vermutung über die bei **a)** zu erwartende Massenveränderung auf und begründe diese.

A2 Die Versuchsdurchführung **b)** wird auch als „schwere Kerzenflamme" bezeichnet. Erkläre die Massenzunahme.

A3 Recherchiere nach weiteren Produkten aus dem Alltag, die als Absorptionsmittel Verwendung finden.

A4 Verbrennt man Eisenwolle auf einer Waage, so ist ebenfalls eine Massenzunahme festzustellen. Stelle die Reaktionsgleichung zu dieser Reaktion auf und erkläre davon ausgehend die Massenzunahme bei der Verbrennung.

M4 Aluminium – ein vielseitiges Metall

Überall, wo Gewichtsersparnis, Schutzfunktion, Stabilität, Korrosionsbeständigkeit und Langlebigkeit erforderlich sind, ist Aluminium ein geeigneter Werkstoff. Es ist weich, besitzt eine hohe thermische und elektrische Leitfähigkeit und zählt aufgrund seiner geringen Dichte ($2{,}71\ g/cm^3$) zu den leichtesten Werkstoffen. Insbesondere im Fahrzeug- und Flugzeugbau wird immer mehr Aluminium eingesetzt.

Die vielseitige Verwendung von Aluminium, auch als Verpackungsfolie für Lebensmittel oder Getränkedosen, ist darauf zurückzuführen, dass Aluminium sich „scheinbar" wie ein edles Metall verhält. Grund dafür ist der äußerst stabile und durchsichtige Belag aus Aluminiumoxid, der sich auf der Oberfläche in Gegenwart von Sauerstoff bildet. Er stellt eine Art Schutzschicht für das darunterliegende Aluminium gegen weitere Oxidation dar. Wird die schützende Oxidschicht „verletzt", schreitet die Oxidation rasch voran.

A1 Erkläre die Tatsache, dass ein Stück Aluminiumfolie auch nach längerer Lagerung nicht rostet.

A2 Aluminium wird meist durch Reaktion einer Schmelze aus Aluminiumoxid mit Kohlenstoff hergestellt. Die Redoxreaktion wird folgendermaßen zusammengefasst:

$$2\ Al_2O_3\ (s) + 3\ C\ (s) \longrightarrow 4\ Al\ (s) + 3\ CO_2\ (g)$$

Kennzeichne die Oxidation und die Reduktion und benenne die Funktion des Kohlenstoffs.

A3 Informiere dich über die benötigte Energie zur Herstellung von Aluminium sowie über die Vor- und Nachteile des Aluminium-Recyclings. Bewerte deine Ergebnisse.

Basiswissen Kapitel 4

W Verbrennungen – Oxidationen

Verbrennungen sind exotherme chemische Reaktionen mit Sauerstoff, bei denen Wärme und Licht frei werden.

Als Produkte entstehen **Oxide**, z. B. Kohlenstoffdioxid oder Eisen(II)-oxid.

Eine chemische Reaktion mit Sauerstoff unter Bildung von Oxiden nennt man **Oxidation**.

Beispiel 1: Oxidation von Eisen

$2\ Fe\ (s)\ +\ O_2\ (g) \longrightarrow 2\ FeO\ (s)$

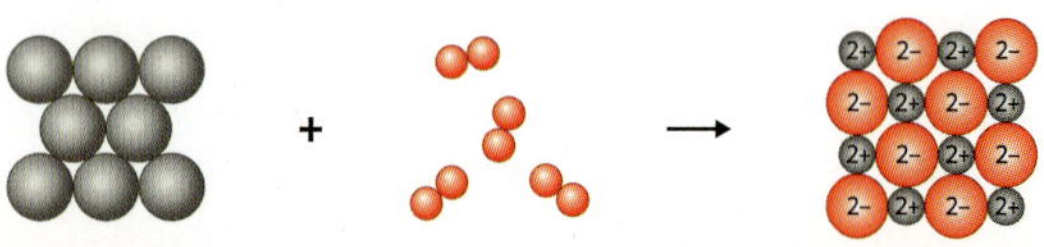

Verbrennungen sind Oxidationen.
Für den Verlauf einer Oxidation gilt:
Sie verläuft umso heftiger,

- je größer der Zerteilungsgrad des brennbaren Stoffes ist
- je höher der Anteil des Sauerstoffs im Reaktionsraum ist.

Beispiel 2: Oxidation von Kohlenstoff

$C\ (s)\ +\ O_2\ (g) \longrightarrow CO_2\ (g)$

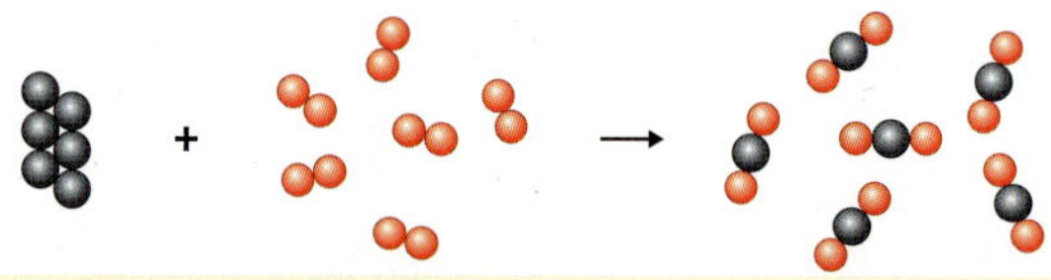

W Luft und Brände

Luft ist kein Reinstoff, sondern ein homogenes Stoffgemisch aus Stickstoff, Sauerstoff und anderen Gasen.

Die Hauptbestandteile der Luft sind:

Bestandteil	Volumenanteil
Stickstoff	78,08 %
Sauerstoff	20,95 %
Argon	0,93 %
Kohlenstoffdioxid	0,038 %

Die Voraussetzungen für **das Entstehen von Bränden** sind

- das Vorhandensein von Sauerstoff
- das Vorhandensein eines Brennstoffs
- das Erreichen der Zündtemperatur des Brennstoffs oder das Erreichen der Flammtemperatur bei Vorhandensein einer Zündquelle

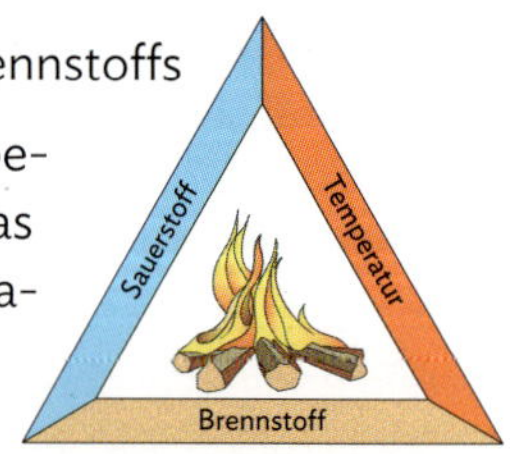

W Affinität zu Sauerstoff und Reduktion

Je heftiger ein Metall mit Sauerstoff reagiert, desto größer ist die **Affinität** des Metalls **zu Sauerstoff** und desto unedler ist das Metall.

Edle Metalle wie Gold oder Platin sind inert (reaktionsträge).

Edle Metalle können durch Erhitzen aus Metalloxiden gewonnen werden. Diese Reaktion, die durch Sauerstoffabgabe erfolgt, wird als **Reduktion** bezeichnet.

Beispiele: Reaktion von unedlem Magnesium und edlerem Kupfer mit Sauerstoff:

$2\ Mg\ (s) + O_2\ (g) \longrightarrow 2\ MgO\ (s)$ | (stärker) exotherm

$2\ Cu\ (s) + O_2\ (g) \longrightarrow 2\ CuO\ (s)$ | (schwächer) exotherm

Reduktion von Silberoxid:

$2\ Ag_2O\ (s) \longrightarrow 4\ Ag\ (s) + O_2\ (g)$

W Redoxreaktionen

Bei einer **Redoxreaktion** finden gleichzeitig eine Oxidation und eine Reduktion statt.

Beispiel: Bei der Redoxreaktion von Kupferoxid mit Zink wird Kupferoxid reduziert und Zink oxidiert.

Reduktion

$$CuO\,(s) + Zn\,(s) \longrightarrow Cu\,(s) + ZnO\,(s)$$

Oxidation

Nach einer erweiterten Definition sind Redoxreaktionen Elektronenübertragungsreaktionen.

Stoffe, die andere Stoffe oxidieren können, heißen **Oxidationsmittel**. Sie werden dabei selbst reduziert.

Stoffe, die andere Stoffe reduzieren können, heißen **Reduktionsmittel**. Sie werden dabei selbst oxidiert.

Reduktionsmittel setzt man ein, um ein Metalloxid zum Metall zu reduzieren.

Reduktionsvermögen nimmt zu ⟵

Magnesium	Aluminium	Zink	Eisen	Kupfer	Silber	Gold
Mg	**Al**	**Zn**	**Fe**	**Cu**	**Ag**	**Au**

Je weiter links ein Metall in dieser Reihe steht, desto

- unedler ist es,
- höher ist seine Affinität zu Sauerstoff
- größer ist sein Reduktionsvermögen

Auch die Nichtmetalle Kohlenstoff und Wasserstoff reagieren mit vielen Metalloxiden in einer Redoxreaktion und reduzieren diese zum elementaren Metall.

W Gewinnung von Eisen und Stahl

Beim aluminothermischen Schweißen, dem **Thermit-Verfahren**, wird Eisen(III)-oxid mit Aluminium als Reduktionsmittel zur Reaktion gebracht.

$$Fe_2O_3\,(s) + 2\,Al\,(s) \longrightarrow 2\,Fe\,(l) + Al_2O_3\,(s)$$

Dieses Verfahren dient zur Gewinnung kleinerer Mengen Eisen. Großtechnisch wird Koks verwendet. Es ist das kostengünstigere Reduktionsmittel.

Beim **Hochofenprozess** wird aus Eisenerzen, die vor allem Eisen(III)-oxid enthalten, und Kohlenstoff zunächst flüssiges Eisen gewonnen..

(1) Kohlenstoff (s) + Sauerstoff (g) ⟶ Kohlenstoffdioxid (g)
$C\,(s) + O_2\,(g) \longrightarrow CO_2\,(g)$ | exotherm

(2) Kohlenstoff (s) + Kohlenstoffdioxid (g) ⟶ Kohlenstoffmonooxid (g)
$C\,(s) + CO_2\,(g) \longrightarrow 2\,CO\,(g)$ | endotherm

(3) Eisen(III)-oxid (s) + Kohlenstoffmonooxid (g) ⟶ Eisen (l) + Kohlenstoffdioxid (g)
$Fe_2O_3\,(s) + 3\,CO\,(g) \longrightarrow 2\,Fe\,(l) + 3\,CO_2\,(g)$ | exotherm

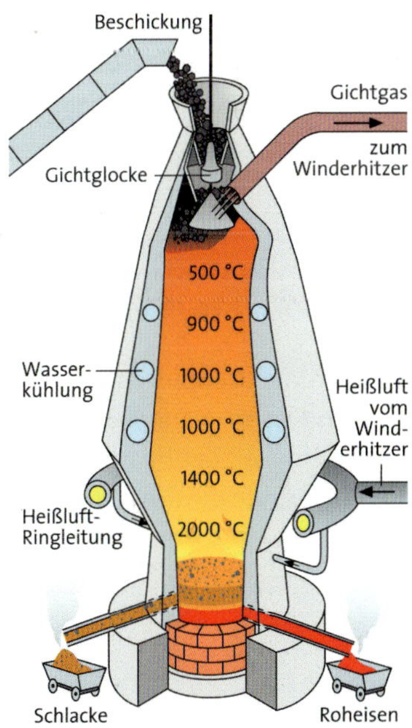

Aus Roheisen wird durch weitere Verfahren Stahl hergestellt.

Ziel erreicht?

Überprüfung

Hast du das Ziel dieses Kapitels erreicht? Löse die entsprechenden Aufgaben. Ein Arbeitsblatt findest Du unter www.ccbuchner.de/medien (Eingabe 05011-10). Bewerte dich mithilfe der Tabelle rechts unten. Die Lösungen zu den Aufgaben stehen auf Seite 159.

Für Reaktionen mit Sauerstoff die Reaktionsgleichungen aufstellen und den Einfluss des Zerteilungsgrads erklären

A1 Formuliere für die Reaktion, die hier auf Teilchenebene dargestellt ist, das Reaktionsschema und die Reaktionsgleichung.

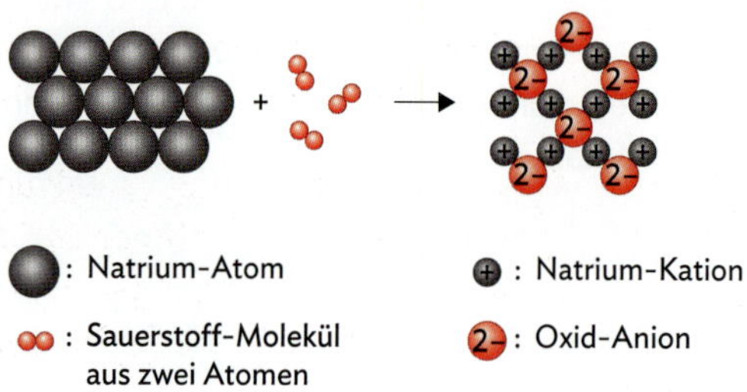

A2 Stelle zu folgenden chemischen Reaktionen die Reaktionsgleichungen auf:

a) Eisen reagiert mit Sauerstoff zu Eisen(III)-oxid.

b) Magnesium und Sauerstoff reagieren zu Magnesiumoxid.

c) Kohlenstoff reagiert mit Sauerstoff zu Kohlenstoffmonooxid.

A3 Ordne Eisenpulver, Eisennagel, Eisenwolle, und Eisen-Nanopartikel nach zunehmender Heftigkeit der Reaktionen mit Sauerstoff und begründe die Reihenfolge.

Die Zusammensetzung, Eigenschaften und Nachweisreaktionen der Luftbestandteile sowie den Treibhauseffekt beschreiben

B1 Einige wichtige Bestandteile der Luft sind: Sauerstoff, Stickstoff, Argon und Kohlenstoffdioxid.
Ordne diese Luftbestandteile den Abschnitten des Kreisdiagramms zu und beschrifte es.

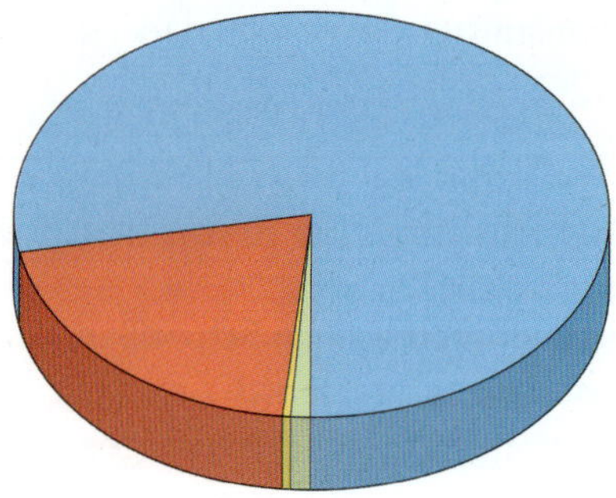

B2 Nenne die Luftbestandteile, die für das Leben von Pflanzen und Tieren notwendig sind.

B3 Die Gase Sauerstoff und Kohlenstoffdioxid sollen experimentell unterschieden werden. Beschreibe ein Vorgehen. Erkläre die Auswahl deiner Untersuchungsmethode/n.

B4 Beschreibe das Zustandekommen des Treibhauseffekts und dessen Auswirkungen durch

a) natürliche Ursachen

b) anthropogene Ursachen

Mit Feuer umgehen und sich bei einem Brand richtig verhalten

C1 Beschreibe mindestens zwei verschiedene Möglichkeiten, wie ein brennendes Stück Papier gelöscht werden kann. Begründe die Vorschläge.

C2 Bei einem Feueralarm soll man die Fenster des Klassenraums schließen. Begründe diese Maßnahme.

C3 Nenne Möglichkeiten, eine Verbrennung zu unterbinden.

C4 Erkläre, welche Gefahr besteht, wenn zum Löschen von a) Fettbränden und b) Metallbränden Wasser verwendet wird.

Merkmale von Redoxreaktionen erklären und anwenden

D1 Vergleiche Oxidation und Reduktion miteinander.

D2 Erläutere die Kennzeichen einer Redoxreaktion an einem selbst gewählten Beispiel.

D3 Entwickle für folgende Reaktionen die Reaktionsgleichungen. Kennzeichne die ablaufende Oxidation und die Reduktion.

a) Magnesium reagiert mit Kohlenstoffdioxid.
b) Kupfer(II)-oxid reagiert mit Zink.
c) Aluminium reagiert mit Eisen(III)-oxid.

D4 Gib die Reduktionsmittel an, die aus der folgenden Auswahl für die Bildung von Zink aus Zinkoxid in Frage kommen: Magnesium, Kupfer, Silber, Aluminium. Begründe die Auswahl und formuliere die Reaktionsgleichungen.

An einem ausgewählten Metall den Weg der industriellen Metallgewinnung darstellen

E1 Nenne die wichtigsten am Hochofenprozess beteiligten Stoffe zur Roheisenherstellung.

E2 Stelle die Reaktionsgleichung zur Bildung von gasförmigem Kohlenstoffmonooxid aus festem Kohlenstoff und gasförmigem Kohlenstoffdioxid auf sowie die Reaktionsgleichung für die Reduktion von Eisen(III)-oxid mit Kohlenstoffmonooxid.

Auswertung

Vergleiche deine Antworten mit den Lösungen auf Seite 159 und kreuze auf dem Arbeitsblatt an.

	Ich kann ...	ja	nein	lies nach auf Seite
A	für Reaktionen mit Sauerstoff die Reaktionsgleichungen aufstellen und den Einfluss des Zerteilungsgrads erklären.			114 - 117
B	die Zusammensetzung, Eigenschaften und Nachweisreaktionen der Luftbestandteile sowie den natürlichen und durch den Menschen verursachten Treibhauseffekt beschreiben.			122 - 125
C	mit Feuer umgehen und mich bei einem Brand richtig verhalten.			130 - 133
D	Merkmale von Redoxreaktionen erklären und anwenden.			136 - 139
E	an einem ausgewählten Metall den Weg von der industriellen Gewinnung aus Rohstoffen bis zur Verwendung darstellen.			142 - 144

Aufgabe	Lösung	Punkte
A1	B: Brenner, C: Tiegelzange	/ 2
A2	Dreifuß, Drahtnetz, Becherglas, Brenner, Feuerzeug / Streichhölzer, Thermometer	/ 3
A3	a) Lösung B): *Begründung:* Ein Messzylinder besitzt eine genauere Millimeter-Skala zur Messung des Volumens von Flüssigkeiten. b) Lösung B): *Begründung:* Eine Petrischale zerspringt beim Erhitzen. Die Abdampfschale ist hitzebeständig. Nur Gefäße mit Rundungen dürfen direkt erhitzt werden. c) Lösung B): Die Masse des Becherglases ist auf der Waage ablesbar. Durch Betätigen der Tara-Funktion wird die Waage auf Null gestellt, um nur die Masse des Zuckers zu messen.	/ 6
B1	Schließen der Luftzufuhr (b), Anzünden des Streichholzes (c), Öffnen des Gashahnes (a)	/ 3
B2	a) *Falsch:* Ein Baumwolltuch ist selbst brennbar. Brennbare Gegenstände sind außer Reichweite des Brenners zu lagern. b) *Falsch:* Auch Brillenträger tragen grundsätzlich beim Experimentieren geeignete Schutzbrillen (sogenannte Überbrillen). c) *Falsch:* Lange Haare werden mit einem Haargummi am Hinterkopf zusammengebunden. d) *Falsch:* Die Spitze des inneren Flammenkegels der nicht leuchtenden Brennerflamme ist am heißesten (ca. 1200 °C).	/ 4
C1	a) Hautätzend, schwere Augenschädigung: GHS 5  b) Entzündbare Stoffe: GHS 2  c) Explosive Stoffe: GHS 1  d) Akute Toxizität: GHS 6 	/ 2
C2	a) Hohes Gesundheitsrisiko! Es entsteht eine gefährliche Stichflamme! Nicht ausprobieren! b) Es kann eine sehr schmerzhafte Verätzung der Haut eintreten. c) Es entsteht explosionsartig eine Stichflamme, die schwere Brandverletzungen zur Folge haben kann. d) Folge ist eine Wasserverschmutzung, die eine erhebliche Schädigung der Wasserorganismen verursacht.	/ 4
D1	Fragestellung (f), Hypothese (c), Chemikalienliste und Laborgeräte (a), Durchführung (b), Beobachtung (e), Erklärung (d)	/ 3

Aufgabe	Lösung
A1	z. B.: saure, alkalische oder neutrale Lösung (Indikator Blaukrautsaft), Siedetemperatur/Schmelztemperatur (Thermometer), Magnetismus (Magnet), elektrische Leitfähigkeit (Leitfähigkeitsmessgerät), Dichte (Waage und Messzylinder)
A2	Blaukraut zeigt als Indikator durch seine Farbe an wie sauer bzw. alkalisch eine Lösung ist. rötliche Färbung: saure Lösung, violette Färbung: neutrale Lösung
B1	a) fest $\underset{\text{erstarren (2)}}{\overset{\text{schmelzen (1)}}{\rightleftarrows}}$ flüssig $\underset{\text{kondensieren (4)}}{\overset{\text{sieden (3)}}{\rightleftarrows}}$ gasförmig $\underset{\text{sublimieren (5)}}{\overset{\text{resublimieren (6)}}{\rightleftarrows}}$ fest b) Die Wasserteilchen bewegen sich immer schneller und überwinden aufgrund ihrer höheren Geschwindigkeit die Anziehungskräfte. Sie entfernen sich voneinander und nehmen einen größeren Raum ein.
B2	Je höher die Temperatur ist, desto größer ist die Diffusionsgeschwindigkeit der Teilchen. Die Inhaltsstoffe des Tees vermischen sich schneller mit dem Lösemittel Wasser.
C1	A: klarer Apfelsaft – Lösung, B: trüber Apfelsaft – Suspension (Modelldarstellung auf Teilchenebene siehe jeweils auf S. 43)
C2	Trinkalkohol hat eine niedrigere Siedetemperatur und verdampft zuerst. Das Destillat bildet folglich ein Gemisch mit einem höheren Anteil an Trinkalkohol. Durch die Gegenläufigkeit von Dampf und Kühlwasser ist die Kühlwirkung größer als bei gleicher Fließrichtung (Gegenstromprinzip). Der Temperaturunterschied zwischen Dampf und Kühlwasser ist auf der Gesamtkontaktfläche des Kühlers ähnlich.
D1	Ein Atom besteht hauptsächlich aus einer leeren Hülle und einem vergleichsweise sehr kleinen und kompakten Kern, der positiv geladen ist und fast die gesamte Masse des Atoms enthält. Der größte Teil eines Atoms ist überwiegend leerer Raum und enthält nur die fast masselosen Elektronen. Sehr schnelle, positiv geladene α-Teilchen durchqueren daher nahezu ungehindert das Atom. Nur sehr wenige α-Teilchen treffen auf den kleinen Kern und werden aufgrund ihrer Ladung vom positiv geladenen Atomkern abgelenkt.
E1	siehe Tabelle unten
E2	a) Eisen Fe, b) Silber Ag, c) Gold Au, d) Kohlenstoff C
F1	Metalle: Kupfer, Aluminium Salze: Kochsalz, Bittersalz Molekulare Stoffe: Wasser, Kohlenstoffdioxid
F2	Metalle: Metallgitter aus Atomen Salze: Ionengitter aus positiv geladenen Kationen und negativ geladenen Anionen
F3	Die Kationen und Anionen, aus denen ein Salz aufgebaut ist, sind in einer wässrigen Lösung frei beweglich und verteilen sich zwischen den ungeladenen Wasser-Molekülen. Kationen sind positiv geladene Teilchen, Anionen sind negativ geladene Teilchen. Bewegen sich gleich geladene Ladungsträger (zum Beispiel negativ geladene Anionen) in die gleiche Richtung, kann dieser elektrische Strom mit einem Leitfähigkeitsmessgerät festgestellt werden.

E1:

Elementarteilchen	Proton	Neutron	Elektron
Ladung in Elementarladungen	+1	0	-1
Masse	1 u	1 u	0,0005 u

Aufgabe	Lösung	Punkte
A1	(siehe Tabelle unten)	/ 4

Eigenschaften	Zucker	Kochsalz
farblose Kristalle	X	X
wasserlöslich	X	X
schmilzt beim Erwärmen im Reagenzglas	X	–
Lösung leitet den elektrischen Strom	–	X

B1 a) schmelzen, b) erstarren, c) verdunsten, d) kondensieren — / 4

B2 a) gasförmig, b) fest, c) fest, d) gasförmig — / 4

B3 Bild A – fest: Die Teilchen üben eine starke Anziehung aufeinander aus. Sie sind daher eng beieinander und schwingen nur wenig an ihrem Platz. Durch den festen Zusammenhalt haben die Teilchen eine regelmäßige Anordnung.
Bild B – flüssig: Die Anziehungskräfte reichen nicht mehr aus, um die Teilchen an ihrem Platz zu halten. Sie können sich aneinander vorbei bewegen. Der Abstand der Teilchen zueinander ist ein wenig größer und sie bewegen sich schneller.
Bild C – gasförmig: Die Teilchen sind so schnell, dass sie nicht mehr zusammenhalten und einen noch größeren Abstand zueinander einnehmen. Sie verteilen sich gleichmäßig im gesamten zur Verfügung stehenden Raum und stoßen nur ab und zu aufeinander. — / 6

C1
a) Elementarteilchen sind: Protonen, Neutronen und Elektronen. Der Atomkern, der fast die gesamte Masse des Atoms vereint, enthält die positiv geladenen Protonen und die ungeladenen Neutronen. In der Atomhülle finden sich die negativ geladenen und fast masselosen Elektronen.
b) Beim RUTHERFORDschen Streuversuch wurden Gold-Atome mit sehr schnell fliegenden und positiv geladenen Teilchen (α-Strahlung) beschossen. Nur sehr wenige α-Teilchen wurden abgelenkt. Die sehr geringe Zahl an abgelenkten Teilchen erklärt sich dadurch, dass die positiv geladenen Teilchen auf einen sehr kleinen, kompakten und positiv geladenen Atomkern gestoßen waren. Der größte Teil der α-Teilchen passierte die vergleichsweise sehr große und nahezu leere Atomhülle ungehindert. — / 6

C2

	Proton	Neutron	Elektron
Symbol	p^+	n	e^-
Elementarladung	+1	0	-1
Masse in u	1	1	0,0005

— / 3

D1 **Metalle**: Eigenschaften: elektrische Leitfähigkeit, Wärmeleitfähigkeit, Verformbarkeit, metallischer Glanz; Teilchen: Atome (im festen Zustand in einem Metallgitter)
Salze: Eigenschaften: Härte, Sprödigkeit, hohe Schmelztemperaturen; Teilchen: Kationen und Anionen (in einem Ionengitter)
Molekulare Stoffe: Eigenschaften: niedrige Schmelztemperaturen (im Vergleich zu Metallen und Salzen); Teilchen: Moleküle — / 6

D2 Ein Kation ist ein positiv geladenes Teilchen, das aus einem Atom durch Abgabe eines oder mehrerer Elektronen entsteht. Ein Anion ist ein negativ geladenes Teilchen, das aus einem Atom durch Aufnahme von einem oder mehreren Elektronen entsteht. — / 4

D3 Salze sind aus positiv geladenen Kationen und negativ geladenen Anionen aufgebaut. Das zahlenmäßige Verhältnis von Kationen zu Anionen wird durch die Ionengruppe bzw. Verhältnisformel angegeben. Moleküle sind die Teilchen molekularer Stoffe und bestehen aus zwei oder mehreren miteinander verknüpften Atomen. Die Molekülformel gibt die genaue zahlenmäßige Zusammensetzung eines Moleküls an. — / 6

Aufgabe	Lösung
A1	a) Stoffumwandlung b) Energieumwandlung
A2	a) Nein, das Wachs ändert nur seinen Aggregatzustand. b) Ja, aus Zucker entsteht der neue Stoff Karamell. c) Ja, es entsteht ein neuer Stoff, der die Milch sauer werden lässt (Milchsäure). d) Ja, ein neuer Stoff (Silbersulfid) ist entstanden, erkennbar an der Farbveränderung. e) Nein, nur das Volumen der Luft verändert sich (Ausdehnung).
A3	a) Eisen (s) + Schwefel (s) ⟶ Eisensulfid (s); b) Schwefel (s) + Sauerstoff (g) ⟶ Schwefeldioxid (g)
B1	Bei der Reaktion entstehen aus den Eisen-Atomen des Metallgitters zweifach positiv geladene Eisen-Kationen. Aus den Schwefel-Atomen bilden sich zweifach negativ geladene Sulfid-Anionen. Kationen und Anionen ordnen sich in einem regelmäßigen Ionengitter an (siehe S. 78 unten).
B2	Quecksilberoxid (s) ⟶ Quecksilber (l) + Sauerstoff (g)
C1	Elemente (keine Zerlegung in andere Reinstoffe möglich): Eisen, Schwefel; Verbindungen (Zerlegung in Elemente möglich): Kohlenstoffdioxid, Natriumchlorid; Brausepulver: Gemisch verschiedener Reinstoffe
C2	Wasser ist eine Verbindung. *Begründung:* Wasser kann durch eine chemische Reaktion in die Elemente Wasserstoff und Sauerstoff zerlegt werden.
C3	Gemische können durch physikalische Trennverfahren in verschiedene Reinstoffe getrennt werden, Verbindungen nicht. Reinstoffe, die aus Verbindungen bestehen, können nur durch chemische Reaktionen in andere Reinstoffe zerlegt werden.
C4	Die Elemente Quecksilber und Schwefel können nicht in ein anderes Element umgewandelt werden. Durch eine chemische Reaktion kann aus ihnen die Verbindung Quecksilbersulfid entstehen.
D1	a) exotherme Reaktion: Energie wird vom reagierenden System abgegeben. b) endotherme Reaktion: Energie wird vom reagierenden System aufgenommen. c) Die Aktivierungsenergie ist die Energie, die zugeführt werden muss, um Edukte für eine chemische Reaktion in einen reaktionsfähigen Zustand zu bringen.
D2	a) exotherme Reaktion, z. B.: Zink (s) + Schwefel (s) ⟶ Zinksulfid (s) b) endotherme Reaktion z. B.: Silbersulfid (s) ⟶ Silber (s) + Schwefel (s)
D3	Um die Edukte Eisen und Schwefel in einen reaktionsfähigen Zustand zu bringen, muss zu Beginn der chemischen Reaktion dem reagierenden System die Aktivierungsenergie zugeführt werden.
E1	a) Masse (Kupfersulfid): 8,66 g (Gesetz von der Erhaltung der Masse) b) Das Massenverhältnis des Kupfers (6,92 g) zum Schwefel (1,74 g) beträgt 4 zu 1. Ein Kupfer-Atom (63,5 u) hat ungefähr die doppelte Masse eines Schwefel-Atoms (32,1 u). Dieses Verhältnis gilt auch für die entstehenden Ionen. Folglich reagieren Kupfer-Ionen mit Sulfid-Ionen im Verhältnis 2 zu 1 und bilden die Ionengruppe $(Cu^+)_2S^{2-}$ bzw. die Verhältnisformel Cu_2S.
F1	Natriumchlorid: NaCl, Calciumphosphid: Ca_3P_2, Aluminiumsulfid: Al_2S_3
F2	Schwefeltrioxid: SO_3, Heptaschwefeldioxid: S_7O_2
F3	Wird die Verbindung durch Reaktion von einem Metall mit einem Nichtmetall gebildet, so liegt eine Verhältnisformel vor: $AlCl_3$: Aluminiumchlorid; MgS: Magnesiumsulfid; ZnO: Zinkoxid. Wird die Verbindung durch Reaktion von einem Nichtmetall mit einem Nichtmetall gebildet, so liegt eine Molekülformel vor: N_2O_5: Distickstoffpentaoxid; SO_2: Schwefeldioxid.

LÖSUNGEN ZU „STARTKLAR?"

Aufgabe	Lösung	Punkte
A1	Selbständiges Weiterglühen nach dem Erhitzen (Aktivierungsenergie) deutet auf eine exotherme Reaktion unter Energieabgabe hin. Die Farbveränderung stellt einen Hinweis auf die Bildung eines anderen Stoffes (Eisensulfid) mit blaugrauen Kristallen dar.	/ 2
A2	a) Kohlenstoff (s) + Sauerstoff (g) ⟶ Kohlenstoffdioxid (g) | exotherm b) Kupfersulfat-Pentahydrat (s) ⟶ Kupfersulfat (s) + Wasser (g) | endotherm c) Zink (s) + Schwefel (s) ⟶ Zinksulfid (s) | exotherm	/ 9
B1	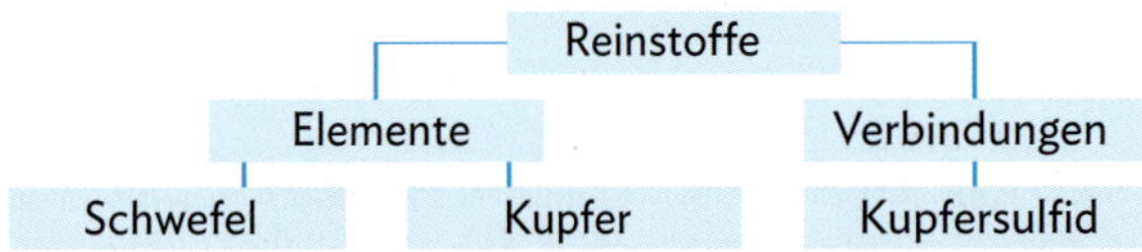	/ 3
B2	Element: Eisen, Sauerstoff (beide Stoffe lassen sich nicht in andere Reinstoffe zerlegen) Verbindung: Wasser (Zerlegung in die Elemente Wasserstoff und Sauerstoff möglich), Silbersulfid (Zerlegung in die Elemente Silber und Schwefel möglich), Kohlenstoffdioxid (Zerlegung in die Elemente Kohlenstoff und Sauerstoff möglich)	/ 5
B3	siehe Tabelle unten; Berichtigung: Der Reinstoff Kupfersulfid lässt sich durch eine chemische Reaktion in die Reinstoffe Kupfer und Schwefel zerlegen: Kupfersulfid ist eine Verbindung. Farbe ist eine Stoffeigenschaft. Bei der Beschreibung von Kupfer-Atomen handelt es sich um die Teilchenebene. Einzelne Atome haben keine Farbe.	/ 6

B3:

Aussage	richtig	falsch
Kohlenstoff ist ein Element, das nur aus Kohlenstoff-Atomen besteht.	X Teilchenebene	
Das Element Schwefel ist ein gelber Feststoff.	X Stoffebene	
Kupfersulfid ist ein Element.		X Stoffebene
Kupfer-Atome sind rotbraun.		X Teilchenebene

Berichtigung:
Der Reinstoff Kupfersulfid lässt sich durch eine chemische Reaktion in die Reinstoffe Kupfer und Schwefel zerlegen: Kupfersulfid ist eine Verbindung.
Farbe ist eine Stoffeigenschaft. Bei der Beschreibung von Kupfer-Atomen handelt es sich um die Teilchenebene. Einzelne Atome haben keine Farbe.

C1 (/ 6)

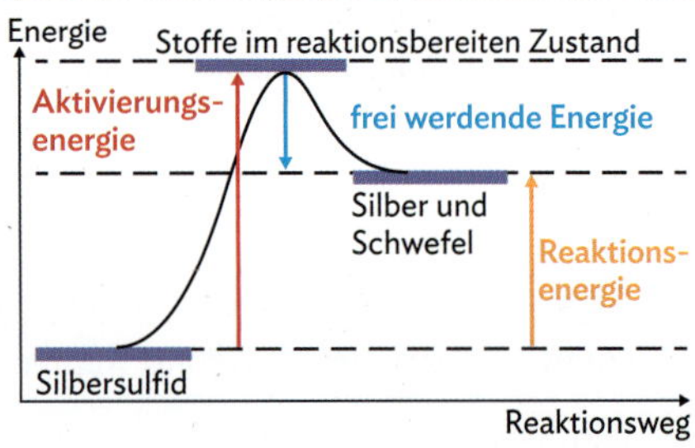

C2 (/ 5)

a) Um die Edukte Metall und Schwefel in einen reaktionsfähigen Zustand zu bringen, muss Aktivierungsenergie zugeführt werden.

b)

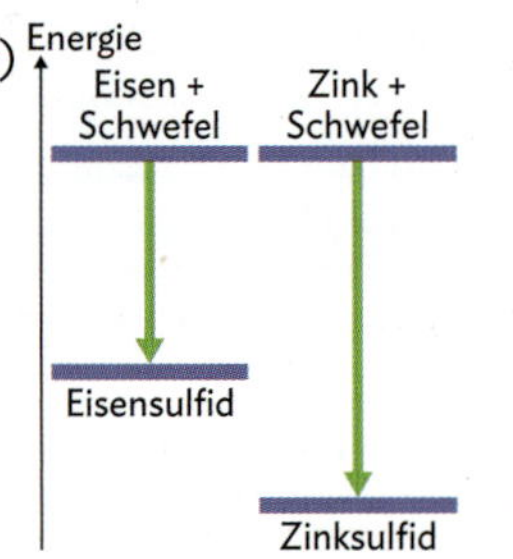

D1 (/ 3)

Teilchenverhältnis:
$Mg^{2+} : Br^{-} = 1 : 2$

Massenverhältnis:
$Mg^{2+} : Br^{-} = 24{,}3 : 159{,}8 \; (79{,}9 \cdot 2)$
$= 1 : 6{,}5 \; (3{,}2 \cdot 2)$

Aufgabe	Lösung
A1	Natrium (s) + Sauerstoff (g) ⟶ Natriumoxid (s); $4\ Na\ (s) + O_2\ (g) \longrightarrow 2\ Na_2O\ (s)$
A2	a) $4\ Fe\ (s) + 3\ O_2\ (g) \longrightarrow 2\ Fe_2O_3\ (s)$ b) $2\ Mg\ (s) + O_2\ (g) \longrightarrow 2\ MgO\ (s)$ c) $2\ C\ (s) + O_2\ (g) \longrightarrow 2\ CO\ (g)$
A3	Eisennagel ⟶ Eisenwolle ⟶ Eisenpulver ⟶ Eisen-Nanopartikel: Der Zerteilungsgrad nimmt in dieser Reihenfolge zu. Mit der Zunahme des Zerteilungsgrads wird die Oberfläche immer größer, an der die chemische Reaktion mit Sauerstoff ablaufen kann.
B1	blau: N_2 (78,08 %); rot: O_2 (20,95 %); grün: Edelgase (0,932 %); gelb: CO_2 (0,038 %)
B2	Nachweis von Sauerstoff: Ein glimmender Span wird in das zu untersuchende Gas gehalten. Bei Anwesenheit von Sauerstoff glüht der Span hell auf. Sauerstoff unterhält eine Verbrennung. Nachweis von Kohlenstoffdioxid: In eine klare wässrige Lösung von Calciumhydroxid (Kalkwasser) wird das zu untersuchende Gas eingeleitet. Handelt es sich um das Gas Kohlenstoffdioxid, bildet sich ein weißer Feststoff und die Lösung wird trüb.
B3	a) Sonnenstrahlung wird an der Erdoberfläche in Wärmestrahlung umgewandelt und von der Erde wieder abgegeben. Natürlich vorkommende Treibhausgase (z. B. Wasserdampf, Kohlenstoffdioxid) verhindern einen Teil der Wärmerückstrahlung in den Weltraum. b) Durch die Verbrennung von Kohle, Erdöl, Erdgas usw. sowie z. B. die Rodung von Wäldern erhöht sich die Konzentration der Treibhausgase (z. B. Kohlenstoffdioxid). Die Atmosphäre speichert folglich zu viel Wärme. Dadurch steigt die durchschnittliche Temperatur an.
B4	Pflanzen: Kohlenstoffdioxid (für die Fotosynthese); Pflanzen und Tiere: Sauerstoff (für die Zellatmung)
C1	a) Abdecken: Entzug von Sauerstoff, b) „Löschen" mit Wasser: Kühlung unter die Flammtemperatur
C2	Eine weitere Zuführung von Sauerstoff zur Unterhaltung einer Verbrennung wird vermieden.
C3	a) Wegnahme des Brennstoffs, b) Entzug von Sauerstoff, c) Kühlung
C4	a) Wasser verdampft explosionsartig und verteilt brennende Fetttröpfchen in der weiteren Umgebung. Es droht eine weitere Ausbreitung des Brandes. b) Metalle können mit Wasser reagieren. Sie entziehen dem Wasser den gebundenen Sauerstoff, sodass brennbarer Wasserstoff entsteht.
D1	Oxidation: chemische Reaktion von Stoffen mit Sauerstoff unter Bildung von Oxiden Reduktion: chemische Reaktion, bei der Oxiden Sauerstoff entzogen wird
D2	$FeO\ (s) + Mg\ (s) \longrightarrow Fe\ (s) + MgO\ (s)$ Vom Eisenoxid geht in einer Sauerstoffübertragungsreaktion gebundener Sauerstoff auf Magnesium über. Oxidation und Reduktion laufen gleichzeitig ab.
D3	Oxidation / Reduktion: a) $2\ Mg + CO_2 \longrightarrow 2\ MgO + C$; b) $CuO + Zn \longrightarrow Cu + ZnO$; c) $2\ Al + Fe_2O_3 \longrightarrow Al_2O_3 + 2\ Fe$
D4	Mögliche Reduktionsmittel sind Magnesium und Aluminium. Beide Metalle haben eine höhere Affinität zu Sauerstoff als Zink. Magnesium besitzt im Vergleich zu Aluminium ein noch größeres Reduktionsvermögen. $3\ ZnO\ (s) + 2\ Al\ (s) \longrightarrow 3\ Zn\ (s) + Al_2O_3\ (s)$ $ZnO\ (s) + Mg\ (s) \longrightarrow MgO\ (s) + Zn\ (s)$
E1	An dem Prozess der Roheisenherstellung sind folgende Stoffe beteiligt: Eisenerz (z. B.: Fe_2O_3), Koks (Kohlenstoff, C), Kohlenstoffdioxid (CO_2), Kohlenstoffmonooxid (CO).
E2	$C\ (s) + CO_2\ (g) \longrightarrow 2\ CO\ (g)$ $Fe_2O_3\ (s) + 3\ CO\ (g) \longrightarrow 2\ Fe\ (s) + 3\ CO_2\ (g)$

A

Affinität zu Sauerstoff: Unter Affinität zu Sauerstoff versteht man das Bestreben eines Stoffes, sich mit Sauerstoff zu einem Oxid zu verbinden.

Aggregatzustand: Der Aggregatzustand gibt an, ob ein Stoff fest, flüssig oder gasförmig vorliegt. Symbole: s (fest), l (flüssig), g (gasförmig).

Aktivierungsenergie: Die Aktivierungsenergie ist die Energie, die zunächst zugeführt werden muss, damit eine chemische Reaktion abläuft. Sie ist nötig, um die Edukte in den reaktionsfähigen Zustand bringen.

alkalisch: Alkalische Lösungen färben Rotkohlindikator blaugrün bis gelb. Ein Beispiel ist eine wässrige Natronlösung.

Analyse: Die Analyse ist die Zerlegung einer chemischen Verbindung in die Elemente. Im weiteren Sinne versteht man in der Chemie unter Analyse die Bestimmung der Art und der Menge der Bestandteile eines Stoffes oder Stoffgemisches.

Anion: Ein Anion ist ein negativ geladenes Ion (Beispiel: Chlorid-Anion Cl^-). Es entsteht aus einem Atom durch die Aufnahme eines oder mehrerer Elektronen.

Atom: Jedes Atom ist aus Elementarteilchen aufgebaut: Die Elektronen bilden die Atomhülle, die Protonen und Neutronen den Atomkern. Die Atome ein- und desselben Elements haben stets die gleiche Anzahl an Protonen im Kern, können aber eine unterschiedliche Anzahl von Neutronen aufweisen. Atome sind die Stoffteilchen, aus denen Metalle und Edelgase aufgebaut sind.

Atommasse, atomare Masseneinheit u: Die Atommasse *m* ist die Masse eines Atoms und wird in der Masseneinheit 1 u angegeben. Man kann den Zahlenwert der mittleren Atommasse in u aus dem Periodensystem der Elemente ablesen.

Atomkern: Der Atomkern ist das positiv geladene Zentrum eines Atoms, das die Nukleonen, d. h. die Protonen und die Neutronen enthält und den überwiegenden Teil der Masse des Atoms ausmacht.

Atomhülle: Die Atomhülle ist der Bereich des Atoms um den Atomkern, der die Elektronen eines Atoms enthält.

B

Branddreieck: Im Branddreieck sind die Bedingungen zum Entstehen eines Brandes wiedergegeben: Brennstoff, Temperatur, Sauerstoff.

Brennstoff: Brennstoffe können fest wie Holz, flüssig wie Brennspiritus und Benzin oder gasförmig wie Erdgas sein. Vor der Verbrennung entstehen durch Erhitzen der flüssigen und festen Brennstoffe häufig brennbare Gase (Ausnahme: z. B. Metalle).

BROWNsche Bewegung: BROWNsche Bewegung nennt man regellose Bewegungen mikroskopisch kleiner Teilchen in einer Flüssigkeit oder einem Gas. Sie wird verursacht durch die Eigenbewegung der kleinen Teilchen (Atome, Moleküle oder Ionen).

C

chemische Energie: Energie, die in einer chemischen Verbindung gespeichert ist. Bei deren Verbrennung kann die chemische Energie freigesetzt und in eine andere Energieform umgewandelt werden.

chemische Formel: siehe Formel

chemische Reaktion: Eine chemische Reaktion ist ein Vorgang, bei dem aus Stoffen neue Stoffe mit anderen Eigenschaften entstehen. Die Ausgangsstoffe einer chemischen Reaktion nennt man Edukte, die Endstoffe Produkte. Jede chemische Reaktion ist von einer Energieumwandlung begleitet.

D

Dekantieren: Das Dekantieren ist ein einfaches Trennverfahren, bei dem man durch Abgießen eine Flüssigkeit von einem festen Bodensatz trennt.

Destillieren: Die Destillation ist ein Trennverfahren, bei dem Stoffe aufgrund ihrer unterschiedlichen Siedetemperatur getrennt werden.

Dichte: Die Dichte ρ („Rho") ist der Quotient aus Masse *m* und Volumen *V*. Sie ist eine charakteristische Stoffeigenschaft, die von der Temperatur und vor allem bei Gasen vom Druck abhängig ist.

Diffusion: Diffusion ist der Vorgang, bei dem sich Teilchen aufgrund der BROWNschen Bewegung ausbreiten. Die Geschwindigkeit der Bewegung ist u. a. abhängig von der Temperatur.

E

Edelgase: Die Edelgase (Helium He, Neon Ne, Argon Ar, Krypton Kr, Xenon Xe und Radon Rn) bilden eine Elementfamilie mit ähnlichen Eigenschaften. Sie sind die reaktionsträgsten Elemente des Periodensystems und stehen in der achten Gruppe.

Edelstahl: Edelstähle sind Stähle (Eisenlegierungen), deren Schwefel- und Phosphorgehalt (sogenannte Eisenbegleiter) 0,025 % nicht überschreitet.

edles Metall (Edelmetall): Metalle, die reaktionsträge sind und in der Natur oft gediegen (elementar) vorkommen, zählen zu den edlen Metallen. Beispiele: Gold, Platin.

Edukt: Ein Edukt ist ein Ausgangsstoff bei einer chemischen Reaktion und steht in einem Reaktionsschema bzw. in einer Reaktionsgleichung links des Reaktionspfeils.

Elektron: Elektronen sind negativ geladene Elementarteilchen. Sie sind Bausteine der Atome und befinden sich in der Atomhülle. Sie können von einem Atom auf ein anderes übertragen werden. Symbol: e^-

Element: Chemische Elemente sind Reinstoffe, die nicht mehr in andere Reinstoffe zerlegt werden können. Ein Element besteht aus Atomen der gleichen Art, d. h. aus Atomen mit derselben Protonenanzahl im Kern. Derzeit sind 118 verschiedene Elemente bekannt (vgl. Periodensystem der Elemente, PSE).

Elementsymbol (Atomsymbol): Ein Elementsymbol ist ein meist vom lateinischen oder griechischen Namen eines Stoffes abgeleiteter Buchstabe (oder mehrere Buchstaben), der die Atome eines Elements repräsentiert.

Elementarteilchen: Teilchen, die kleiner als Atome sind, nennt man Elementarteilchen. Dazu gehören die Bausteine der Atome: Protonen, Neutronen und Elektronen.

Emulsion: Eine Emulsion ist ein heterogenes Stoffgemisch, bei dem der Haupt- und der Nebenbestandteil im flüssigen Aggregatzustand vorliegen, z. B. Mayonnaise, Milch.

endotherm: Eine Reaktion, bei der ständig Energie aus der Umgebung zugeführt werden muss, bezeichnet man als endotherm.

Energiediagramm: Ein Energiediagramm gibt den energetischen Verlauf einer Reaktion wieder.

Erstarren: Als Erstarren bezeichnet man den Übergang eines Stoffes vom flüssigen in den festen Aggregatzustand.

Erz: Ein Erz ist z. B. eine oxidische oder sulfidische Metallverbindung in der Erdkruste, aus der durch Reduktion das elementare Metall gewonnen werden kann.

exotherm: Eine Reaktion, bei der Energie an die Umgebung abgegeben wird, bezeichnet man als exotherm.

Extrahieren: Die Extraktion ist ein Trennverfahren, das auf der unterschiedlichen Löslichkeit von Stoffen in einem Lösemittel beruht. Die gut löslichen Reinstoffe lassen sich mit diesem Lösemittel aus dem Gemisch extrahieren (herauslösen), die schlecht löslichen bleiben zurück.

F

Filtrieren: Die Filtration ist ein Trennverfahren, bei dem die Trennung der Reinstoffe einer Suspension auf deren unterschiedlichen Partikelgrößen beruht.

Flammtemperatur: Bei der Flammtemperatur eines Brennstoffs lässt sich der Teil des Stoffes, der gasförmig ist, mit einer Flamme oder einem Funken entzünden.

Formel: Chemische Formeln sind Kurzschreibweisen für Stoffe bzw. für die Stoffteilchen (Baueinheiten), aus denen diese Stoffe bestehen.

G

Gefahrenpiktogramm: Gefahrenpiktogramme sind international gültige Symbole, die auf Gefahren hinweisen, die von einem Stoff ausgehen können.

Gemenge: Ein Gemenge ist ein heterogenes Stoffgemisch, bei dem der Haupt- und der Nebenbestandteil im festen Aggregatzustand vorliegen, z. B. Granit, Müsli.

Gesetz der konstanten Massenverhältnisse: Elemente reagieren immer in einem ganz bestimmten (konstanten) Massenverhältnis zu einer Verbindung.

Gesetz von der Erhaltung der Masse: Bei chemischen Reaktionen im geschlossenen System bleibt die Gesamtmasse unverändert. Die Massen der Edukte entsprechen den Massen der Produkte.

Glimmspanprobe: Nachweis für elementaren Sauerstoff (vgl. FM S. 121)

H

Härte: Stoffeigenschaft

Halbmetalle: Halbmetalle sind eine Gruppe von Elementen, die sowohl Eigenschaften von Metallen als auch von Nichtmetallen aufweisen.

heterogen: Stoffgemische, deren Bestandteile man mit dem Auge oder Mikroskop unterscheiden kann, heißen heterogen (uneinheitlich).

Hochofen: Ein Hochofen ist eine großindustrielle Anlage, in der in einem kontinuierlichen Prozess aus Erz und Koks Roheisen hergestellt wird.

homogen: Stoffgemische, deren Bestandteile auch mit dem Mikroskop nicht unterscheidbar sind, heißen homogen (einheitlich).

I

Indikator: Ein Indikator ist ein Stoff, der durch Farbänderung den Säuregrad einer Lösung anzeigt.

inert: Inerte Stoffe sind sehr reaktionsträge, z. B. Edelgase.

Ionen: Ein Ion ist ein elektrisch geladenes Teilchen, das sich jeweils aus einem Atom durch die Aufnahme oder Abgabe eines oder mehrerer Elektronen bildet.

Ionengitter: Unter einem Ionengitter versteht man die regelmäßige Anordnung von Kationen und Anionen eines Salzes in einem dreidimensionalen Gitter.

Ionengruppe: Die Ionengruppe ist die Baueinheit/das Stoffteilchen, aus denen ein Salz besteht. Sie gibt das zahlenmäßige Verhältnis von Kationen zu Anionen an und entspricht der Verhältnisformel eines Salzes.

K

Kalkwasserprobe: Nachweis von Kohlenstoffdioxid (vgl. FM S. 124)

Kation: Ein Kation ist ein positiv geladenes Ion, das aus einem Atom durch Abgabe eines oder mehrerer Elektronen entsteht (Beispiele: Natrium-Kation Na^+, Kupfer(II)-Kation Cu^{2+}).

Kern-Hülle-Modell: Nach dem Kern-Hülle-Modell besteht ein Atom aus einem sehr kleinen Atomkern, in dem die gesamte positive Ladung und nahezu die gesamte Masse des Atoms (Protonen und Neutronen) konzentriert sind, und aus einer im Vergleich dazu viel (ca. 10 000 bis 100 000-mal) größeren Hülle, in der sich die negative Ladung (Elektronen) befindet.

Kernladungszahl: Die Kernladungszahl entspricht der Zahl der Protonen in einem Atomkern. Sie ist für ein Element immer gleich. Im Periodensystem sind die Elemente nach steigender Kernladungszahl angeordnet. Sie wird daher auch Ordnungszahl genannt.

Klimawandel: Änderung des Klimas, hervorgerufen durch natürliche oder durch den Menschen verursachte Prozesse.

Kondensieren: Als Kondensieren bezeichnet man den Übergang eines Stoffes vom gasförmigen in den flüssigen Aggregatzustand.

Kristall: Ein Kristall ist ein Festkörper mit gleichmäßigen Grenzflächen. Die Teilchen in einem Kristall sind in einem regelmäßigen räumlichen Gitter angeordnet. Bei den Teilchen kann es sich um Ionen (z. B. in Natriumchlorid), Atome (z. B. in Diamant) oder Moleküle (z. B. in Zucker) handeln.

L

Legierung: Eine Legierung ist ein homogenes Stoffgemisch, bei dem der Haupt- und der Nebenbestandteil im festen Aggregatzustand vorliegen, z. B. Bronze (Kupfer und Zinn) und Messing (Kupfer und Zink).

Leichtmetall: Metalle mit einer Dichte unter 5 g/cm^3 zählen zur Gruppe der Leichtmetalle. Beispiele: Magnesium, Aluminium.

Leitfähigkeit, elektrische: Die elektrische Leitfähigkeit ist die Fähigkeit eines Stoffs, den elektrischen Strom zu leiten.

Löslichkeit: Die Löslichkeit ist die Eigenschaft eines festen, flüssigen oder gasförmigen Stoffes, sich in einer geeigneten Flüssigkeit, dem Lösemittel, zu lösen. Die Löslichkeit ist eine spezifische, temperaturabhängige Stoffeigenschaft.

Lösung: Eine Lösung ist ein homogenes Stoffgemisch, bei dem der Hauptbestandteil flüssig ist, z. B. Meerwasser, Apfelsaft, Speiseessig, Sprudelwasser.

M

Magnetisierbarkeit: Stoffeigenschaft; die Metalle Eisen, Nickel, Cobalt und Neodym sind bei Raumtemperatur magnetisch.

Metalle: Metalle sind eine Stoffklasse mit typisch metallischem Glanz, die elektrisch leitfähig und plastisch verformbar (duktil) sind. Metalle sind aus Atomen aufgebaut.

Metallgitter: Ein Metallgitter ist ein regelmäßiges, dreidimensionales Gitter, dessen Gitterplätze mit Metall-Atomen besetzt sind.

Metallsulfid: Ein Metallsulfid ist eine Schwefelverbindung eines Metalls. Im Metallsulfid liegen Sulfid-Anionen S^{2-} vor.

Modelle: Modelle sind Hilfen zur Darstellung und Veranschaulichung von Dingen und Prozessen aus der Wirklichkeit. Modelle bilden die Wirklichkeit aber nie vollständig ab.

molekulare Stoffe: Molekulare Stoffe sind eine Stoffklasse, deren Vertreter aus Molekülen aufgebaut sind, z. B. Wasser H_2O, Kohlenstoffdioxid CO_2, Glucose $C_6H_{12}O_6$.

Moleküle: Ein Molekül ist ein aus zwei oder mehreren miteinander verbundenen Atomen zusammengesetzter Atomverband. Dieser besteht bei Elementen aus gleichartigen Atomen (z. B. H_2) und bei Verbindungen aus verschiedenartigen Atomen (z. B. H_2O). Ein Molekül ist die Baueinheit/das Stoffteilchen eines molekularen Stoffes.

Molekülformel: Die Molekülformel beschreibt die genaue atomare Zusammensetzung eines Moleküls, z. B. H_2, O_2, H_2O.

N

Nebel: Nebel ist ein heterogenes Stoffgemisch, bei dem der Hauptbestandteil gasförmig und der Nebenbestandteil flüssig ist, z. B. Wolken, Dunst.

neutral: Eine Lösung, die weder sauer noch alkalisch ist, ist neutral. Kochsalz- oder Zuckerlösungen sind neutral.

Neutron: Neutronen sind ungeladene Elementarteilchen, die sich im Atomkern befinden und die gleiche Masse $m(n) = 1$ u wie Protonen aufweisen.

Nichtmetall: Nichtmetalle sind Elemente, die keine metallischen Eigenschaften haben. Sie können fest (Kohlenstoff), gasförmig (Sauerstoff) oder flüssig (Brom) sein. Nichtmetalle sind im Periodensystem auf der rechten Seite aufgeführt. Sie bilden mit Sauerstoff Nichtmetalloxide und mit Schwefel Nichtmetallsulfide.

Nukleonen: Nukleonen ist der Oberbegriff für Protonen und Neutronen. Sie sind die Elementarteilchen im Atomkern.

O

Ordnungszahl: siehe Kernladungszahl

Oxid: Ein Oxid ist eine Sauerstoffverbindung eines Metalls oder Nichtmetalls. In einem Oxid liegen Oxid-Anionen O^{2-} vor.

Oxidation: Eine chemische Reaktion mit Sauerstoff unter Bildung von Oxiden nennt man Oxidation. Nach einer erweiterten Definition ist eine Oxidation eine Reaktion, bei der die Teilchen des reagierenden Stoffes Elektronen abgeben. Oxidationen können je nach Reaktionsbedingungen unterschiedlich schnell ablaufen (Verbrennungen, Rosten).

Oxidationsmittel: Ein Oxidationsmittel ist ein Stoff, der einen anderen oxidiert. Es wird dabei selbst reduziert.

P

Periodensystem der Elemente (PSE): Das PSE (siehe vorne im Buchdeckel) ist ein Ordnungssystem, in dem die Elementsymbole aller Elemente aufgelistet und jeweils mit Angaben zur Atommasse (in u) und zur Kernladungszahl versehen sind. Links unten im PSE befinden sich die Metalle, rechts oben die Nichtmetalle, dazwischen die Halbmetalle.

physikalisches Trennverfahren: Dies ist ein Trennverfahren, das aufgrund unterschiedlicher Stoffeigenschaften durchgeführt werden kann, z. B. Filtrieren (Teilchengröße), Dekantieren (Dichte), Destillieren (Siedetemperatur), Extrahieren (Löslichkeit).

Plumpudding-Modell: Dies ist ein Modell zum Aufbau der Atome, nach dem negative Elementarteilchen, die Elektronen, wie Rosinen in einem Kuchenteig in einer positiv geladenen Umgebung verteilt sind.

Produkt: Ein Produkt ist ein Endstoff, der in einer chemischen Reaktion gebildet wird und in einem Reaktionsschema bzw. in einer Reaktionsgleichung rechts des Reaktionspfeils steht.

Proton: Protonen sind positiv geladene Elementarteilchen, die zusammen mit den Neutronen den Atomkern bilden. Ein Proton hat die gleiche Masse wie ein Neutron: $m(p^+) = 1$ u.

R

Rauch: Rauch ist ein heterogenes Stoffgemisch, bei dem der Hauptbestandteil gasförmig und der Nebenbestandteil fest ist, z. B. Staub und Ruß in der Luft, Tabakrauch.

Reaktionsenergie: Die Reaktionsenergie ist die bei einer chemischen Reaktion abgegebene oder aufgenommene Energie.

Reaktionsgleichung: Eine Reaktionsgleichung ist die Kurzschreibweise für eine chemische Reaktion. Sie gibt die Edukte und Produkte einer Stoffumwandlung in Formelschreibweise wieder, ist international einheitlich und wird von allen Chemikern verstanden. Die Reaktionsgleichung gibt auch an, welche Teilchen in welchem kleinstmöglichen Teilchen-Anzahlverhältnis miteinander reagieren bzw. entstehen. Beispiel:
$CH_4 + 2\,O_2 \longrightarrow CO_2 + 2\,H_2O$ bedeutet: Methan-Moleküle und Sauerstoff-Moleküle reagieren miteinander im Anzahlverhältnis 1 : 2 zu Kohlenstoffdioxid-Molekülen und Wasser-Molekülen im Anzahlverhältnis 1 : 2.

Reaktionspfeil: Der Reaktionspfeil ist ein Symbol, das die Stoffumwandlung bei einer chemischen Reaktion repräsentiert. Der Reaktionspfeil wird von links nach rechts gezeichnet und symbolisiert somit die Umwandlung der links davon stehenden Edukte in die rechts von ihm stehenden Produkte.

Reaktionsschema (Wortgleichung): In einem Reaktionsschema werden keine Formeln und Faktoren, sondern nur die Namen der Edukte und der Produkte einer Reaktion, verbunden durch den Reaktionspfeil, angegeben und die Aggregatzustände der beteiligten Stoffe durch Symbole in Klammern angefügt.

Recycling: Darunter versteht man die Wiederverwertung von Wertstoffen, z. B. Metallen oder Papier.

Reduktion: Als Reduktion bezeichnet man eine chemische Reaktion, bei der ein Metalloxid unter Sauerstoffabgabe zum Metall zurückgeführt wird. Nach einer erweiterten Definition ist eine Reduktion eine Reaktion, bei der die Teilchen des reagierenden Stoffes Elektronen aufnehmen. Viele Metalle werden durch Reduktion aus Metallerzen gewonnen.

Reduktionsmittel: Ein Reduktionsmittel ist ein Stoff, der einen anderen reduziert. Es wird dabei selbst oxidiert.

Redoxreaktion: Eine Redoxreaktion ist eine Reaktion, bei der eine Reduktion und eine Oxidation gleichzeitig ablaufen. Redoxreaktionen kann man als Reaktionen definieren, bei denen Sauerstoff von einem Reaktionspartner auf einen anderen übertragen wird. Eine weitergehende Definition besagt, dass es sich um Reaktionen handelt, bei denen Elektronen zwischen reagierenden Teilchen übertragen werden.

Reinstoff: Reinstoffe bestehen aus einer Teilchensorte und sind durch ihre spezifischen Eigenschaften gekennzeichnet (z. B. konstante Schmelz- und Siedetemperatur).

Resublimieren: Als Resublimieren bezeichnet man den direkten Übergang eines Stoffes vom gasförmigen in den festen Aggregatzustand.

Rosten: Als Rosten bezeichnet man die Bildung von Eisenoxiden in Gegenwart von feuchter Luft. Dabei handelt es sich um eine langsame Oxidation.

S

Salz: Salze sind eine Stoffklasse, deren Vertreter aus Kationen und Anionen aufgebaut sind. Diese Ionen können einfach oder mehrfach elektrisch geladen sein. Das Anzahlverhältnis der Ionen in einem Salz ist durch die Verhältnisformel gegeben. Salze sind aufgrund dieses Anzahlverhältnisses nach außen elektrisch neutral.

sauer: Saure Lösungen färben Rotkohlindikator rot bis rotviolett. Ein Beispiel ist eine wässrige Citronensäurelösung.

Schaum: Schaum ist ein heterogenes Stoffgemisch, bei dem der Hauptbestandteil flüssig und der Nebenbestandteil gasförmig ist, z. B. Badeschaum.

Schmelztemperatur: Temperatur, bei der ein Reinstoff vom festen in den flüssigen Aggregatzustand übergeht.

Schwermetall: Metalle mit einer Dichte über 5 g/cm^3 zählen zur Gruppe der Schwermetalle. Beispiele: Blei, Gold, Quecksilber.

Sedimentieren: Sedimentieren beschreibt das Absetzen eines Feststoffs in einer Suspension.

Selbstentzündung: Von Selbstentzündung spricht man, wenn der Brennstoff an der Luft ohne weiteres Zutun, also ohne Zündquelle, zu brennen beginnt. Dazu muss die Zündtemperatur des Brennstoffs erreicht werden.

Siedetemperatur: Temperatur, bei der ein Reinstoff vom flüssigen in den gasförmigen Aggregatzustand übergeht.

Stahl: Stahl ist eine schmiedbare Legierung aus Eisen, die weniger als 2 % Kohlenstoff enthält. Durch Zugabe verschiedener Zusätze wie z. B. Chrom, Nickel, Molybdän oder Vanadium lassen sich verschiedenste Stahlvarianten mit einer für den jeweiligen Verwendungszweck abgestimmten Rezeptur erzeugen.

Stoff: In der Chemie bezeichnet man ein Material als Stoff. Aus einem Stoff können verschiedene Gegenstände hergestellt werden. So kann man z. B. aus Kupfer Münzen, Folien, Drähte oder Gefäße herstellen. Stoffe können in Reinstoffe und Stoffgemische unterteilt werden. Jeder Reinstoff hat für ihn charakteristische Stoffeigenschaften.

Stoffebene: Auf der Stoffebene beschreibt man alles mit den Sinnen Wahrnehmbare, z. B. Beobachtungen an Stoffen und Reaktionen.

Stoffeigenschaft: Stoffeigenschaften beschreiben charakteristische Merkmale von Stoffen wie Aggregatzustand bei Raumtemperatur, Dichte, Schmelztemperatur etc. Sie können zur Identifizierung eines Stoffes herangezogen werden.

Stoffgemisch: Gemische bestehen aus mindestens zwei Reinstoffen und damit zwei Teilchensorten. Ihre Eigenschaften sind vom Mischungsverhältnis der Komponenten abhängig.

Stoffklasse: Die Materie lässt sich in verschiedenen Stoffklassen aufteilen: die Salze, die Metalle, die molekularen Stoffe und die Edelgase.

Stoffteilchen: Als Stoffteilchen bezeichnet man die Baueinheiten, aus denen ein Stoff besteht. Baueinheiten sind entweder Atome, aus Atomen bestehende Moleküle oder aus Ionen (geladenen Atomen) zusammengesetzte Ionengruppen.

Stoffteilchenmodell: Nach dem Stoffteilchenmodell bestehen Stoffe aus kleinen Baueinheiten, den Stoffteilchen. Die Stoffteilchen eines Stoffes sind untereinander gleich. Die Stoffteilchen verschiedener Stoffe unterscheiden sich in Größe und Masse.

Stoffumwandlung: Die Stoffumwandlung ist ein Kennzeichen einer chemischen Reaktion. Edukte wandeln sich in Produkte um.

Sublimieren: Als Sublimieren bezeichnet man den direkten Übergang eines Stoffes vom festen in den gasförmigen Aggregatzustand.

Suspension: Eine Suspension ist ein heterogenes Stoffgemisch, bei dem der Hauptbestandteil flüssig ist und der Nebenbestandteil fest, z. B. trüber Apfelsaft, Malerfarbe.

Synthese: Unter Synthese versteht man die Bildung eines Stoffes aus den Elementen oder aus einfach aufgebauten Edukten.

T

Teilchenebene: Unter der Teilchenebene versteht man die Erklärung der Stoffe durch die Vorstellung der Existenz von Teilchen und Teilchenverbänden. Die Eigenschaften eines Stoffs werden bestimmt durch die Art, die Anordnung und den Zusammenhalt der Teilchen. Chemische Reaktionen werden durch die Vorstellung von der Umordnung und Veränderung von Teilchen und Teilchenverbänden erklärt.

Thermit-Verfahren: Verfahren zur Herstellung kleiner Mengen Eisen aus Eisenoxid unter Verwendung eines unedlen Metalls als Reduktionsmittel.

Treibhauseffekt, natürlicher und anthropogener: Der natürliche Treibhauseffekt ist ein Phänomen, das darauf beruht, dass Gase (z. B. Wasserdampf, Methan, Kohlenstoffdioxid) in der Atmosphäre Wärmestrahlung absorbieren und somit eine durchschnittliche globale Temperatur von ca. 15 °C bewirken. Ohne diesen Wärmestau betrüge die durchschnittliche Temperatur ca. -18 °C und das Leben auf der Erde wäre in der derzeitigen Form unmöglich. Die Emission von Treibhausgasen durch menschliches (anthropogenes) Einwirken führt zu verstärkter Erwärmung der Atmosphäre.

U

unedles Metall: Metalle, die sehr reaktionsfreudig sind und in der Natur nur gebunden in Metallerzen vorkommen, zählen zu den unedlen Metallen. Beispiele: Magnesium, Eisen.

V

Verbrennung: Verbrennungen sind exotherme chemische Reaktionen mit Sauerstoff, bei denen Wärme und Licht frei werden.

Verdampfen: Als Verdampfen bezeichnet man den Übergang eines Stoffes vom flüssigen zum gasförmigen Aggregatzustand im Bereich der Siedetemperatur.

Verdunsten: Als Verdunsten bezeichnet man den langsamen Übergang eines Stoffes vom flüssigen zum gasförmigen Aggregatzustand unterhalb der Siedetemperatur.

Verbindung: Eine Verbindung ist ein Reinstoff, der sich durch chemische Reaktionen in Elemente zerlegen lässt.

Verhältnisformel: Die Verhältnisformel drückt in kleinstmöglichen ganzen Zahlen aus, in welchem Anzahlverhältnis die Anionen und Kationen in einem Salzkristall vorkommen.

W

Wärmeleitfähigkeit: Die Wärmeleitfähigkeit ist die Eigenschaft eines Stoffes, thermische Energie weiterzuleiten. Silber und Kupfer haben eine gute Wärmeleitfähigkeit.

Wortgleichung: siehe Reaktionsschema

Z

Zentrifugieren: Die Zentrifugation ist ein Trennverfahren, bei dem die Bestandteile einer Suspension, einer Emulsion oder eines Gasgemisches unter Ausnutzung der Zentrifugalkraft aufgrund ihrer unterschiedlichen Dichte getrennt werden.

Zerteilungsgrad: Der Zerteilungsgrad gibt an, wie fein zerkleinert ein Stoff vorliegt. Je größer der Zerteilungsgrad, desto größer ist die Oberfläche eines Stoffes und desto reaktionsfreudiger ist er. Eisen hat als Pulver einen größeren Zerteilungsgrad als in einem Nagel.

Zündtemperatur: Das ist die Temperatur, bei der ein Brennstoff an der Luft ohne weiteres Zutun, also ohne Zündquelle, zu brennen beginnt.

Abflussreiniger,
vgl. Hauptbestandteil *Natriumhydroxid*

Aceton, vgl. *Propanon*

Aktivkohle, **C**
(kein gefährlicher Stoff nach GHS)

Aluminium (Blech, Folie), **Al**
(kein gefährlicher Stoff nach GHS)

Aluminium
(Grieß, Pulver, phlegmatisiert), **Al**
ACHTUNG
H228, H261
P210, P370+P378, P402+P404

Brennspiritus, vgl. Hauptbestandteil *Ethanol*

Calciumcarbonat, **$CaCO_3$**
(kein gefährlicher Stoff nach GHS)

Calciumhydroxid-Lösung, w < 1%,
$Ca(OH)_2$ (aq)
(kein gefährlicher Stoff nach GHS)

Citronensäure, **$C_6H_8O_7 \cdot H_2O$**
ACHTUNG
H319
P305+P351+P338

Eisen (Blech, Nagel, Wolle), **Fe**
(kein gefährlicher Stoff nach GHS)

Eisen (Pulver), **Fe**
ACHTUNG
H228
P370+P378

Eisenoxid, **FeO, Fe_2O_3, Fe_3O_4**
(kein gefährlicher Stoff nach GHS)

Eisen(II)-sulfid, **FeS**
EUH031

Essigsäure, w = 25 %, **H_3CCOOH (aq)**
GEFAHR
H290, H314
P260, P280, P302+P352, P305+P351+P338, P309+P311

Essigsäure, w = 5 %, **H_3CCOOH (aq)**
(kein gefährlicher Stoff nach GHS)

Ethanol, **C_2H_5OH**
GEFAHR
H225, H319
P210, P240, P305+P351+P338, P403+P223

Helium, **He**
ACHTUNG
H280
P403

Kalkwasser, vgl. *Calciumhydroxid-Lösung, w < 1 %*

Kohle, Kohlenstoff, **C**
(kein gefährlicher Stoff nach GHS)

Kohlenstoffdioxid (Gasflasche), **CO_2**
ACHTUNG
H280
P403

Kohlenstoffdioxid (Reaktionsprodukt), **CO_2**
(kein gefährlicher Stoff nach GHS)

Kupfer (Blech, Stück, Draht, Nagel), **Cu**
(kein gefährlicher Stoff nach GHS)

Kupfer (Pulver), **Cu**
ACHTUNG
H228, H410
P210, P273, P501

Kupferoxid, **Cu_2O, CuO**
GEFAHR
H302, H410
P260, P273

Kupfer(II)-sulfat(-Pentahydrat),
$CuSO_4$ ($\cdot$ 5 H_2O)
GEFAHR
H302, H315, H319, H410
P273, P302+P352, P305+P351+P338

Kupfersulfid, **Cu_2S, CuS**
(kein gefährlicher Stoff nach GHS)

Magnesium (Band), **Mg**
GEFAHR
H228
P210, P370+P378

Magnesium (Pulver, phlegmatisiert), **Mg**
GEFAHR
H228, H251, H261
P210, P231+P232, P280, P370+P378, P420, P501

Magnesiumoxid, **MgO**
(kein gefährlicher Stoff nach GHS)

Natriumcarbonat, **Na_2CO_3**
ACHTUNG
H319
P260, P305+P351+P338

Natriumchlorid, **NaCl**
(kein gefährlicher Stoff nach GHS)

Natriumcitrat, **$Na_3C_6H_5O_7$**
(kein gefährlicher Stoff nach GHS)

Natriumhydrogencarbonat, **$NaHCO_3$**
(kein gefährlicher Stoff nach GHS)

Natriumhydroxid, **NaOH** GEFAHR G1
H290, H314
P280, P301+P330+P331, P305+P351+P338, P308+P310

n-Octan, **C_8H_{18}** GEFAHR G3
H225, H304, H315, H336, H411, H225, H304, H315, H336, H410
P210, P273, P301+P330+P331, P302+P352

Propanon, **C_3H_6O** GEFAHR G3
H225, H319, H336, EUH066
P210, P240, P305+P351+P338, P403+P233

Sauerstoff (Gasflasche), **O_2** GEFAHR
H270, H280
P244, P220, P370+P376, P403

Schwefel, **S** ACHTUNG
H315

Schwefeldioxid, **SO_2** GEFAHR
H331, H314, H280, EUH071
P260, P280, P304+P340, P303+P361+P353, P305+P351+P338, P315, P405, P403

Schweflige Säure, w = 10 %,* **H_2SO_3 (aq)** GEFAHR G1
H314, H332
P260, P280, P303+P361+P353, P310, P305+P351+P338

Silber, **Ag**
(kein gefährlicher Stoff nach GHS)

Silberoxid, **Ag_2O** GEFAHR G2
H272, H314, EUH044
P210, P301+P330+P331, P305+P351+P338, P309+P310

Silbersulfid, **Ag_2S** G2
(kein gefährlicher Stoff nach GHS)

Stickstoff (Gasflasche), **N_2** ACHTUNG
H280
P403

Zink (stabilisiertes Pulver), **Zn** ACHTUNG G2
H410
P273

Zinksulfid, **ZnS** G2
EUH031

Die Daten stammen aus folgenden Quellen:

- VERORDNUNG (EG) Nr. 1272/2008 DES EUROPÄISCHEN PARLAMENTS UND DES RATES vom 16. Dezember 2008 über die Einstufung, Kennzeichnung und Verpackung von Stoffen und Gemischen, zur Änderung und Aufhebung der Richtlinien 67/548/EWG und 1999/45/EG und zur Änderung der Verordnung (EG) Nr. 1907/2006
- VERORDNUNG (EG) Nr. 790/2009 DER KOMMISSION vom 10. August 2009 zur Änderung der Verordnung (EG) Nr. 1272/2008 des Europäischen Parlaments und des Rates über die Einstufung, Kennzeichnung und Verpackung von Stoffen und Gemischen zwecks Anpassung an den technischen und wissenschaftlichen Fortschritt
- GESTIS-Stoffdatenbank – Gefahrstoffinformationssystem der Deutschen Gesetzlichen Unfallversicherung (http://www.dguv.de/ifa/GESTIS/GESTIS-Stoffdatenbank/)
- MERCK (http://merckmillipore.com/)
- Sigma Aldrich (http://www.sigmaaldrich.com)
- BG RCI – Berufsgenossenschaft Rohstoffe und chemische Industrie (http://www.gischem.de)

*Für einige Stoffgemische lagen keine offiziellen Datenblätter vor, diese wurden mit dem Gemischrechner der BG RCI bestimmt. Die Auswahl der P-Sätze erfolgte dabei den dringend empfohlenen und empfohlenen Sätzen. Sollten Herstellerangaben vorliegen, sind diese vorzuziehen. Die berechneten Gemische wurden mit einem * gekennzeichnet.*

Bei einigen Stoffen waren keine P-Sätze verfügbar.

GHS - Das neue international gültige System zur Bezeichnung von Gefahrstoffen

Einleitung

Es gibt viele verschiedene Länder auf der Welt, die alle mit Gefahrstoffen arbeiten und mit diesen untereinander Handel treiben. Um weltweit sichere Handhabung, Transport und Entsorgung zu gewährleisten, wurde dieses neue System ins Leben gerufen.
Inzwischen sind die GHS-Angaben auf allen Chemikalienverpackungen, die in den Verkauf gebracht werden, Pflicht, egal ob es Reinstoffe sind oder ob es sich um Stoffgemische handelt.
Eine Pflicht zur Umettiketierung existiert nicht. Es dürfen jedoch nicht beide Systeme auf ein und derselben Verpackung verwendet werden.

Kennzeichnungen

Die Gefahrstoffkennzeichnungen erfolgen über Piktogramme, ein Signalwort sowie über H- und P Sätze, die über die Gefahren (Hazards) und Sicherheitsmaßnahmen (Precautions) Auskunft geben, wobei letztere ebenfalls über Piktogramme erfolgen können.

Piktogramme

GHS 1
Instabile explosive Stoffe und Gemische
Explosive Stoffe/Gemische und Erzeugnisse mit Explosivstoff
Selbstzersetzliche Stoffe und Gemische
Organische Peroxide

GHS 2
Entzündbare Gase/Aerosole/Flüssigkeiten/Feststoffe
Selbstzersetzliche Stoffe und Gemische
Pyrophore Flüssigkeiten/Feststoffe
Selbsterhitzungsfähige Stoffe und Gemische
Stoffe und Gemische, die bei Berührung mit Wasser entzündbare Gase abgeben
Organische Peroxide

GHS 3
Oxidierende Gase/Flüssigkeiten/Feststoffe

GHS 4
Gase unter Druck: verdichtete Gase/verflüssigte Gase/tiefgekühlt verflüssigte Gase/gelöste Gase

GHS 5
Auf Metalle korrosiv wirkend
Hautätzend
Schwere Augenschädigung

GHS 6
Akute Toxizität (oral, dermal, inhalativ)

GHS 7
Akute Toxizität (oral, dermal, inhalativ)
Reizung der Haut
Augenreizung
Sensibilisierung der Haut
Spezifische Zielorgan-Toxizität (einmalige Exposition)
Atemwegsreizung
Narkotisierende Wirkungen

GHS 8
Sensibilisierung der Atemwege
Keimzellmutagenität
Karzinogenität
Reproduktionstoxizität
Spezifische Zielorgan-Toxizität (einmalige Exposition)
Spezifische Zielorgan-Toxizität (wiederholte Exposition)
Aspirationsgefahr

GHS 9
Gewässergefährdend
— akut gewässergefährdend
— chronisch gewässergefährdend

Signalwörter

Die oben angegebenen Piktogramme werden mit Signalwörtern unterstützt, die eine relative Abstufung der von dem Stoff/der Mixtur ausgehenden Gefahr angeben sollen. Diese Wörter können jedoch auch ohne Piktogramm auftauchen:
Achtung   warnt vor weniger schwerwiegenden Gefahrenkategorien, z. B. gesundheitsschädlich.
Gefahr   warnt vor schwerwiegenden Gefahrenkategorien, z. B. giftig.

Hazard-Statements (Gefahrsätze)

Die Gefahrsätze besitzen einen Code, der bereits bei den R- und S-Sätzen Verwendung fand. So sind jegliche H-Sätze mit dem Buchstaben H und einer dreistelligen Nummer versehen, wobei die erste Ziffer den Typ der Gefahr angibt. Sätze, die mit H2 beginnen, beziehen sich somit auf physikalische Gefahren (Explosionen, Feuergefahr etc.), Sätze, die mit H3 beginnen, auf gesundheitliche Gefahren (giftig, krebserregend etc.) und Sätze, die mit H4 beginnen, bezeichnen Umweltgefahren.

Precautionary-Statements (Sicherheitssätze)

Ähnlich wie bei den Hazard-Statements findet sich auch hier ein dreistelliger Code. Die erste Ziffer gibt dabei an, um was für einen Typ dieser Sicherheitssätze es sich handelt.
Beginnend mit P1(Allgemeines) sind generelle Angaben, beginnend mit P2(Prävention) sind Sätze, die Vorbeugung und Vermeidung von Gefahren beschreiben. P3(Reaktion)-Sätze beschreiben Vorgehensweisen, wie auf bestehende Gefahren zu reagieren ist (Metallbrände mit Sand löschen). P4(Aufbewahrung)-Sätze bezeichnen Maßnahmen zur sicheren Lagerung und P5(Entsorgung)-Sätze beschreiben Maßnahmen zur Entsorgung.

Abschließende Infos

Kombinationen der H- bzw. P-Sätze werden durch ein Plus-Zeichen angegeben (z. B. P402 + P404).

Liste der Hazard-Statements (Gefahrsätze)

H200 Instabil, explosiv.
H201 Explosiv, Gefahr der Massenexplosion.
H202 Explosiv, große Gefahr durch Splitter, Spreng- und Wurfstücke.
H203 Explosiv, Gefahr durch Feuer, Luftdruck oder Splitter, Spreng- und Wurfstücke.
H204 Gefahr durch Splitter, Spreng- und Wurfstücke.
H205 Gefahr der Massenexplosion bei Feuer.

H220 Extrem entzündbares Gas.
H221 Entzündbares Gas.
H222 Extrem entzündbares Aerosol.
H223 Entzündbares Aerosol.
H224 Flüssigkeit und Dampf extrem entzündbar.
H225 Flüssigkeit und Dampf leicht entzündbar.
H226 Flüssigkeit und Dampf entzündbar.
H228 Entzündbarer Feststoff.

H240 Erwärmung kann Explosion verursachen.
H241 Erwärmung kann Brand oder Explosion verursachen.
H242 Erwärmung kann Brand verursachen.
H250 Entzündet sich in Berührung mit Luft von selbst.
H251 Selbsterhitzungsfähig; kann in Brand geraten.
H252 In großen Mengen selbsterhitzungsfähig, kann in Brand geraten.

H260 In Berührung mit Wasser entstehen entzündbare Gase, die sich spontan entzünden können.
H261 In Berührung mit Wasser entstehen entzündbare Gase.

H270 Kann Brand verursachen oder verstärken; Oxidationsmittel.
H271 Kann Brand oder Explosion verursachen; starkes Oxidationsmittel.
H272 Kann Brand verstärken; Oxidationsmittel.

H280 Enthält Gas unter Druck; kann bei Erwärmung explodieren.
H281 Enthält tiefkaltes Gas; kann Kälteverbrennungen oder verletzungen verursachen.

H290 Kann gegenüber Metallen korrosiv sein.

H300 Lebensgefahr bei Verschlucken.
H301 Giftig bei Verschlucken.
H302 Gesundheitsschädlich bei Verschlucken.
H304 Kann bei Verschlucken und Eindringen in die Atemwege tödlich sein.

H310 Lebensgefahr bei Hautkontakt.
H311 Giftig bei Hautkontakt.
H312 Gesundheitsschädlich bei Hautkontakt.
H314 Verursacht schwere Verätzungen der Haut und schwere Augenschäden.
H315 Verursacht Hautreizungen.
H317 Kann allergische Hautreaktionen verursachen.
H318 Verursacht schwere Augenschäden.
H319 Verursacht schwere Augenreizung.

H330 Lebensgefahr bei Einatmen.
H331 Giftig bei Einatmen.
H332 Gesundheitsschädlich bei Einatmen.
H334 Kann bei Einatmen Allergie, asthmaartige Symptome oder Atembeschwerden verursachen.
H335 Kann die Atemwege reizen.
H336 Kann Schläfrigkeit und Benommenheit verursachen.

H340 Kann genetische Defekte verursachen *<Expositionsweg angeben, sofern schlüssig belegt ist, dass diese Gefahr bei keinem anderen Expositionsweg besteht>*.
H341 Kann vermutlich genetische Defekte verursachen *<Expositionsweg angeben, sofern schlüssig belegt ist, dass diese Gefahr bei keinem anderen Expositionsweg besteht>*.
H350 Kann Krebs erzeugen *<Expositionsweg angeben, sofern schlüssig belegt ist, dass diese Gefahr bei keinem anderen Expositionsweg besteht>*.
H351 Kann vermutlich Krebs erzeugen *<Expositionsweg angeben, sofern schlüssig belegt ist, dass diese Gefahr bei keinem anderen Expositionsweg besteht>*.

H360 Kann die Fruchtbarkeit beeinträchtigen oder das Kind im Mutterleib schädigen *<konkrete Wirkung angeben, sofern bekannt> <Expositionsweg angeben, sofern schlüssig belegt ist, dass diese Gefahr bei keinem anderen Expositionsweg besteht>*.
H361 Kann vermutlich die Fruchtbarkeit beeinträchtigen oder das Kind im Mutterleib schädigen *<konkrete Wirkung angeben, sofern bekannt> <Expositionsweg angeben, sofern schlüssig belegt ist, dass diese Gefahr bei keinem anderen Expositionsweg besteht>*.
H362 Kann Säuglinge über die Muttermilch schädigen.

H370 Schädigt die Organe *<oder alle betroffenen Organe nennen, sofern bekannt> <Expositionsweg angeben, sofern schlüssig belegt ist, dass diese Gefahr bei keinem anderen Expositionsweg besteht>*.
H371 Kann die Organe schädigen *<oder alle betroffenen Organe nennen, sofern bekannt> <Expositionsweg angeben, sofern schlüssig belegt ist, dass diese Gefahr bei keinem anderen Expositionsweg besteht>*.
H372 Schädigt die Organe *<alle betroffenen Organe nennen, sofern bekannt> bei längerer oder wiederholter Exposition <Expositionsweg angeben, sofern schlüssig belegt ist, dass diese Gefahr bei keinem anderen Expositionsweg besteht>*.
H373 Kann die Organe schädigen *<alle betroffenen Organe nennen, sofern bekannt> bei längerer oder wiederholter Exposition <Expositionsweg angeben, sofern schlüssig belegt ist, dass diese Gefahr bei keinem anderen Expositionsweg besteht>*.

H400 Sehr giftig für Wasserorganismen.

H410 Sehr giftig für Wasserorganismen, mit langfristiger Wirkung.
H411 Giftig für Wasserorganismen, mit langfristiger Wirkung.
H412 Schädlich für Wasserorganismen, mit langfristiger Wirkung.
H413 Kann für Wasserorganismen schädlich sein, mit langfristiger Wirkung.

EUH-Sätze (Ergänzende Gefahrenmerkmale und Kennzeichnungselemente)

EUH001 In trockenem Zustand explosiv.
EUH006 Mit und ohne Luft explosionsfähig.
EUH014 Reagiert heftig mit Wasser.
EUH018 Kann bei Verwendung explosionsfähige / entzündbare Dampf /Luft-Gemische bilden.
EUH019 Kann explosionsfähige Peroxide bilden.
EUH044 Explosionsgefahr bei Erhitzen unter Einschluss.
EUH029 Entwickelt bei Berührung mit Wasser giftige Gase.
EUH031 Entwickelt bei Berührung mit Säure giftige Gase.
EUH032 Entwickelt bei Berührung mit Säure sehr giftige Gase.
EUH066 Wiederholter Kontakt kann zu spröder oder rissiger Haut führen.
EUH070 Giftig bei Berührung mit den Augen.
EUH071 Wirkt ätzend auf die Atemwege.
EUH059 Die Ozonschicht schädigend.
EUH201 Enthält Blei. Nicht für den Anstrich von Gegenständen verwenden, die von Kindern gekaut oder gelutscht werden könnten.
EUH201A Achtung! Enthält Blei.
EUH202 Cyanacrylat. Gefahr. Klebt innerhalb von Sekunden Haut und Augenlider zusammen. Darf nicht in die Hände von Kindern gelangen.
EUH203 Enthält Chrom(VI). Kann allergische Reaktionen hervorrufen.
EUH204 Enthält Isocyanate. Kann allergische Reaktionen hervorrufen.
EUH205 Enthält epoxidhaltige Verbindungen. Kann allergische Reaktionen hervorrufen.
EUH206 Achtung! Nicht zusammen mit anderen Produkten verwenden, da gefährliche Gase (Chlor) freigesetzt werden können.
EUH207 Achtung! Enthält Cadmium. Bei der Verwendung entstehen gefährliche Dämpfe. Hinweise des Herstellers beachten. Sicherheitsanweisungen einhalten.
EUH208 Enthält (Name des sensibilisie-

renden Stoffes). Kann allergische Reaktionen hervorrufen.

EUH209 Kann bei Verwendung leicht entzündbar werden.

EUH209A Kann bei Verwendung entzündbar werden.

EUH210 Sicherheitsdatenblatt auf Anfrage erhältlich.

EUH401 Zur Vermeidung von Risiken für Mensch und Umwelt die Gebrauchsanleitung einhalten.

Liste der Precautionary-Statements (Sicherheitssätze)

P101 Ist ärztlicher Rat erforderlich, Verpackung oder Kennzeichnungsettikett bereithalten.

P102 Darf nicht in die Hände von Kindern gelangen.

P103 Vor Gebrauch Kennzeichnungsetikett lesen.

P201 Vor Gebrauch besondere Anweisungen einholen.

P202 Vor Gebrauch alle Sicherheitshinweise lesen und verstehen.

P210 Von Hitze/Funken/offener Flamme/ heißen Oberflächen fernhalten. Nicht rauchen.

P211 Nicht gegen offene Flamme oder andere Zündquelle sprühen.

P220 Von Kleidung/.../brennbaren Materialien fernhalten/entfernt aufbewahren.

P221 Mischen mit brennbaren Stoffen/... unbedingt vermeiden.

P222 Kontakt mit Luft nicht zulassen.

P223 Kontakt mit Wasser wegen heftiger Reaktion und möglichem Aufflammen unbedingt verhindern.

P230 Feucht halten mit ...

P231 Unter inertem Gas handhaben.

P232 Vor Feuchtigkeit schützen.

P233 Behälter dicht verschlossen halten.

P234 Nur im Originalbehälter aufbewahren.

P235 Kühl halten.

P240 Behälter und zu befüllende Anlage erden.

P241 Explosionsgeschützte elektrische Betriebsmittel/ Lüftungsanlagen/ Beleuchtung/... verwenden.

P242 Nur funkenfreies Werkzeug verwenden.

P243 Maßnahmen gegen elektrostatische Aufladung treffen.

P244 Druckminderer frei von Fett und Öl halten.

P250 Nicht schleifen/stoßen/.../reiben

P251 Behälter steht unter Druck: Nicht durchstechen oder verbrennen, auch nicht nach der Verwendung.

P260 Staub/Rauch/Gas/Dampf/Aerosol nicht einatmen.

P261 Einatmen von Staub/Rauch/Gas/ Dampf/ Aerosol vermeiden.

P262 Nicht in die Augen, auf die Haut oder auf die Kleidung gelangen lassen.

P263 Kontakt während der Schwangerschaft/und der Stillzeit vermeiden.

P264 Nach Gebrauch ... gründlich waschen.

P270 Bei Gebrauch nicht essen, trinken oder rauchen.

P271 Nur im Freien oder in gut belüfteten Räumen verwenden.

P272 Kontaminierte Arbeitskleidung nicht außerhalb des Arbeitsplatzes tragen.

P273 Freisetzung in die Umwelt vermeiden.

P280 Schutzhandschuhe/Schutzkleidung/ Augenschutz/Gesichtsschutz tragen.

P281 Vorgeschriebene persönliche Schutzausrüstung verwenden.

P282 Schutzhandschuhe/Gesichtsschild/ Augenschutz mit Kälteisolierung tragen.

P283 Schwer entflammbare/flammhemmende Kleidung tragen.

P284 Atemschutz tragen.

P285 Bei unzureichender Lüftung Atemschutz tragen.

P301 BEI VERSCHLUCKEN:

P302 BEI BERÜHRUNG MIT DER HAUT:

P303 BEI BERÜHRUNG MIT DER HAUT (oder dem Haar):

P304 BEI EINATMEN:

P305 BEI KONTAKT MIT DEN AUGEN:

P306 BEI KONTAMINIERTER KLEIDUNG:

P307 Bei Exposition:

P308 Bei Exposition oder falls betroffen:

P309 Bei Exposition oder Unwohlsein:

P310 Sofort GIFTINFORMATIONS-ZENTRUM oder Arzt anrufen.

P311 GIFTINFORMATIONS-ZENTRUM oder Arzt anrufen.

P312 Bei Unwohlsein GIFTINFORMATIONS-ZENTRUM oder Arzt anrufen.

P313 Ärztlichen Rat einholen/ärztliche Hilfe hinzuziehen.

P314 Bei Unwohlsein ärztlichen Rat einholen/ärztliche Hilfe hinzuziehen.

P315 Sofort ärztlichen Rat einholen/ärztliche Hilfe hinzuziehen.

P320 Besondere Behandlung dringend erforderlich (siehe ... auf diesem Kennzeichnungsetikett).

P321 Besondere Behandlung (siehe ... auf diesem Kennzeichnungsetikett).

P322 Gezielte Maßnahmen (siehe ... auf diesem Kennzeichnungsetikett).

P330 Mund ausspülen.

P331 KEIN Erbrechen herbeiführen.

P332 Bei Hautreizung:

P333 Bei Hautreizung oder -ausschlag:

P334 In kaltes Wasser tauchen/nassen Verband anlegen.

P335 Lose Partikel von der Haut abbürsten.

P336 Vereiste Bereiche mit lauwarmem Wasser auftauen. Betroffenen Bereich nicht reiben.

P337 Bei anhaltender Augenreizung:

P338 Eventuell vorhandene Kontaktlinsen nach Möglichkeit entfernen. Weiter ausspülen.

P340 Die betroffene Person an die frische Luft bringen und in einer Position ruhigstellen, die das Atmen erleichtert.

P341 Bei Atembeschwerden an die frische Luft bringen und in einer Position ruhigstellen, die das Atmen erleichtert.

P342 Bei Symptomen der Atemwege:

P350 Behutsam mit viel Wasser und Seife waschen.

P351 Einige Minuten lang behutsam mit Wasser ausspülen.

P352 Mit viel Wasser und Seife waschen.

P353 Haut mit Wasser abwaschen/duschen.

P360 Kontaminierte Kleidung und Haut sofort mit viel Wasser waschen und danach Kleidung ausziehen.

P361 Alle kontaminierten Kleidungsstücke sofort ausziehen.

P362 Kontaminierte Kleidung ausziehen und vor erneutem Tragen waschen.

P363 Kontaminierte Kleidung vor erneutem Tragen waschen.

P370 Bei Brand:

P371 Bei Großbrand und großen Mengen:

P372 Explosionsgefahr bei Brand.

P373 KEINE Brandbekämpfung, wenn das Feuer explosive Stoffe/ Gemische/Erzeugnisse erreicht.

P374 Brandbekämpfung mit üblichen Vorsichtsmaßnahmen aus angemessener Entfernung.

P375 Wegen Explosionsgefahr Brand aus der Entfernung bekämpfen.

P376 Undichtigkeit beseitigen, wenn gefahrlos möglich.

P377 Brand von ausströmendem Gas: Nicht löschen, bis Undichtigkeit gefahrlos beseitigt werden kann.

P378 ... zum Löschen verwenden.

P380 Umgebung räumen.

P381 Alle Zündquellen entfernen, wenn gefahrlos möglich.

P390 Verschüttete Mengen aufnehmen, um Materialschäden zu vermeiden.

P391 Verschüttete Mengen aufnehmen.

P401 ... aufbewahren.

P402 An einem trockenen Ort aufbewahren.

P403 An einem gut belüfteten Ort aufbewahren.

P404 In einem geschlossenen Behälter aufbewahren.

P405 Unter Verschluss aufbewahren.

P406 In korrosionsbeständigem/ ... Behälter mit korrosionsbeständiger Auskleidung aufbewahren.

P407 Luftspalt zwischen Stapeln/Paletten lassen.

P410 Vor Sonnenbestrahlung schützen.

P411 Bei Temperaturen von nicht mehr als ... °C/... aufbewahren.

P412 Nicht Temperaturen von mehr als 50 °C aussetzen.

P413 Schüttgut in Mengen von mehr als ... kg bei Temperaturen von nicht mehr als ... °C aufbewahren.

P420 Von anderen Materialien entfernt aufbewahren.

P422 Inhalt in/unter ... aufbewahren.

P 501 Inhalt/Behälter ... zuführen.

Entsorgung von Gefahrstoffabfällen

Nach einem Experiment hat man neben den Reaktionsprodukten häufig auch noch Reste der Edukte vorliegen. Selbst wenn nur einer dieser Stoffe zu den Gefahrstoffen gehört, darf der Abfall nicht einfach in den Ausguss oder in die Restmülltonne gegeben werden. Diese Abfälle werden in speziell gekennzeichneten Behältern gesammelt und müssen von Entsorgungsunternehmen abgeholt werden.
Aus Umwelt- und Kostengründen sollte die Entstehung unnötiger Gefahrstoffabfälle vermieden werden.

B1 Fässer zum Sammeln von Gefahrstoffabfällen

So geht's Auf den VERSUCHE UND MATERIAL-Seiten in diesem Buch werden bei jedem Versuch entsprechende Entsorgungshinweise in Form von Kürzeln gegeben. Die folgende Übersicht erklärt deren Bedeutung:

A: Ausguss
Ungefährliche und wasserlösliche Stoffe dürfen über den Ausguss dem kommunalen Abwassernetz zugeführt werden.
Beispiele: Zucker, Natriumchloridlösung, Rotkohlsaft, Backpulver, Lebensmittel wie Milch oder Tee

R: Restmüll
Unproblematische und ungefährliche Feststoffe werden im Restmüll entsorgt.
Beispiele: Filterpapier, Indikatorpapier, Sand, Aluminiumfolie

G1: Gefäß für saure und alkalische Lösungen
In diesem Gefäß werden saure und alkalische Lösungen gesammelt. Bevor der Behälter vollständig gefüllt ist, muss der Inhalt von der Lehrkraft neutralisiert werden.
Beispiele: Salzsäure, Natronlauge

G2: Gefäß für giftige anorganische Stoffe
Gifte und umweltschädliche Chemikalien, z. B. Schwermetallsalze und deren Lösungen, werden in Gefäß 2 gesammelt.
Beispiele: Kupfersulfat, Kupfersulfid, Zinksulfid, Zinkoxid

G3: Gefäß für halogenfreie organische Stoffe
In diesem Gefäß werden wasserlösliche und wasserunlösliche organische Stoffe gesammelt, die keine Halogene enthalten.
Beispiele: Brennspiritus, Octan, Benzin

G4: Gefäß für halogenhaltige organische Stoffe
Organische Verbindungen, die Halogene enthalten, werden in Gefäß 4 bis zur endgültigen Entsorgung durch ein Unternehmen aufbewahrt.
Beispiele: Bromheptan, Polyvinylchlorid (PVC)

STICHWORTVERZEICHNIS

BILDNACHWEIS

Alamy Stock Foto / EyeEM / Jasmin Awad - S. 76;

Claudia Bohrmann-Linde, Wülfrath - S. 32, 124;

Frank Colberg, Rastatt - S. 130;

Anke Domrose, Meerbusch - S. 22, 30;

Fotoagentur AURA, Luzern - S. 142;

Fotolia / animaflora - S. 126; - / constantinos - S. 34; - / dalequedale - S. 106/107; - / Klaus Eppele - S. 133; - / Dmitry Ersler - S. 34; - / Fiedels - S. 62; - / FirmaV - S. 119; - / iredding01 - S. 89; - / jozsitoeroe - S. 120; - / Light Impression - S. 133; - / Robert Neumann - S. 110; - / nikkytok - S. 37; - / Andy Nowack - S. 63; - / Iuri Samsonov - S. 37; - / Gerhard Seybert - S. 148; - / smileus - S. 98; - / stockphoto-graf - S. 36; - / sudok1 - S. 127; - / volff - S. 16;

Getty Images / dra_schwartz - S. 20; -/ Omikron - S. 48; - / Sjo - S. 131;

Stefan Hell, Göttingen - S. 55 (3); Ernst Hollweck, Stephanskirchen - S. 90 (3);

Hans-Jürgen Jäger, Oberfell - S. 18, 19, 20, 21, 31, 39, 41, 79 (5), 80, 92, 100, 112, 118, 136, 138, 142 (2);

Simone Kröger, Münster - S. 97; Jochen Krüger, Bad Waldsee - S. 117; Klaus-Dieter Krüger, Friedland - S. 14, 17, 33, 68, 78 (2), 90, 92 (2), 100, 102 (2), 121 (2), 146 (3);

mauritius images / imageBROKER / Helmut Meyer zur Capellen - S. 101; - / Keystone / Christian Beutler - S. 120; - / Prisma / Gerth Roland - S. 76; - / Robert Gray / Alamy - S. 98;

Okapia / Peter Reynolds, Frankfurt - S. 54;

Ludger Remus, Köln - S. 144;

Margit Schmidt, Ingolstadt - S. 38 (3); Klaus Schneiderhan, Aulendorf-Blönried - S. 42 (3), 48;

Prof. Michael Tausch, Wuppertal - S. 47;

Thinkstock / Hemera / Ulrich Mueller - S. 171; - / Hemera / Igor Terekhov - S. 58; - / iStockphoto / alfonsmartin - S. 56; - / iStockphoto / amnachphoto - S. 67; - / iStockphoto / Annasunny - S. 46; - / iStockphoto / aruba200 - S. 112; - / iStockphoto / Avosb - S. 10/11; - / iStockphoto / bonchan - S. 49; - / iStockphoto / Chris_29 - S. 67; - / iStockphoto / Danilin - S. 40; - / iStockphoto / Thomas Demarczyk - S. 60; - / iStockphoto / Alessandro Di Noia - S. 116; - / iStockphoto / Karel Gallas - S. 134; - / iStockphoto / gjohnstonphoto - S. 72/73; - / iStock / KatarzynaBialasiewicz - S. 34; - / iStockphoto / Kichigin - S. 127; - / iStockphoto / MeretheRuud - S. 136; - / iStockphoto / mipan - S. 37; - / iStockphoto / mythja - S. 58; - / iStockphoto / Phonix_a - S. 128; - / iStockphoto / Photosampler - S. 139; - / iStockphoto / shironosov - S. 16; - / iStockphoto / Smileus - S. 82; - / iStockphoto / Sthaporn - S. 18; - / iStockphoto / Toa55 - S. 128; - / iStockphoto / vovan13 - S. 58; - / iStockphoto / Wirepec - S. 84; - / iStockphoto / woottigon - S. 24/25; - / Monkey Business Images - S. 12; - / Purestock - S. 28; - / View Stock - S. 28; - / Wavebreakmedia Ltd. - S. 98; - / Zoonar RF - S. 89;

www.openclipart.org - S. 83, 91, 129; www.wikimedia.org - S. 132; - / Bullenwächter / cc-by-sa 3.0 - S. 145; - / Crowell - S. 49; - / Dbachmann / cc-by-sa 3.0 - S. 145; - / Deutsche Fotothek / cc-by-sa 3.0 - S. 59; - / Simon A. Eugster / cc-by- sa 3.0 - S. 117; - / George Grantham Bain Collection - S. 50; - / Jlahorn / cc-by-sa 3.0 - S. 117; - / Julianva / cc-by-sa 3.0 - S. 116; - / Rainer Knäpper / cc-by-sa 1.2 - S. 140; - / Les Meloures / cc-by-sa 3.0 - S. 143; - / Robin Müller / cc-by-sa 3.0 - S. 123; - / Purchase, Mr. and Ms. Charles Wrightsman Gift, in honor of Everett Fahy, 1977 - S. 93; - /William Thielicke / cc-by-sa 4.0 - S. 57.

Übersicht: Einteilung der Stoffe

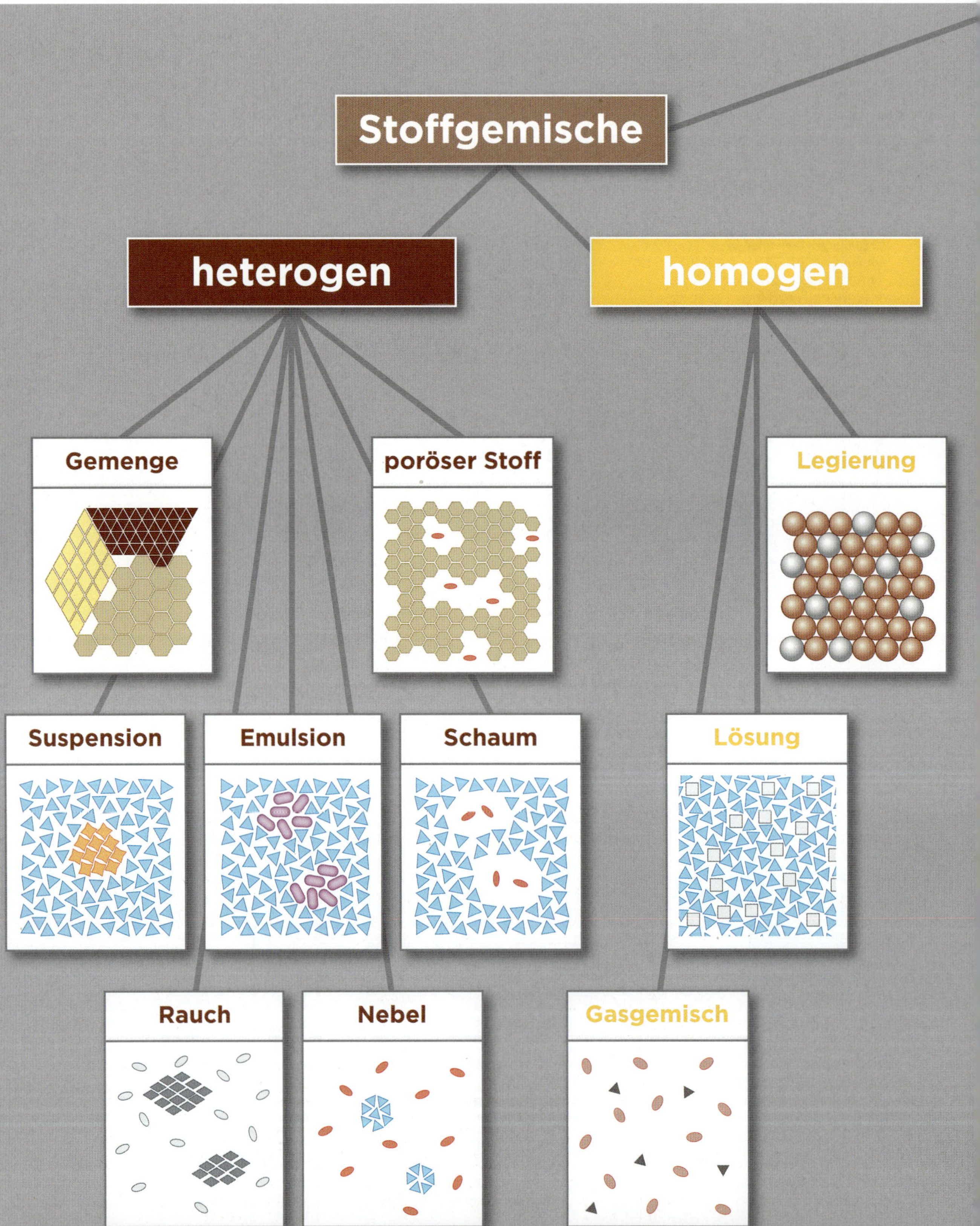

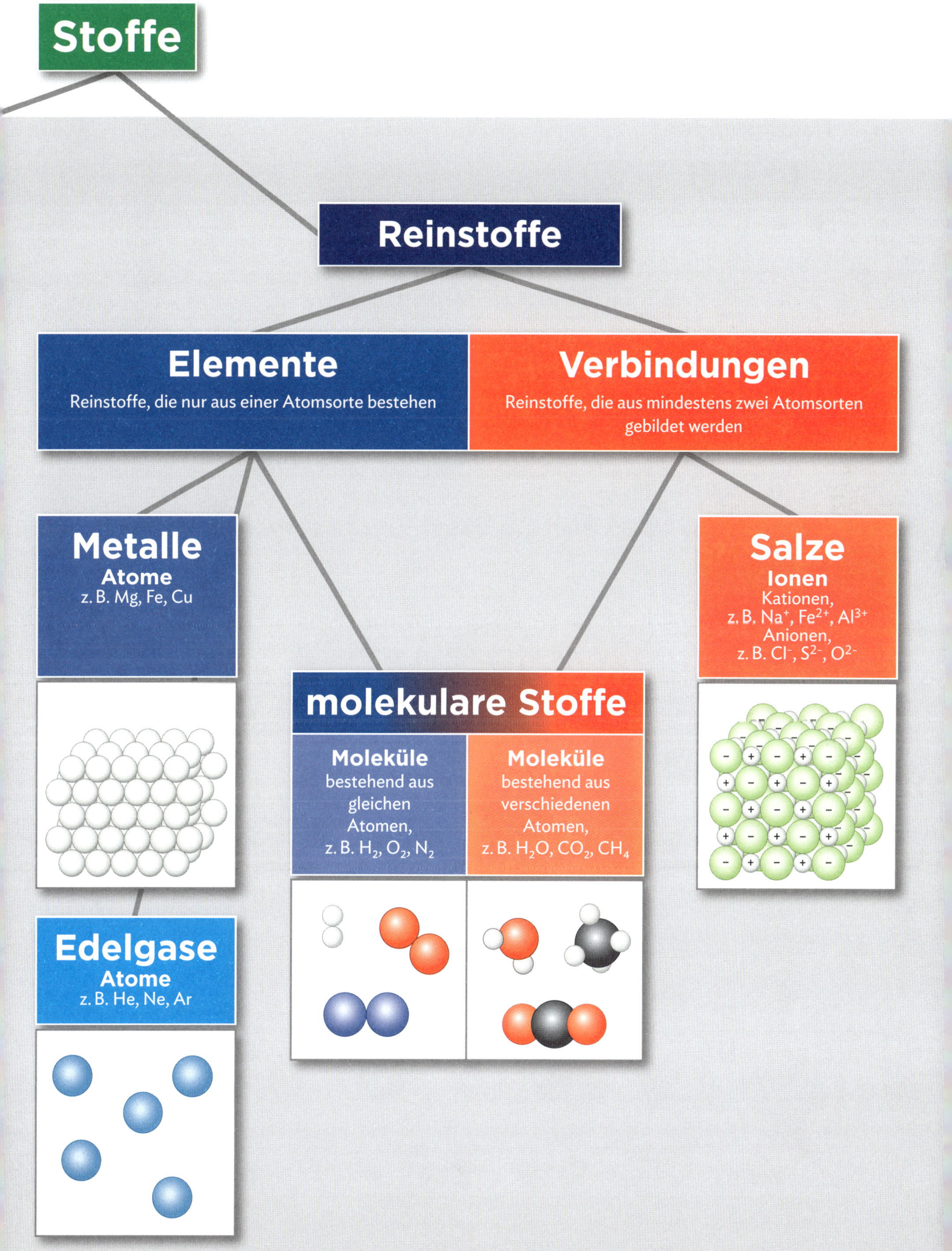
Stoffe
Reinstoffe
Elemente
Reinstoffe, die nur aus einer Atomsorte bestehen
Verbindungen
Reinstoffe, die aus mindestens zwei Atomsorten gebildet werden
Metalle
Atome
z. B. Mg, Fe, Cu
Salze
Ionen
Kationen, z. B. Na^+, Fe^{2+}, Al^{3+}
Anionen, z. B. Cl^-, S^{2-}, O^{2-}
molekulare Stoffe
Moleküle bestehend aus gleichen Atomen, z. B. H_2, O_2, N_2
Moleküle bestehend aus verschiedenen Atomen, z. B. H_2O, CO_2, CH_4
Edelgase
Atome
z. B. He, Ne, Ar

Periodensystem der Atome und Ionen

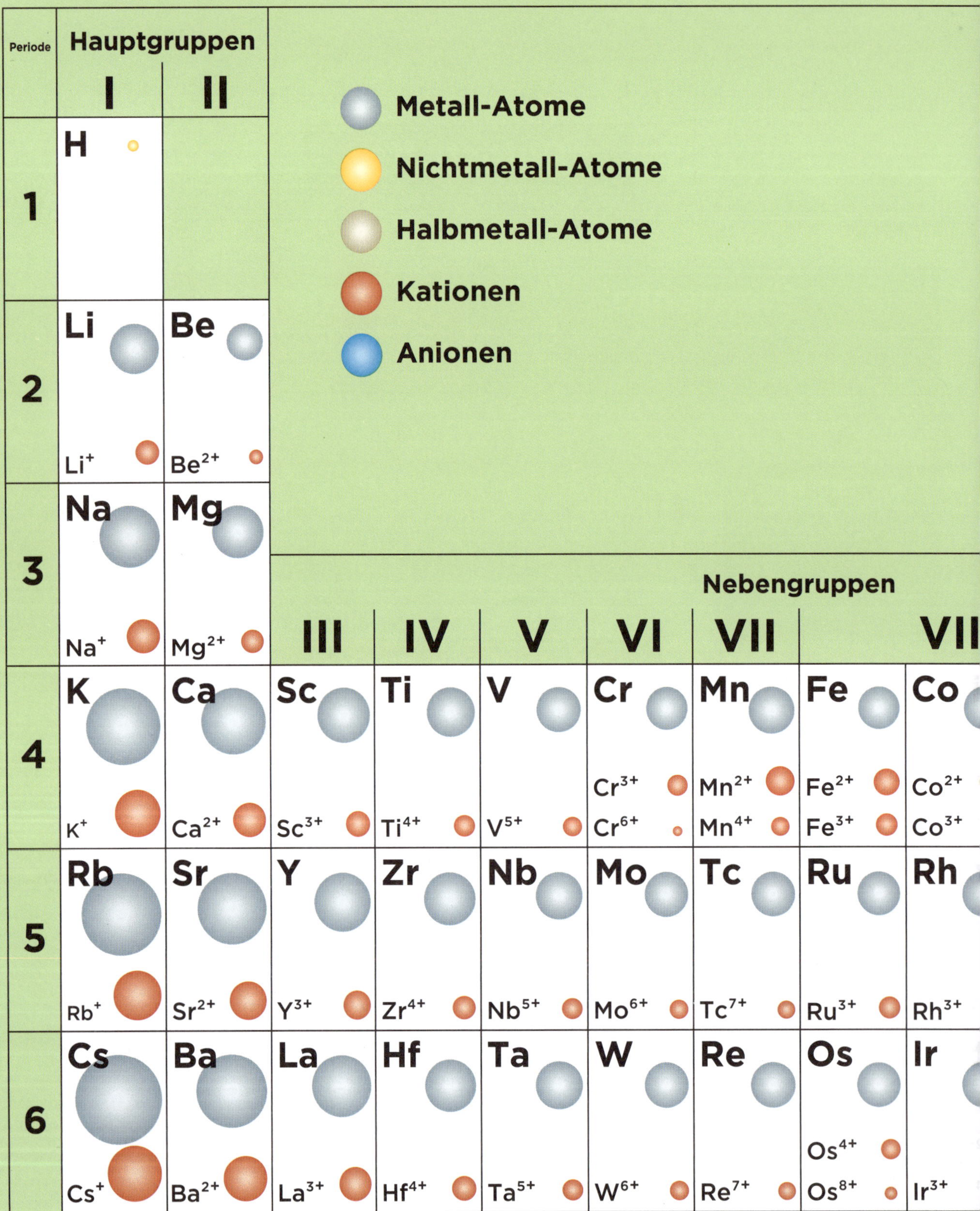